网络存储技术及应用

（第2版）

李　冬　刘中原　主　编

谢丽萍　马铭惠　田　英　冯　莉　副主编

電子工業出版社

Publishing House of Electronics Industry

北京·BEIJING

内 容 简 介

本书以主流网络存储技术的三种技术体系为主线，按认知、理解、训练的知识学习和素养养成逻辑进行编写，理论与实践相结合，按照6个项目、22个任务的体系组织教材内容，介绍了数据、存储、存储系统、存储设备、云存储等对象，以及RAID、DAS、SAN、NAS等典型网络存储系统的组成，结构，应用和特点。

本书从应用角度出发，将复杂的存储技术理论实用化，通过实际案例说明技术内涵及其典型系统和产品的应用，内容通俗易懂，易于自学和实践。本书可作为高等职业教育信息技术类人才培养的教材，也可作为专业技术人员的参考用书。

未经许可，不得以任何方式复制或抄袭本书之部分或全部内容。
版权所有，侵权必究。

图书在版编目（CIP）数据

网络存储技术及应用 / 李冬, 刘中原主编. -- 2版
. -- 北京 : 电子工业出版社, 2024.6
ISBN 978-7-121-37546-0

Ⅰ. ①网… Ⅱ. ①李… ②刘… Ⅲ. ①计算机网络－信息存贮－高等职业教育－教材 Ⅳ. ①TP393.0

中国版本图书馆CIP数据核字(2019)第213899号

责任编辑：贺志洪
印　　刷：三河市君旺印务有限公司
装　　订：三河市君旺印务有限公司
出版发行：电子工业出版社
　　　　　北京市海淀区万寿路173信箱　　　　邮编：100036
开　　本：787×1092　1/16　印张：16.25　字数：415千字
版　　次：2015年7月第1版
　　　　　2024年6月第2版
印　　次：2024年12月第2次印刷
定　　价：49.80元

凡所购买电子工业出版社图书有缺损问题，请向购买书店调换。若书店售缺，请与本社发行部联系，联系及邮购电话：（010）88254888，88258888。

质量投诉请发邮件至zlts@phei.com.cn，盗版侵权举报请发邮件至dbqq@phei.com.cn。

本书咨询联系方式：（010）88254609，hzh@phei.com.cn。

前言

大数据是一种基础战略资源，是一种新的生产要素，是数字经济的关键要素之一。数据的存储已经成为一种可量化的、保障应用和系统的泛在服务，高密集化和复杂化的应用对存储的容量、性能、可用性、安全性、可管理性等提出了更高的要求，促使存储由传统的 DAS、SAN、NAS 三种结构向云存储、分布式存储、混合存储等新型存储体系演变。网络存储新技术如雨后春笋般不断出现。

本次修订以适应当前信息技术人才培养为宗旨，在参阅了大量文献和技术资料的基础上，对原内容做了较大幅度的结构调整和更新，以讲解新技术、使用新设备。结构上按照 6 个项目、22 个任务组织全书内容。项目 1 认识网络存储技术，定位技术入门项目，设置了 5 个任务；项目 2 RAID 配置，设置了 4 个任务；项目 3 DAS 配置，设置了 3 个任务；项目 4 SAN 配置，设置了 3 个任务；项目 5 NAS 配置，设置了 3 个任务；项目 6 认识网络存储新技术，设置了 4 个任务。每个项目都有项目小结和习题，以帮助读者深入理解本书内容。

本书立足实用，理实一体，图文并茂，既有利于教师教学，又有利于培养学生的实践能力。

本书由苏州经贸职业技术学院李冬、刘中原主编，谢丽萍、马铭惠、田英、冯莉担任副主编，苏州国科数据中心、苏州聚运软件科技有限公司、苏州威客云终端技术有限公司、新华三集团苏南营销中心等合作企业给予了编者设备和技术上的大力支持。部分第 1 版的参编人员，如刘宝莲副教授、刘芳副教授、贾海天工程师等参与了本版内容的研讨和审定工作。

在教材编写过程中，编者团队参阅了大量的网络在线资料，特别是华为、H3C、DELL、群晖等公司的技术文档，在此对这些资料的贡献者表示感谢。网络存储是信息领域的热点技术之一，技术更新十分迅速，加之编者水平有限，内容难免存在疏漏之处，请专家和读者批评指正。

编　者

2023 年 8 月 28 日

目录

项目 1 认识网络存储技术

在大数据时代，数据是国家的关键战略性、基础性资源。那么什么是数据？什么是信息？两者之间有什么关系？数据是什么样子的？又存放在什么样的存储设备上？如何存放才能更好地满足用户高效的访问需求？存储又有哪些新技术？本项目将通过 5 个任务，全面回答上述问题。

任务 1 理解数据时代的存储

教学目标

1. 掌握数据、信息的概念，以及它们之间的关系。
2. 理解数据的类型及每种类型的特征，能够正确识别常见的数据类型。
3. 了解常见的存储介质类别，能够说出主要的存储介质类别对应的存储产品。
4. 理解存储分层的背景，以及存储分层的具体应用。
5. 了解存储的可用性，以及对应用系统运行的影响。
6. 了解存储技术面临的新挑战和已经出现的新发展。

数据是信息的载体，是用于表示客观事物的原始素材，是国家的关键性、战略性、基础性资源。数据有模拟和数字两种形式，也有结构化、非结构化和半结构化三类结构形态。数据只有安全地存储在不同等级的存储介质上才能满足应用的高效访问和服务需求。随着新型网络应用的不断更新，数据的分布式存储与计算、网络的融合逐渐成为技术发展的主要趋势之一，这将大大推动国家信息基础工程的建设步伐。

1.1.1 数据和信息的概念

1.1.1.1 数据

数据是对所有事物的数字表示，是对客观世界进行量化、记录的结果，是对客观事物相互关系、状态和性质的逻辑归纳。数据使用各类可区别、抽象的物理符号或符号的组合进行记录和表达，用于表示客观事物未经加工的素材。

常见的数据有字母、文字、数字符号或它们的组合，以及图形、图像、音频、视频等，它是对客观事物的属性、数量、位置及相互关系的抽象表示。例如，2 米、52 度、信用分 124 分、学生成绩单、公交 66 路、落日、车辆违章抓拍照片等都是数据。

数据的表达可以采用定性、定量、定时、定位等方式或它们的组合，如良好、92 分、2024 年 5 月 1 日、珠穆朗玛峰（东经 86.9°，北纬 27.9°）：8848.86 米（2020 年 12 月 08 日测定），等等。

1.1.1.2 信息

纯粹的数据是没有价值和意义的，只有有含义的数据才有价值。数据的含义又称数据的语义。数据必须结合场景，经过场景关联才能表达其内容和真正的含义，即数据需要场景对其内容和含义进行定义（定性）。数据和关于数据的场景是紧密关联的，缺乏场景的数据是毫无意义的，常常会引起歧义甚至错误。例如，48 是一个纯粹的数据，是没意义的，只有在解释成某个人的年龄或体重，或班级学生人数，或课程学时等时，它才有意义，才丰富多彩，才有价值。

数据经过分类、分析、抽象、综合等处理后成为信息。数据是信息的语义载体。信息是已经被处理、具有逻辑关系的数据，是现实世界事物的存在方式或运动状态的内在反映，具有可感知、可存储、可加工、可传递和可再生等自然属性。

在数据依据场景加工成信息的过程中，时间是一个极其重要的场景因素。按照时间的先后可以对信息从产生到消亡的生命周期进行有效管理，即信息生命周期管理（Information Life cycle Management，ILM），它覆盖了信息创建、信息保护、信息访问、信息迁移、信息归档、信息销毁的全生命周期过程，不同阶段的信息具有不同的价值和特点。与此对应，数据也有数据创建、数据保护、数据访问、数据迁移、数据归档和数据销毁六个阶段，每一个阶段的数据都有相应的技术和工具，以满足数据的应用需要，如图 1-1 所示。

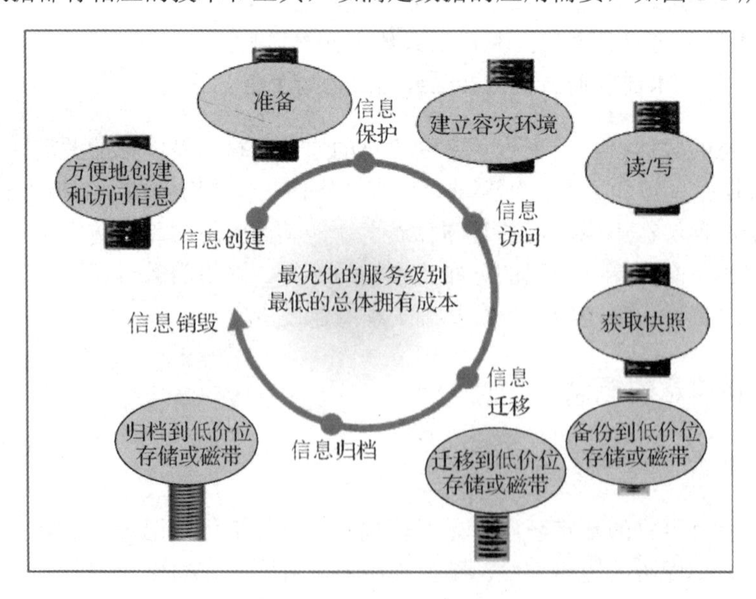

图 1-1　信息生命周期图示

1.1.1.3 数据与信息的关系

数据和信息是相互关联的。数据是信息的原材料，信息是产品，是加工过的数据。信息需要经过数字化转变成为数据才能存储和传输。数据可用不同的形式表示，而信息不会随数据不同的形式而改变。信息的获取受人的主观因素制约。一个人采用什么方法、工具、手段、策略来加工数据以获得信息，受到人对客观事物变化规律的认识的制约，并由人的品性、爱好、态度、阅历、能力和知识基础综合决定。

信息和数据是相对的，如某些数据，对特定的一些人来讲是数据不是信息，对另一些人则是信息而不是数据，而对剩下的人来讲它既是信息也是数据。例如，生产车间的物料单，对车间管理者而言就是当天的生产计划（数据）；对仓储管理员来讲，他需要按照单上的物料品种、数量、品牌等信息进行备货（信息+数据）；品质控制员可以通过它看到产品的部件来源、产品等级、生产工艺关键点、不合格处理等（信息+数据）；车间工人根据物料进行生产、集成、调试等（数据）。

信息是有价值的数据。从信息论的观点来看，描述信源的数据是信息和数据冗余，即数据=信息+数据冗余，如图 1-2 所示。数据是数据采集时获取的，信息是采集的数据经过加工处理得到的有用数据，即数据中包含的有价值内容。从上面的内容可以看到，数据量大并不意味着信息量大，数据量小也并不意味着信息量小。常常一条消息越不可预测，它所含的信息量就越大。

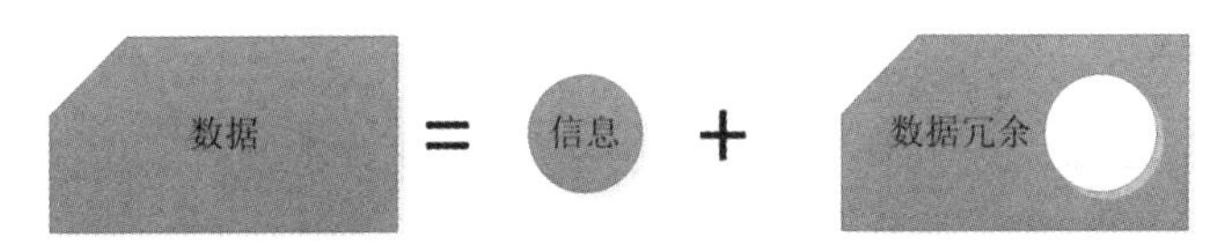

图 1-2 数据与信息的关系

1.1.2 数据的类型

数据的分类方法很多，如根据数据值的变化情况可分为模拟数据和数字数据。模拟数据的值是连续的，如声音、图像、环境温度、个人情感等；数字数据的值是离散的，如灯的工作状态、符号、文字等。大数据时代一般按照数据的结构特征进行分类。能够用数据或统一的结构表示的数据称为结构化数据，反之为非结构化数据。介于结构化数据和非结构化数据之间的数据称为半结构化数据。

1.1.2.1 结构化数据

结构化数据指的是能用统一的结构加以表示的数据，有严格的数据格式与长度规范，使用二维表结构来表达逻辑和实现数据。这种数据的一般特点是：数据以行为单位，一行数据表示一个实体的信息，一列数据表示实体的特定属性，主要通过关系型数据库进行存储和管理，如传统的工资管理系统、人事管理系统、图书管理系统等。

1.1.2.2 非结构化数据

非结构化数据是指信息没有一个预先定义好的数据模型或没有以一个预先定义的方式

来组织的数据。这种类型的数据可以是人生成的，也可以是机器生成的，没有限定结构形式，表示灵活，蕴含了丰富的信息。相对于传统的在数据库中或标记好的文件，非结构化数据由于非特征性、不规则性和歧义性，所以使得使用传统程序难以理解。例如，图片、音频、视频、文字处理文档、邮件、数据表等都是常见的非结构化数据。和结构化数据相比，非结构化数据的容量更大，产生的速度更快，来源更具有多样性，两者的主要区别如图1-3所示。

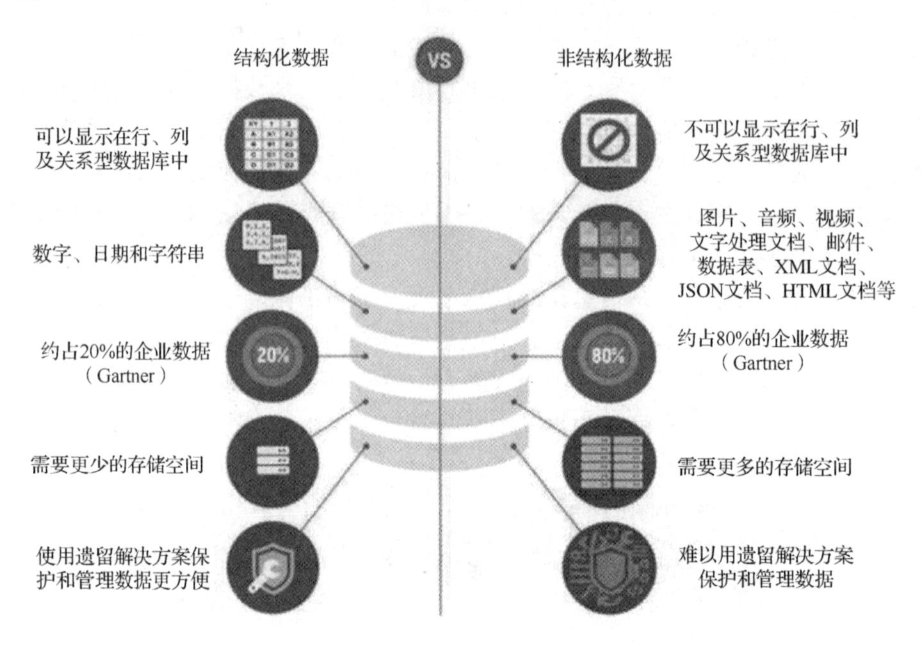

图1-3　结构化数据和非结构化数据的主要区别

由于结构化数据处理有成熟、高效的技术体系，所以非结构化数据一般需要转换为结构化数据进行处理。随着大数据技术的发展，从非结构化数据中分析和获得新的信息变得越来越容易，将非结构化数据转换为结构化数据也更容易、更有效。

1.1.2.3　半结构化数据

半结构化数据就是介于结构化数据（如关系型数据库、面向对象数据库中的数据）和非结构化数据（如图片、音频等）之间的数据。它具有一定的结构，但是结构不完整、不规则，或者结构是隐含的，如XML文档、JSON文档、HTML文档等。半结构化数据在用户画像、物联网设备日志采集、应用的点击流数据分析等场景中得到大规模使用。

与非结构化数据要转换为结构化数据才能处理一样，半结构化数据也要转化为结构化数据才能进行处理。因此，从结构化数据的角度看，半结构化数据有以下几个特点。

第一，半结构化数据是结构化数据的一种形式，由于它包含相关标记（用来分隔语义元素及对记录和字段进行分层），所以它并不是用关系型数据库或其他数据表的形式关联起来的数据模型结构。

第二，按照结构化数据的特征标准进行对比，半结构化数据的结构变化很大。因为我们要了解数据的很多细节才能重新建立数据，所以就不能将数据简单地按照非结构化数据处理文件的方式组织成一个文件，或者由于结构变化很大也不能够简单地建立一个表和它对应。

例如员工的简历，它不像员工基本信息那样一致，每个员工的简历大不相同。有的员工的简历很简单，比如只包括姓名、性别、年龄、籍贯、身份证信息、联系方式、教育情况等；有的员工的简历却很复杂，比如包括工作情况、婚姻情况、出入境情况、户口迁移情况、政治情况、技术技能等，甚至还可能有一些我们没有预料的信息，比如特长、爱好等。通常要完整保存这些信息并不是很容易，因为我们不希望系统中的表的结构在系统的运行期间发生变更。

第三，半结构化数据中包含了对数据结构、数据含义、数据类型等的描述信息，结构与数据往往融合在一起。例如，下面是一段HTML语句代码：

```
<head>
     <meta charset=" UTF-8" >
     <title> Document</title>
</head>
<body>
     第一行<br/>
第二行<br/>
</body>
```

其中，<head>、<title>、<body>等都是具有特定意义的数据标签，所有的数据都包含在这些标签里面，即通过这些标签对数据的含义进行了描述。如<title>是网页的标题标签，既描述了结构（网页标题），又有实际的数据（标题内容是“Document”），结构和数据交织在一起。

这里需要进一步说明的是，既然用HTML语句书写的文档含义是明确的，那为什么它不是结构化数据？结构化数据具有三大特征，一是有明确的含义，二是有严格固定的顺序，三是有明确的数据类型。HTML语句文档具有第一个特征，即有明确的含义，但是不具有第二和第三个特征。因为HTML语句文档中标签和标签之间的顺序是可以自由定义的，没有固定的顺序；标签中的内容也没有特别的数据类型限制。所以HTML语句文档不是结构化数据，只能是半结构化数据。

1.1.3 数据存储

数据存储是一种采取合理、安全、有效的方式把数据保存到介质上，并能保证数据可以被有效访问的技术。其本质是把数据以某种格式记录在存储介质上，一方面它是数据临时或长期驻留的物理媒介；另一方面它是保证数据完整安全存放的方式或行为，可以保证数据的稳定、非易失。数据存储的价值在于安全可靠地保存数据。

1.1.3.1 存储介质

凡是信息的记录载体，都称为存储介质。从文明诞生以来，人类就一直在寻求能够更有效存储信息的方式，存储介质一直在发展。存储介质根据承载数据的类型可以分为很多种，如古代的人们就使用龟甲、兽骨和石块来记录（存储）信息；后来，又使用竹片、绢帛、炭墨来记录各种信息；近代人们使用纸带机记录数字信息；现代人们使用磁盘记录视频、语音信息，使用书籍记录文字、图、表信息等。就连我们人类的大脑也是一种特殊的存储介质，它是知识和脑活动的载体。因此存储信息和数据的介质类别与表现形式繁多且形态各异。

在现代信息系统中，存储数据的介质主要有光、磁和半导体三类。近年来，新型的存储介质层出不穷，先后出现了量子、玻璃、纳米磁体、DNA 生物、特种液体等新型存储介质。这些存储介质使用不同的方式和技术来记录客观世界丰富多彩的信息，供人们自由使用、发布、分享、存档。

1.1.3.2 存储分类

存储分类有多种方法，主流的有以下三种。

第一种，按照存储产品的用途分为主存储器（内部存储）和辅助存储器（外部存储）。主存储器是指 CPU 能直接访问的存储器，有寄存器、内存、一级/二级缓存等，一般采用半导体存储器；辅助存储器是 CPU 不能直接访问的存储器，包括硬盘、磁带、光盘、硬盘阵列等。

第二种，按照存储介质的不同分为半导体存储器、磁性存储器和光学存储器三大类。

第三种，按照数据的可保持情况主要分为易失性存储器和非易失性存储器两大类。其中的易失性和非易失性是指存储器断电后，它存储的数据内容是否会丢失的特性。

存储器的分类如图 1-4 所示。

图 1-4 存储器的分类

【各类存储产品的特点】

随机存取存储器（Random Access Memory，RAM）中的内容可按需随意取出或存入，且存取的速度与存储单元的位置无关。这种存储器在断电时将丢失其存储内容，故主要用于存储短时间使用的程序。按照存储信息的不同，随机存取存储器又分为静态随机存取存储器（Static RAM，SRAM）和动态随机存取存储器（Dynamic RAM，DRAM）。

SRAM不需要刷新电路，数据不会丢失。SRAM内部采用双稳态电路的形式来存储数据，电路结构非常复杂，但速度非常快，在快速读取和刷新时能够保持数据完整性。然而，由于SRAM集成度比较低，相同容量的SRAM比DRAM的成本高得多，所以不适合做容量大的内存，一般用在处理器的缓存里面。目前SRAM只用作CPU内部的一级缓存及内置的二级缓存，也在少量的网络服务器和路由器上使用。

DRAM每隔一段时间就要刷新一次数据才能保存数据，而且是行列地址复用的，许多都有页模式。同步动态随机存取存储器（Synchronous DRAM，SDRAM）是DRAM的一种，它需要时钟对数据的读写进行同步，存储单元是分页的。DRAM和SDRAM由于实现工艺问题，容量较SRAM大，但是读写速度不如SRAM。

常见的嵌入式计算产品的内存使用的都是SDRAM。计算机的内存用的也是这种RAM，叫作双倍速率SDRAM（Double Data Rate SDRAM，DDR SDRAM），其集成度非常高。因为它是动态的，所以必须有刷新电路，每隔一段时间必须得刷新数据。

相变存储器（Phase Change Memory，PCM）利用材料的可逆转的相变来存储信息，是一种新兴的非易失性计算机存储器。它不仅比闪存速度快得多，更容易缩小到较小尺寸，而且复原性更好，能够实现一亿次以上的擦写次数。

只读存储器（Read-Only Memory，ROM）内部的数据是在ROM的制造工序中用特殊的方法被烧录进去的，内容只能读不能改，一旦烧录进去，用户只能验证写入的资料是否正确，不能再进行任何修改。如果发现资料有任何错误，则只能舍弃不用，重新订做一份。ROM是在生产线上生产的，由于成本高，一般只用在大批量应用的场合，如PC中BIOS程序就是存放在ROM中的。

可编程只读存储器（Programmable ROM，PROM）只能写一次，写错了就会报废，现在已经很少使用了。

可擦除可编程只读存储器（Erasable Programmable ROM，EPROM）可重复擦除和写入，解决了PROM只能写入一次的弊端。EPROM有一个很明显的特征，在其正面的陶瓷封装上，开有一个玻璃窗口，透过该窗口，可以看到其内部的集成电路，紫外线透过该窗口照射内部芯片就可以擦除数据，完成芯片擦除的操作要用到EPROM擦除器。EPROM内资料的写入要用专用的编程器，并且往芯片中写内容时必须要加一定的编程电压（V_{PP}=12～24V，随不同的芯片型号而定）。EPROM在写入资料后，还要用不透光的贴纸或胶布把窗口封住，以免受到周围的紫外线照射而使资料受损。EPROM在空白状态时（用紫外光线擦除后），内部的每一个存储单元的数据都为1（高电平）。

电可擦除可编程只读存储器（Electrically Erasable Programmable ROM，EEPROM）是一种掉电后数据不丢失的存储器。EEPROM是用户可更改的只读存储器，其可通过高于普通电压的作用来擦除和重编程（重写），即可以在计算机或专用设备上擦除已有信息并重新编程。与 EPROM 不同，EEPROM 无须从计算机中取出即可修改，是现在用得比较多的存储器，当计算机在使用 EEPROM 的时候是可频繁地重编程的。EEPROM 的寿命是一个很重要的设计参数。

闪存（Flash ROM）有或非（NOR Flash）和与非（NAND Flash）两种，它们都是用得比较多的非易失性闪存。Flash ROM 也被认为是一种 EEPROM，区别在于传统的 EEPROM 以字节为单位进行擦写，而 Flash ROM 则实现了以块为单位进行擦写，两者之间在读写速度、容量、寻址方式、使用寿命等方面有较大区别，使用的领域和场合也差别较大。

1.1.3.3 存储分层

存储分层也称为层级存储管理（Hierarchical Storage Management，HSM），是把数据存储在不同层级的介质中，系统支持数据在不同的介质之间进行自动或手动地迁移、复制等操作。

1. 为什么要分层

首先，在计算机系统中，CPU 的运行速度往往要比内存速度快上几十倍甚至更多，为了更多地利用 CPU 的计算能力，就需要在访问数据的速度上进行提升，否则内存的速度将成为整个系统的性能短板。在这样的思想下，CPU 慢慢发展出来了多级（或多层）存储缓存。事实也证明，缓存的存在确实对于系统性能的提升起到了巨大的推动作用。

同样的逻辑，内存的访问速度又是硬盘访问速度的几十倍甚至更多，我们同样可以在内存和硬盘之间设立缓存（夹层）来提高系统的 I/O 性能，以满足应用对系统提出的 I/O 访问需求。

从某种意义上说，内存就是充当了 CPU 与外部存储器之间的另一个级别的缓存。作为用户来讲，我们当然希望所有需要用到的数据都最好存在最高速的存储当中。但是这样近乎是乌托邦式的理想至少在当前来说是不现实的。

其次，从信息的整个生命周期来看，数据在创建之初通常具有最高的价值且使用频繁（见图 1-5）。

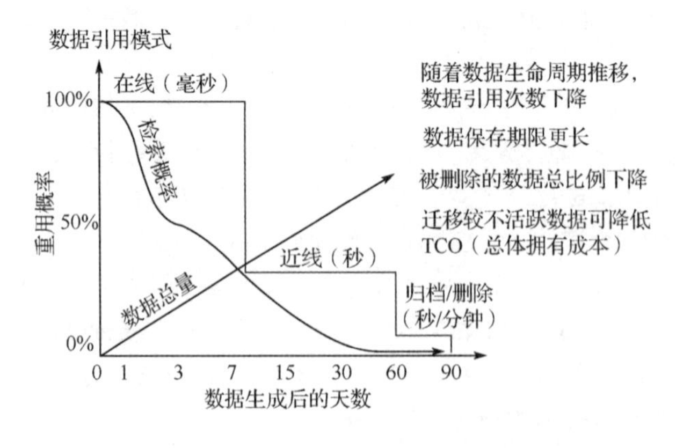

图 1-5　数据的引用模式

但是随着数据的存在时间不断延长，人们对数据的访问就不那么频繁了，数据本身的价值也逐渐降低，全部采用高速介质也是不必要的。因为根据数据局部性原理，往往被频繁访问的数据是局部而有限的。我们把高频率访问的数据放在高速存储介质上，而其他的数据放在速度较慢一些的介质上，这在实际上也提高了系统的吞吐量。

最后，存储是信息系统重要的资源之一，存储的成本与存取速度密切相关，存取速度越快其价格也越贵，容量相对来讲会比较低。为了应对数据访问而全采用高速存储实在是过于奢侈，在成本上是不可行的。日常工作中往往是多种产品并存，每种产品的存储单位成本差别是很大的。存取速度慢的介质通常是为了满足容量与成本方面的要求，即在相同的成本下可以得到更大的容量。

用户根据掌握的信息生命周期规律与信息价值的改变来灵活部署和调整存储基础设施，不仅可以提升整个存储系统的性能，而且能降低整体拥有成本。

一般来说，我们将存取速度最快的那一层的介质层称为第 0 层，之后依次为第 1 层、第 2 层……第 *n* 层。从理论上说，可以划分很多层。但过多的层级会增加数据及介质管理的难度与可用性。因此在层级的设置上有一个拐点，即层级达到一个特定的层数时，会导致成本上升，而使得可用性、可靠性都会相应下降。不断变化的数据访问需求动态分布数据，体现了信息在不同阶段的特点和价值。

2. 如何分层

分层存储基于数据访问的局部性，关联数据使用热度和价值，一般包括数据的重要性、访问频率、保留时间、容量、性能等指标，对于不同的数据采取不同的存储方式，并分别存储在不同性能的存储设备上，通过分层存储管理就能实现数据在存储设备之间的迁移。

从计算机系统角度来说，和 CPU 最近的是各种类型的寄存器，依次是 CPU 内的高速缓存 Cache、系统内存、外部存储。

这些存储器的速度与容量都有差别，越靠近 CPU 的存储器成本越高，速度越快，容量越小，并且在 CPU 的控制下，数据在这些不同类型的存储器中间进行自动转存。比如寄存器的大小通常在 1～2KB，Cache 的大小在 4KB～2MB，内存的大小在几百兆字节到几十太字节，外存没有上限。这类存储都有一个共同的特点，那就是系统掉电后数据将不复存在。我们将此类型的分层存储称为易失性存储分层，或者内部存储器分层存储。

对于外部存储，一般都是非易失性分层存储设备。此类型的存储介质一般包括固态硬盘、机械硬盘、光盘、闪存盘（包括外置硬盘）、磁带库等。而此类存储由于使用量大、范围广，是后续教学的重要内容。

3. 层模型

根据上述的分层方法，存储分层模型如图 1-6 所示。

图 1-6 显示存储分为七层，其中，L0～L3 是系统寄存器、缓存，L4 是系统内存，L5 和 L6 是外部存储，且 L5、L6 层的主要设备是硬盘、磁带。根据这些设备与存储系统的连接方式，可分为在线、近线和离线三种连接方式。

在线存储是指将数据存放在高速的硬盘系统（如闪存存储介质、FC 硬盘、SAS 硬盘阵列等）的存储设备上，适合存储那些需要经常和快速访问的程序与文件，其存取速度快、性能好，但存储价格相对昂贵。在线存储是工作级的存储，其最大特征是存储设备和所存储的数据时刻保持“在线”状态，可以随时读取和修改，以满足前端应用服务器或数据库对数据访问的速度要求。

近线存储是指将数据存放在低速的硬盘系统上（如 SATA、SCSI 硬盘阵列，DVD-RAM 光盘塔和光盘库等），一般是一些存取速度和价格介于高速硬盘与磁带之间的低端硬盘设备。近线存储外延相对比较广泛，是位于在线存储和离线存储之间的设备。这些设备并不被经常用到（如一些长期保存的不常用的文件归档），或者说访问量并不大。但对这些设备的要求是寻址迅速、传输率高。因此，近线存储对性能要求相对来说并不高，但又要求具有相对较好的访问性能。同时，多数情况下由于不常用的数据占总数据量的比重较大，这也就要求近线存储设备在容量上相对较大。

离线存储则指将数据备份到磁带或磁带库上，大多数情况下主要用于对在线存储或近线存储的数据进行备份，以防范可能发生的数据灾难，又称备份级存储。离线存储通常采用磁带作为存储介质，其访问速度慢，但价格低廉，存储空间大。

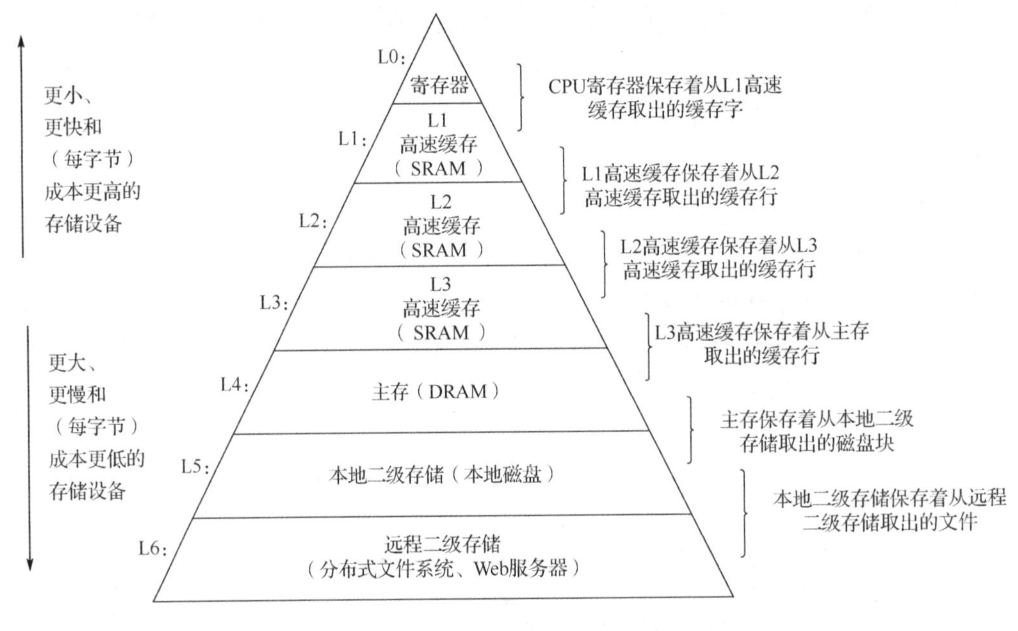

图 1-6　存储分层模型

4. 分层的优点

（1）减少总体存储成本。不经常访问的数据驻留在较低成本的存储器中，可综合发挥硬盘驱动器的性能优势与磁带的成本优势。

（2）性能优化。分级存储可使不同性价比的存储设备发挥最大的综合效益。

（3）改善数据可用性。分级存储把很少使用的历史数据迁移到辅助存储器中，或归档到离线存储池中，这样就无须保存和维护多个副本，减少了存储的时间，同时提高了在线数据的可用性，使硬盘的可用空间维持在系统要求的水平上。

（4）数据迁移对应用透明。进行分级存储后，数据移动到另外的存储器时，应用程序不需要改变，使数据迁移对应用透明。

（5）“存储墙”问题。当前主流的计算系统，从大型服务器集群、PC，再到智能手机，无一例外地都采用冯 • 诺依曼架构，其特点在于程序存储在存储器中，与运算控制单元相分离。为了满足速度和容量的需求，现代计算系统通常采取高速缓存（SRAM）、主存（DRAM）、外部存储（NAND Flash、HDD）的三级存储结构。越靠近运算单元的存储器速度越快，但受功耗、散热、芯片面积的制约，其相应的容量也越小。SRAM 响应时间通常在纳秒级，DRAM 则一般为 100 纳秒量级，NAND Flash 更是高达 100 微秒级，当数据在这三级存储间传输时，后级的响应时间及传输带宽都将拖累整体的性能，形成“存储墙”。可以看出，“存储墙”问题来源于当前计算机架构中的多级存储，随着处理器性能的不断提升，这一问题已经成为制约计算系统性能发展的重要因素。为了削弱乃至消除“存储墙”对系统的性能影响，发展新型存储是当今业界重要的共识。

1.1.3.4 存储的容量

容量是存储系统的重要指标，计量单位有字节（Byte，B）、千字节（KiloByte，KB）、兆字节（MegaByte，MB）、吉字节（GigaByte，GB）、太字节（TeraByte，TB）、拍字节（PetaByte，PB）、艾字节（ExaByte，EB）、泽字节（ZettaByte，ZB）、尧字节（YottaByte，YB）。各单位之间是 1024 进制（2^{10}）。

1KB = 1024B

1MB = 1024KB = 1 048 576B

1GB = 1024MB = 1 073 741 824B

1TB = 1024GB = 1 099 511 627 776B

1PB = 1024TB = 1 125 899 906 842 624B

1EB = 1024PB = 1 152 921 504 606 846 976B

1ZB = 1024EB = 1 180 591 620 717 411 303 424B

1YB = 1024ZB = 1 208 925 819 614 629 174 706 176B

计算机中采用二进制，内部存储器采用 2 的幂次计量，即操作系统中对容量的计算是以每 1024 为一进制的。而外存（硬盘）厂商在计算容量时，则是以每 10^3 为一进制的，1000B 为 1KB、1000KB 为 1MB、1000MB 为 1GB，以此类推。这样就造成了内外存储设备在容量计算上的实质差别，当用上述指标去表征外存设备时，其实际容量要小于标称容量。

1.1.3.5 存储的价值

数据是企业的生命线，存储是数据的“容器”，存储的价值依赖于数据的价值。数据已经成为现代社会的基础性战略资源和共享财富，是绿色经济发展的新型原材料，是促进新时代数字经济快速发展的新型生产力。

随着信息技术的发展，信息技术与经济社会的交汇融合引发了数据迅猛增长，信息系统也在加速迭代（见图 1-7），应用呈现密集化和复杂化趋势，作为云的重要资源之一的存储作为一种服务已逐渐被业界接受，传统的静态数据和设施演化为动态的与数据存储相关的操作与性能表现，存储逐渐成为一种可量化的、严重影响数据和网络的性能的基础关键环节。特别是在数据和应用分离逐渐明确的今天，存储更能体现数据和知识的价值，并产生新价值，造福全人类。

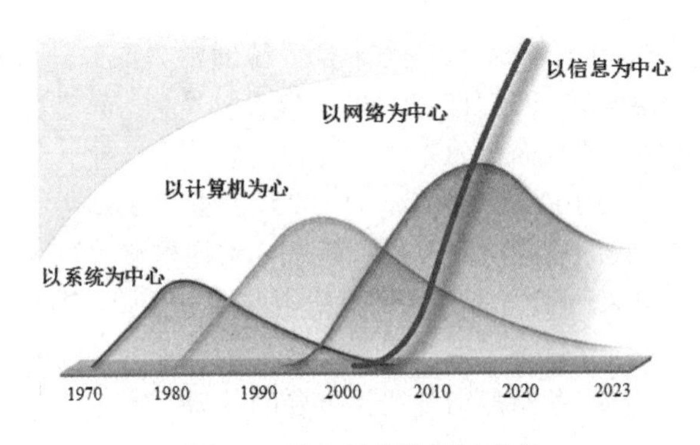

图 1-7　信息系统的发展演变

1.1.4　数据的可用性

数据是企业信息系统的一部分，是企业的命脉，信息系统正常运行的基础是数据必须可用。数据可用有三个不同层级的要求，第一是数据不丢失，第二是系统不停机（7×24 服务的保障），第三是性能不下降（优质服务的保障）。由于硬件故障、软件故障、环境风险、人为、自然灾害、安全配置错误等因素，数据可用逐渐成为信息应用和服务突出的问题。

数据是否可用常常用数据可用性（Data Availability）来衡量，即数据“一直可用”的特性。

数据可用性是指数据可被授权实体按要求访问、正常使用或在非正常情况下能恢复使用的特性。数据可用性是数据管理中的一个重要方面，它确保数据可以在需要时被使用，保证了业务和决策的有效性。数据的可用性主要具有以下五个方面的内容。

第一，数据的一致性，指数据信息系统中各相关数据信息之间相容、不产生矛盾。

第二，数据的准确性，指数据信息系统中每个数据表示现实物体的精准程度。人们对数据进行操作的各个环节都可能影响数据准确性。

第三，数据的完整性，指数据集合包含的数据完全满足对数据进行各项操作的要求。

第四，数据的时效性，是指在不同需求场景下数据的及时性和有效性。应用系统往往对数据时效性要求较高，逾时或错时的数据往往价值大大降低，甚至没有价值。

第五，实体的同一性，指同一实体在各种数据源中的描述要统一。

当今世界，大量的业务和应用都处于永远在线（Always-Online）状态中，数据的可用性很关键。宕机已经成为一个不可接受的状况，造成的损失都是巨大的，后果常常也是很严重的。

如网络的分布式阻断服务（Distributed Denial of Service，DDOS）就是利用目标系统的网络服务功能缺陷或直接消耗大量系统资源，使目标系统无法提供正常的服务，其实质就是破坏数据的可用性。为此，应采用备份、容灾等主动防护手段，规避各类潜在的故障和风险，实现对数据的保护，实现数据的持续服务，保持数据的可用性。

1.1.5　存储技术的发展

1.1.5.1　新挑战

1. 海量接入设备的数据处理

随着数字技术的发展，人类进入了以云计算为主的物联时代，其支撑设备主要是海量移动或非移动终端设备和支持这些设备的后备存储设施。这些终端设备将出现在人类未来生活中的各个角落，而支持这些海量设备访问的巨型存储设施的存储底层需要具备海量的存储空间来保存前端用户的海量信息，并必须具有高度的可用性、持续性来保证用户随时随地能够访问到他们需要的数据。

2. 交易类数据高并发、低延时、高可靠

5G 技术大带宽、低时延的特点，对数据处理速度、频度、可靠性提出了新的要求；以金融交易为例，我们每天用到的微信、支付宝等小额支付，使得交易量增长 10 倍以上，而且在线购物也不再受门店营业时间的限制，必须做到 7×24 小时不间断服务。这些都对数据交易的时延、可靠性等提出了前所未有的挑战。

3. 海量非结构化数据存储，长期保存与价值挖掘

例如，今日头条每天会产生约 50PB 的数据，这些数据绝大多数都是非结构化数据。窄带和宽带物联网、4K/8K 视频、自动驾驶等多数据源和多模数据的大量采集，长期保存，冷数据变温数据等带来了新的海量数据存储需求。

4. 数据无缝流动，融合高效地处理与分析

数据要长期保存，更要无缝流动才能产生更多的价值。从实际业务来看，在距离数据产生最近的边缘场景（如摄像头、传感器等）中，数据如何存储和高速处理，如何提供边、中心、云的统一数据保护和管理，从而既可以让数据高速流动，又能做到每比特成本最优，价值最大，也是数据存储业务面临的新挑战。

5. 数据全生命周期管理，场景化、智能化、降本增效

数据全生命周期管理，实现从数据产生的源头，到云端全数据路径的赋能。各类通用的人工智能算法和框架都可以基于云上现有的大数据形成基线，完成在本地的增量训练。结合具体业务，然后根据具体的场景和业务，提供个性化调优，实现对数据生产、分析、备份、归档的全生命周期的智能化管理。这也是颠覆传统 IT 架构，从数据视角打破边界，构建数据基础设施的一个重要理念。

1.1.5.2 新融合

长期以来，网络和主机一直是网络系统中的重要组成要素，存储只是位于服务器后端的附属品。随着网络技术特别是互联网的发展，基于网络的应用逐渐超过本地应用，网络逐渐成为影响应用的关键因素。

随着应用的复杂化、多样化和普遍化，网络技术不仅在硬件上实现了更高速、延迟更小、带宽更大，在软件协议上也在不断优化和变革。不断加速的信息需求使得存储容量的增长速度超过了服务器处理能力的增长速度，有限的服务器内部存储和不断增长的存储内容促成了服务器存储的“外部化”，出现了网络存储。而多类型智能终端的接入，直接带来边设备的多模数据、多级介质、云物理位置和多种协议带来的数据孤岛等一系列困难，网络只有实现与存储和计算的超融合才能打通数据、应用之间的屏障。

1.1.5.3 新发展

机械硬盘自 1956 年诞生以来，其简单的块式访问接口基本没有变化，机械运动的本质特征并没有得到明显改善。1992 年以后，磁存储技术发生了质的变化，磁、光、半导体等存储介质上集成存储密度（单位长度或单位面积磁层表面所存储的二进制信息量）的年增长率达到 100%；精密机械技术、纠错容错技术、信号处理技术等技术领域的重大突破，使存储厂商制造出了更先进、性能价格比更优的存储产品。

全闪存阵列是完全由固态存储介质（通常是 NAND 闪存）构成的、独立的存储阵列或设备，采用了大量优化或增强硬盘读写和阵列性能的技术，可以用于取代所有传统的硬盘存储阵列。由于其在高性能方面的优势，全闪存阵列已经在很多的企业级应用中得到使用。

在存储体系结构方面，大容量、高性能、高可靠的存储硬件系统如硬盘阵列（Redundant Arrays of Independent Disk，RAID）、存储区域网络（Storage Area Network，SAN）、网络连接存储（Network Attached Storage，NAS）、分布式云存储、超融合等都得到广泛应用。

在高可靠性领域，不仅仅是在架构层面，在组件（如硬盘）、系统（如 RAID）、解决方案（如双活）层面同时也有大量的创新和发展。

1.1.5.4 新基建

数据中心是国家新基建（新型基础设施建设）的七大领域之一，用来在互联网网络基础设施上传递、加速、展示、计算、存储数据信息。根据国家“东数西算”战略，我国将建设 8 个国家算力枢纽节点和 10 个国家数据中心集群（见图 1-8）。

图 1-8 国家“东数西算”战略规划图

数据资源是与人力资源、自然资源一样重要的战略资源，在信息时代下的数据中心行业中，只有对数据进行大规模和灵活运用，才能更好地去理解数据，运用数据，才能促使我国数据中心行业快速高效发展，体现出国家发展的大智慧。

海量数据的产生，也促使信息数据的收集与处理发生了重要的转变，企业也从实体服务走向了数据服务。相关产业界的需求与关注点也发生了转变，企业关注的重点转向了数据，计算机行业从追求计算能力转变为追求数据处理能力，软件业也将从以编程为主向以数据为主转变，云计算的主导权也将从分析向服务转变。

数据中心的产生，使更多的网络内容将不再由专业网站或特定人群所产生，而是由全体网民共同参与。随着数据中心行业的兴起，网民参与互联网、贡献内容也更加便捷，数据呈现出多元化。巨量网络数据都能够存储在数据中心，数据价值也会越来越高，可靠性能也会进一步加强。

1.1.6 任务小结

本任务围绕数据和存储两个关键词，首先介绍了数据和信息的概念，厘清数据与信息的关系；其次按照数据的结构特征，把数据分为结构化、非结构化和半结构化三类；再次介绍了数据的存储介质，以及存储分层的技术机理，存储的价值，数据的可用内涵；最后介绍了存储技术面临的新挑战和发展新趋势，概括介绍了国家的“东数西算”新基建战略。

任务 2 了解 IT 系统

教学目标

1. 了解 IT 系统的组成。
2. 理解云计算的含义、特征、关键技术、服务类别及它们之间的关系。
3. 了解和掌握云计算的类别及各自的特点。
4. 了解和掌握云存储的类别及特点。

早期的 IT 系统采用的是单处理机模式，计算能力有限，效率低下，应用受限于自有的能力和资源。随着网络技术不断发展出现了 LAN 模式，用户通过配置具有高负载通信能力的服务器集群来满足急速增长的互联网服务需求。一方面，应用请求爆发的时候大量的网络请求不能被及时响应，乃至会拒绝服务；另一方面，在遇到负载低峰的时候，又会出现资源的浪费和闲置，导致运行与维护成本提高。而云计算模式是把网络上的服务资源虚拟化并提供给其他用户使用，整个服务资源的调度、管理、维护等工作都由云端负责，用户不必关心“云”内部的实现就可以直接使用其提供的各种服务。云计算模式是给用户提供像传统的电力、水、煤气一样的按需计算服务，它是一种新的、有效的计算使用范式。

1.2.1 IT 系统的发展

IT 系统是由计算机硬件、网络和通信设备、计算机软件、信息资源、信息用户和规章制度组成的，以处理信息流为目的的人机一体化系统。宏观上讲，信息系统由人、计算、资源、连接四个要素组成，完成信息的输入、存储、处理、输出和控制功能。传统的 IT 系统逻辑层次结构图如图 1-9 所示。

在图 1-9 中，IT 系统从逻辑上分为 9 层，所有信息系统的建设也是严格按照从第 1 层到第 9 层的顺序进行的，这就是所谓的“竖井”式施工。

基础层（第①层）主要是机房基础设施和环境，包括机房的装修、布线、接地、供电、制冷、设备特殊配置要求等。

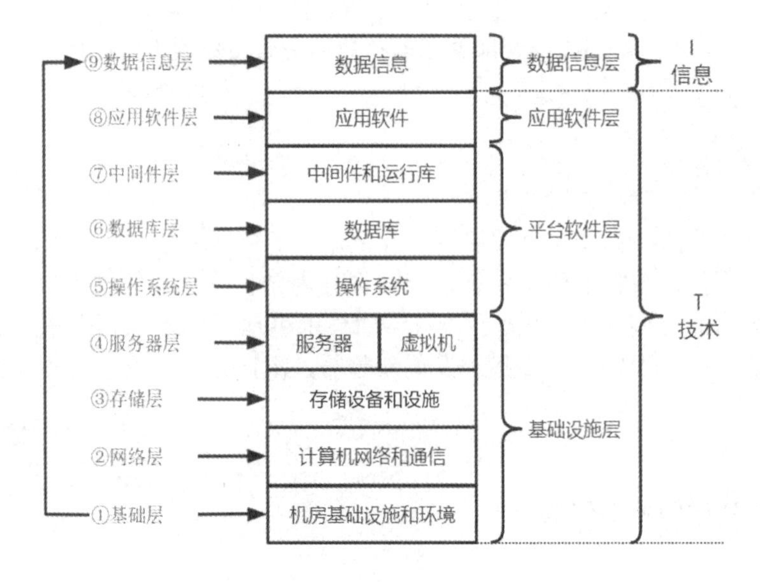

图 1-9　传统的 IT 系统逻辑层次结构图

网络层（第②层）主要是计算机网络和通信，包括交换机、路由器、网络安全设备、机柜、跳线、网络出口、电源等。

存储层（第③层）主要是存储设备和设施，包括硬盘、硬盘库、硬盘阵列、磁带、磁带库等。

服务器层（第④层）主要是服务器/虚拟机，包括机架式、塔式和刀片式等不同规格与应用的服务器等。

操作系统层（第⑤层）主要是操作系统，包括 UNIX、Linux、Windows Server 等。

数据库层（第⑥层）主要是数据库，包括 SQL、Oracle、Oceanbase、GaussBase 等。

中间件层（第⑦层）主要是中间件和运行库，包括 WEB 开发中间件 Tomcat，商业应用的 weblogic/websphere 等。

应用软件层（第⑧层）主要是应用软件，如财务管理软件、ERP 系统、MES 系统、PLM 系统、图书管理系统等。

数据信息层（第⑨层）主要是数据信息，如各类终端 App、大数据分析报告、信息推送等。

其中，根据各层的功能和定位，可以把①～⑨层进行归并，第①～④层可归并为基础设施层，第⑤～⑦层可归并为平台软件层。其他两层分别为应用软件层和数据信息层。这样，原来的 9 层就简化为基础设施层、平台软件层、应用软件层和数据信息层这样的 4 层结构。IT 系统的 4 层结构也是目前最为普遍并被广泛接受的划分方法。

基础设施层、平台软件层、应用软件层可以进一步归并到 T（英文单词 Technology 的首字母，表示技术），而数据信息层就是 I（英文单词 Information 的首字母，表示信息），这就是 IT 的含义——信息技术。

需要明确的是：IT 就是信息与技术，其中，I 是目的，T 是手段，T 是用来加工处理 I 的。T 广义上还包括企业中的计算机技术人员。

随着人工智能、大数据、物联网、移动通信等技术的迅猛发展，信息系统的体系结构也在发生重大变化，其概念和内涵在逐渐发展和进化。系统越来越庞大，业务体系和结构越来越复杂，应用的要求越来越密集化、实时化、个性化、广域化，对计算机信息系统的要求越来越高。传统的计算机信息系统已经没法满足要求，向云计算信息系统过渡逐渐成为一种趋势。云计算与原有模式相比，功能更强大，资源更丰富，连接更便捷，服务更高效，价格更低廉。

1.2.2 云计算系统的体系结构

在传统的 IT 架构下指导建设 IT 系统是一个比较复杂的过程，其突出特点是应用和设备具有高度的相关性。云计算架构很好地解决了传统架构存在的问题，实现了应用和设备的解耦，不同的技术让具有不同专业背景的团队去完成。

1.2.2.1 传统 IT 结构的困难

传统的 IT 建设过程包括方案设计、市场采购、硬件安装、网络和设备配置、软件安装、应用开发等全项目生命周期内容。每建一个新的 IT 系统，整个过程都需要重复进行，需要具有项目全生命周期建设经验的技术力量人才参与。用这种模式建设 IT 系统不仅建设周期长，而且资源利用率偏低，建设成本很高。

此外，传统的 IT 架构适用范围比较窄且没有很好的延展性，竖井式建设的结果就是竖起了一个个有边界的“烟囱”。随着服务器、存储设备数量的增加，系统的安装和计算环境的配置会有很大的差异。由于缺乏统一的标准，数据中心的管理难度将大幅提高，无法保证环境的一致性，整体性能并没有随着服务器的急剧增加而有显著改善，导致稳定性下降，后期的维护比较困难，维护成本高。

随着数字经济的迅猛发展，与数据技术相关的数据的采集和预处理（物联网）、产生和消费（移动互联网）、分析和利用（大数据）、计算和存储（云计算）等技术逐渐成熟，云计算成为新一代 IT 基础设施，是新型的生产力代表。

1.2.2.2 云计算

云计算（Cloud Computing）是分布式计算的一种，是一个可运营、部署迅速、灵活、可回收资源的智能 IT 系统。它可以在任何时间、任何地点，最大限度地向用户提供包括计算、存储、数据库、网络、软件、分析等服务。云计算的资源是动态、易扩展且虚拟化的，通过互联网提供。终端用户不需要了解云基础设施的技术细节，不必具有相应的专业知识，只需关注自己真正需要什么样的资源及如何通过网络接入来得到相应的服务即可。

云是网络、互联网的一种比喻说法。过去在图中往往用云来表示电信网，后来也用来表示互联网和底层基础设施。狭义的云计算指 IT 基础设施的交付和使用模式，指通过网络以按需、易扩展的方式获得所需资源；广义的云计算指服务的交付和使用模式，指通过网络以按需、易扩展的方式获得所需服务。这种服务可以和 IT 软件、互联网相关，也可以是其他服务。它意味着计算能力也可作为一种商品通过互联网进行流通。

1.2.2.3 云计算的特征

云计算是商业模式和技术理念的统一，其主要特征有以下几点。

第一，按需自助服务。消费者可以按需部署处理能力，如服务器和网络存储，而不需要与每个服务供应商进行人工交互。

第二，无处不在的网络接入。用户使用如移动电话、便携式计算机、掌上电脑等不同的终端接入互联网，按照标准或协议的访问方式获得各种能力。

第三，与位置无关的资源池。供应商的计算资源被集中，以便通过多用户租用模式给客户提供服务，同时不同的物理和虚拟资源可根据客户需求动态分配。客户一般无法控制或知道资源的确切位置。这些资源包括存储、处理器、内存、网络带宽和虚拟机等。

第四，快速弹性。云计算可以迅速、弹性地提供服务，能快速扩展，也可以快速释放，实现快速缩小。对客户来说，可以租用的资源看起来似乎是无限的，并且可在任何时间购买任何数量的资源。

第五，按使用付费。云计算的收费是基于计量的一次一付，或基于广告的收费模式，以促进资源的优化利用。比如计量存储，根据带宽和计算资源的消耗，按月根据用户实际使用收费。一个组织内的云可以在部门之间计算费用。

1.2.2.4 云计算的关键技术

云计算的关键技术包括计算架构、计算硬件和计算软件等。其中，计算架构涵盖整体高性能、软件高可靠和结构的可扩展等内容。云计算硬件包括高可靠和高性能的计算服务器，高性能的网络，低成本、数据安全的存储设备。云计算软件包括用于大数据的并行计算、分布式存储技术、分布式文件管理、虚拟化技术、高效智能运维的系统管理技术等。

1.2.2.5 云计算的类别

云计算按照运营模式分为私有云、公有云和混合云三类。

（1）私有云。一般由一个组织来使用，同时由这个组织来运营。对于较大的行业和企业，可使用云技术建立自己的私有云，如华为数据中心就属于这种模式，华为既是运营者，也是它的使用者，也就是说使用者和运营者是一体的。

（2）公有云。就如共用的交换机一样，由电信运营商去运营这个交换机，但是它的用户可能是普通的大众。

（3）混合云。它强调基础设施是由上述两种云组成的，但对外呈现的是一个完整的实体。企业正常运营时，把重要数据保存在自己的私有云里面（如财务数据），把不重要的信息放到公有云里，两种云组合形成一个整体。如电子商务网站，它平时业务量比较稳定，自己购买服务器搭建私有云运营，但到了促销的时候，业务量非常大，就从运营商的公有云租用服务器，来分担负荷，其可以统一调度私有云和公有云，即构成了一个混合云。

1.2.3 云计算的服务

云计算是商业模式和技术理念的统一，是一种按需服务的资源使用模式。本身就是一个 IT 系统，底部三层可以再划分出很多“小块”使用并出租出去。用户所需要的应用软件和数据都位于云中，用户可以使用客户端按照自己的需求访问所要的应用。云计算提供商同样按照客户的需求提供相应的服务，收取相应费用。

使用新的计算架构，把网络资源、软件资源、计算资源和存储资源等虚拟化成资源池，向用户（租户）提供基础设施即服务（Infrastructure as a Service，IaaS）、平台即服务（Platform as a Service，PaaS）、软件即服务（Software as a Service，SaaS）三种服务模式。云计算机信息系统的体系结构图如图 1-10 所示。

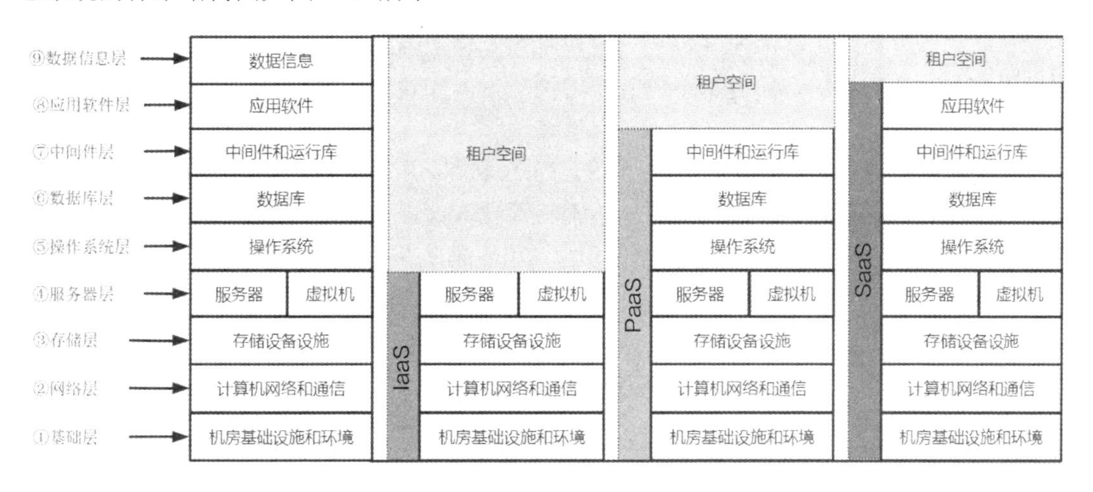

图 1-10　云计算机信息系统的体系结构图

1.2.3.1　基础设施即服务

基础设施即服务是把 IT 系统的基础设施层作为服务出租出去。由云计算提供商先把 IT 系统的基础设施建设好，并对计算设备进行池化，然后直接对外出租硬件服务器、虚拟主机、存储或网络设施（负载均衡器、防火墙、公网 IP 地址及 DNS 等基础服务）等。

这种类型的服务要求云服务提供商负责管理机房基础设施、计算机网络、硬盘柜、服务器和虚拟机，用户则自己安装和管理操作系统、数据库、中间件、应用软件和数据信息，因此 IaaS 的消费者一般是掌握一定技术的系统管理员。

IaaS 提供商计算租赁的内容包括 CPU、内存和存储的数量，接入的网络带宽，公网 IP 地址数量及一些其他需要的增值服务（如监控、自动伸缩等）等。

1.2.3.2　平台即服务

平台即服务是把 IT 系统的平台软件层作为服务出租出去。与 IaaS 相比，PaaS 要做的事情增加了，既要准备机房、布好网络、购买设备，还要安装操作系统、数据库和中间件，即把基础设施层和平台软件层都搭建好，然后在平台软件层上划分“小块”（通常称之为“容器”）并对外出租。而用户只要关注自己的应用系统的部署和开发，以及数据信息的使用，不需要关注基础设施层和平台软件层的技术内容。

PaaS 为软件开发者提供了开发平台。在传统的开发环境中，软件开发者在编写应用程序的时候，同时需要关注所采用的操作系统和硬件设备。而使用 PaaS，开发者可以专注于编写最好的应用程序，基础平台的维护由 PaaS 供应商负责。

1.2.3.3 软件即服务

软件即服务是软件部署在云端，让用户通过互联网来使用它，即云服务提供商把 IT 系统的应用软件层作为服务出租出去，而消费者可以使用任何云终端设备接入计算机网络，然后通过网页浏览器或编程接口使用云服务的软件。这进一步降低了租户的技术门槛，应用软件也无须用户自己安装了，而是直接使用。

它是云计算最早出现的服务模式。用户只需要使用简易的设备去连接服务提供商提供的操作系统和应用程序。所有繁杂的系统维护工作，如软件和授权的升级，均由服务提供商来负责。

综上，云计算的服务提供商通过 IaaS、PaaS 和 SaaS 三种标准的服务模式向用户提供服务，负责相应层及以下各层的部署、运维和管理，而用户自己负责更上层次的部署和管理，两者负责的“逻辑层”加起来刚好就是一个完整的四层 IT 系统。

1.2.4 云存储

云存储是在云计算概念上延伸和发展出来的一个新的概念，是指通过虚拟化、集群应用、网络技术或分布式文件系统等功能，将网络中大量各种不同类型的存储设备通过应用软件集合起来协调工作，共同对外提供数据存储和业务访问功能的一个系统。

从技术方面看，目前业界普遍认同云存储的两种主流技术解决方案：分布式存储和存储虚拟化（这两种方案还将在项目 6 中深入介绍）。

1.2.4.1 分布式存储

从分布式存储的技术特征上看，分布式存储可以分为分布式块存储、分布式文件存储、分布式对象存储和分布式表存储四种类型。

（1）分布式块存储。将存储区域划分成固定大小的小块，是传统裸存储设备的存储空间对外暴露方式。块存储系统将大量硬盘设备通过 SCSI/SAS 或 FC-SAN 与存储服务器连接，服务器直接通过 SCSI/SAS 或 FC 协议控制和访问数据。块存储方式不存在数据打包/解包过程，可提供更高的性能。

（2）分布式文件存储。以标准文件系统接口形式向应用系统提供海量非结构化数据存储空间。分布式文件系统把分布在局域网内各个计算机上的共享文件夹集合成一个虚拟共享文件夹，将整个分布式文件资源以统一的视图呈现给用户。它对用户和应用程序屏蔽了各个节点计算机底层文件系统的差异，提供了方便用户使用的资源管理手段或统一的访问接口。分布式文件系统的出现很好地满足了互联网信息不断增长的需求，并为上层构建实时性更高、更易使用的结构化存储系统提供了有效的数据管理支持。分布式文件系统在催生了许多分布式数据库产品的同时，也促使分布式存储技术不断发展和成熟。

（3）分布式对象存储。对象存储为海量非结构化数据提供了键-值查找数据文件的存储模式，提供了基于对象的访问接口，有效地合并了 NAS 和 SAN 的存储结构优势，通过高层次的数据抽象，分布式对象存储具有了 NAS 的跨平台共享数据和基于策略的安全访问优点，支持直接访问具有 SAN 的高性能和交换网络结构的可伸缩性。

（4）分布式表存储。表存储系统用来存储和管理结构化/半结构化数据，向应用系统提供高可扩展性的表存储空间，包括交易型数据库和分析型数据库。NoSQL 是设计满足超大规模数据存储需求的分布式存储系统，没有固定的 Schema，不支持 join 操作，通过“向外扩展”的方式提高系统负载能力。

1.2.4.2 存储虚拟化

把多个存储介质模块通过一定手段集中管理，把不同接口协议的物理存储设备整合成一个虚拟的存储池，根据需要为主机创建和提供虚拟存储卷，即把不同存储硬件抽象出来，以管理工具来实现统一管理，不必管后端介质到底是什么。

1.2.5 任务小结

本任务首先介绍了传统 IT 系统的逻辑结构、组成要素及它们之间的关系；其次介绍了云的概念、特征，云计算的关键技术，以及私有云、公有云和混合云；最后对照传统的 IT 逻辑层次结构，介绍了云计算提供的三种服务和主要内容。

任务 3 了解存储系统

教学目标

1. 了解存储系统的类别，能够说出各类系统的特点。
2. 理解存储系统的组成和要素。
3. 理解文件系统的概念，掌握主流文件系统和其各自特点。
4. 了解存储 I/O 访问路径的概念和组成要素。

存储系统是存储资源提供者，是 IT 系统的基石，是 IT 技术赖以存在和发挥效能的基础平台。它包括存放程序和数据的各种存储设备、控制部件及管理软件等。

1.3.1 存储系统的发展

存储系统的发展从技术维度历经传统的存储系统、网络存储系统和云存储系统三个阶段。目前，三个阶段的系统并存，都有一定的用户量，应用都比较广泛。

在传统的存储系统结构中，数据存储一般以硬盘阵列等设备为外设，存储系统仅仅被视作主机/服务器的外围 I/O 设备系统，服务器通过直连的方式进行存储。网络存储系统实现了存储与网络技术的融合，使服务器的数据访问在地理范围内得到了很大拓展。云存储系统提供了更强大、更符合标准的数据存储和业务服务，可以有效满足海量数据存储对存储空间的需求。

1.3.1.1 传统存储系统

目前传统存储系统主要有直连式存储、网络存储系统和存储区域网络三种架构。

（1）直连式存储（Direct Attached Storage，DAS）是一种通过总线适配器直接将硬盘等存储介质连接到主机上的存储方式，在存储设备和主机之间通常没有任何网络设备的参与。DAS 是最原始、最基本的存储架构方式，在个人计算机、服务器上也最为常见。

（2）网络存储系统（Network Attached Storage，NAS）是一种提供文件级别访问接口的网络存储系统，通常采用 NFS、SMB/CIFS 等网络文件共享协议进行文件存取。

（3）存储区域网络（Storage Area Network，SAN）是一种通过光纤交换机等高速网络设备在服务器和硬盘阵列等存储设备间搭设专门的存储网络，从而提供高性能的共享存储系统。

1.3.1.2 分布式存储系统

大数据导致了数据量的爆发式增长，传统的集中式存储（如 NAS、SAN）在容量和性能上都无法较好地满足大数据的需求。因此，具有优秀的可扩展能力的分布式存储成为大数据存储的主流架构方式。分布式存储多采用普通的硬件设备作为基础设施，因此单位容量的存储成本也大大降低。另外，分布式存储在性能、维护性和容灾性等方面也具有不同程度的优势。从架构上来讲，可以将分布式存储分为 C/S（Client Server）架构、P2P（Peer-to-Peer）架构，以及这两种架构的综合架构三种。

1.3.1.3 云存储系统

云存储系统是由第三方运营商提供的在线分布式架构存储系统，云存储作为云计算的延伸和重要组件之一，提供了“按需分配、按量计费”的数据存储服务。云存储的用户不需要搭建自己的数据中心和基础架构，也不需要关心底层存储系统的管理和维护等工作，并可以根据其业务需求动态地扩大或减小其对存储容量的需求。

1.3.2 存储系统的组成

存储系统笼统地讲无外乎由存储硬件、软件、存储网络等功能系统组成，但为了方便不同厂商和系统之间的集成和兼容，也为共享存储系统的管理和优化提供统一的方法和架构，全球存储网络工业协会（Storage Networking Industry Association，SNIA）提出了共享存储系统模型（如图 1-11）。该模型不仅定义了一个通用的共享存储框架和相关标准化的术语，也明确了存储系统的组成内容和要素。

SNIA 共享存储系统模型定义了 4 个层次，即存储设备、块聚合层、文件/记录层和应用。其中，文件/记录层又包括数据库和文件系统。块聚合与存储虚拟化类似，可以在共享存储环境的主机、网络、存储设备等点上实现。存储设备和块聚合层加在一起又被称作块层。服务子系统是作为一个辅助子系统分开表示的。它的主要功能是管理共享存储系统的其他成分。它提供的管理、安全、备份、可用性维护及容量规划等服务既可以作为存储产品所集成的功能，又可以作为监测和管理存储资源的独立软件发行。

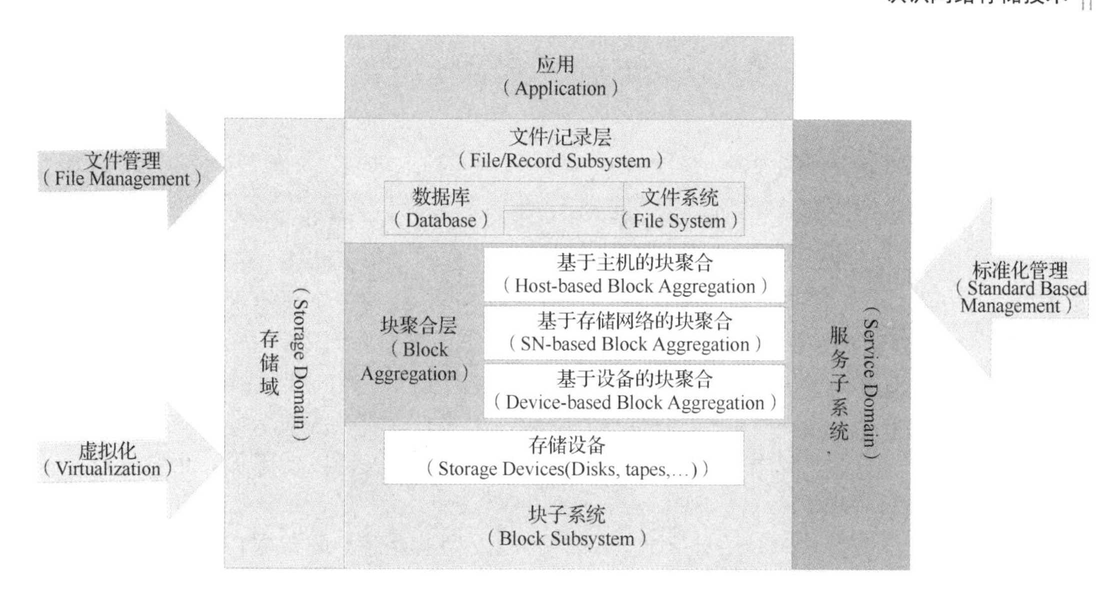

图 1-11　SNIA 共享存储系统模型

同时，该模型也定义了以下要素。

（1）互联网络。它是把共享存储环境的各个成分互相连接起来的基础设施，这个网络必须能够提供高的性能和易于扩展的连接。在实际的项目中，主要使用光纤通道、千兆位或万兆位以太网及 InfiniBand 等传输技术。

（2）主计算机。它是从共享存储环境获取存储的计算机系统，在它上面可实现某些跟存储相关的功能。主计算机通过主机总线适配器或网卡连接到存储网络。

（3）物理存储资源。它包括存储的空间、性能、访问模式等资源，物理存储资源借助冗余数据通路，诸如多点快照和镜像这样的复制功能，以及 RAID 等来预防其失效。

（4）存储设备。它主要包括硬盘驱动器、硬盘阵列、硬盘子系统和控制器，以及磁带驱动器和磁带库。

（5）逻辑存储资源。它是物理存储资源、存储管理功能，以及它们的结合的服务或服务合成。典型的例子有卷、文件和数据移动器。

（6）存储管理。它是一种服务，可以监视和检查共享存储环境，或者实现逻辑存储资源。存储管理的功能通常以软件的形式部署在存储资源或主机上。

SNIA 共享存储模型作为一种标准化的架构，为共享存储系统的规划、设计和管理提供了重要的参考。第二版的模型在文件/记录层、块聚合层中引入了文件级虚拟化模块和块级虚拟化模块，同时通过存储管理计划规范（Storage Management Initiative Specification，SMI-S）、简单网络管理协议（Simple Network Management Protocol，SNMP）等标准对整个存储系统进行统一管理，包括设备发现、监控、审计、冗余、备份、配置等，为用户提供高可用性、高可靠性和高可扩展性的存储访问方式。

1.3.3　文件系统

在存储系统中，存储设备（如硬盘或分区）采用的文件系统是很重要的，不但是因为大部分的程序都是依赖具体的文件系统进行操作的，而且是因为不同的文件系统之间常常不能进行互操作。

1.3.3.1 文件系统的概念

在开始使用一块新购买的机械硬盘前，一般都要对其进行初始化、分区、格式化操作。

其中，初始化（又叫低级或物理格式化）就是恢复硬盘出厂状态，新硬盘在出厂时都完成了这个步骤；分区是根据需要将硬盘内的存储空间分成若干个逻辑区域，每个区域有确定的标识、间隔区和数据区等；格式化就是利用操作系统提供的工具进行格式化操作（又称高级或逻辑格式化），它一般是指根据用户选定的文件系统（如 FAT32、NTFS、Ext3/4 等）来清除硬盘上的数据、生成引导区信息、初始化 FAT 表（文件分配表）、标注逻辑坏道等。这样，该硬盘经过分区、格式化，建立了指定的文件系统，就可以使用了。否则就不好使用，为什么呢？

例如，一个没有文件系统的计算机，程序要向硬盘上存储一些数据，那么这个程序只能直接调用硬盘控制系统对硬盘扇区进行写数据操作。写到介质中的数据很有可能被后面其他程序写入的数据覆盖掉，因为在写本次数据前，硬盘没办法获取物理扇区的使用情况。

引入文件系统之后，各个程序之间通过文件系统接口访问硬盘，将需要写入的数据组织成有名字的文件实体。这样，程序写入数据时，能获取到硬盘扇区的使用情况，就不会将原先的文件数据覆盖掉。这是因为文件系统有确定的物理存储扇区与文件名关联机制来保障这一点。

因此，操作系统中用于明确硬盘（或分区）上组织文件的方法和管理相关数据结构功能的文件管理软件被称作文件（管理）系统。

文件（管理）系统主要功能包括：

（1）管理和调度文件的存储空间，提供文件的逻辑结构、物理结构和存储方法。

（2）实现文件从标识（文件名）到物理地址（存储位置）的映射。

（3）实现文件的 I/O 控制操作和存取操作（文件的建立、存入、读出、修改、复制、删除等）。

（4）实现文件信息的共享并提供可靠的文件保密和保护措施等。

文件系统有一般文件系统和分布式文件系统两类，两类文件系统的比较表如表 1-1 所示。其中一般文件系统有 Windows 的 NTFS，Linux 的 Btrfs、Ext4 等。分布式文件系统有 HDFS、Ceph、GFS、Lustre、MooseFs、FastDfs、MogileFs、GridFs 等。

需要注意的是，一般的文件系统都是系统级，但分布式文件系统并不是系统级的，而是应用级的，系统中每种文件系统都有自己独特的适用领域。

表 1-1 两类文件系统的比较表

文件系统	一般文件系统	分布式文件系统
存储方式	集中存储在一台机器中	分散存储在多台机器中
访问方式	系统总线 I/O	网络 I/O
特点	系统级的文件系统，数据集中存放在一台机器，对数据的访问、修改和删除比较方便快速，存储服务器成为系统性能的瓶颈，伸缩性较差，扩展有限	应用级的文件系统，分布式网络存储系统采用可扩展的系统结构，利用多台存储服务器分担存储负荷，利用位置服务器定位存储信息，它不但提高了系统的可靠性、可用性和存取效率，还易于扩展

续表

文件系统	一般文件系统	分布式文件系统
适用场景	小数据量的存储	海量数据的存储
设计目标	高性能、可用性强	高性能、可伸缩性强、可靠性高及可用性强

1.3.3.2 NTFS

NTFS（New Technology File System）是微软的日志文件系统；支持大的分区和单个文件；在系统失败时可恢复；支持对分区、文件夹和文件的压缩；采用了更小的簇，可以更有效率地管理硬盘空间；内置安全性特征，可以为共享资源、文件夹及文件设置访问许可权限；硬盘配额管理；使用“变更”日志来跟踪记录文件所发生的变更。其还有加密文件数据、错误预警、硬盘自我修复等特性。

1.3.3.3 Btrfs

Btrfs（B-Tree File System）是一种先进的日志文件系统，最初由 Oracle 开发，现在已被广泛应用于 Linux 中。它支持快照、读写权限控制、文件系统级别的加密和数据压缩、在线扩展、在线校验、多硬盘存储池等，具有较高的可靠性和扩展性，能够更好地管理大量的文件和目录，并能够在异常情况下更快地恢复文件系统。其适用于大容量存储设备的管理、需要高度保护数据安全和可靠性的应用场景及需要高级功能的应用场景。

1.3.3.4 Ext4

Ext4 是第四代扩展文件系统（Fourth Extended File System），是 Linux 系统下的日志文件系统，一个 Ext4 文件将被文件系统分成一系列块组。为减少硬盘碎片产生的性能瓶颈，块分配器尽量保持每个文件的数据块都在同一个块组中，从而减少寻道时间。Ext4 提高了性能、可靠性和容量，新增了元数据、日志校验和纳秒级别的时间戳，并在时间戳字段中添加了两个高位来延缓时间戳的 2038 年问题。

1.3.3.5 HDFS

Hadoop 是大型数据集处理的 Apache 的开源框架。HDFS（Hadoop Distributed File System）是 Hadoop 的关键组成部分之一，是 Hadoop 的数据存储层，一个具有高度容错性的分布式文件系统。HDFS 采用分而治之的设计思想：将大文件、大批量文件，分布式、分块存储在大量服务器上，文件采用统一的命名空间（目录树）来定位，适合对海量数据进行运算分析。

1.3.3.6 Ceph

Ceph 是一个开源、免费的统一分布式存储系统，其设计初衷是提供较好的性能、可靠性和可扩展性。Ceph 节点以普通硬件和智能守护进程作为支撑点，节点之间靠相互通信来复制数据，并动态地重分布数据，支持块、对象和文件等所有存储形态。它已成为 OpenStack 和 Kubernetes 等基础架构平台中特别重要的组件，具有可靠性高、易扩展、管理简便等特点，是目前十分流行的 PB、EB 级别的分布式存储文件系统之一。

1.3.4 存储 I/O 访问路径

存储的访问需要建立用户到存储之间的 I/O 连接，没有连接就没有办法进行 I/O 操作。在应用和存储设备之间的数据及指令的传输通道就是 I/O 访问路径。访问路径有物理路径和逻辑路径两类，物理路径是数据 I/O 的连接介质，主要有本机 I/O 总线和网络接口卡（NIC），以太网、光纤网、FCP 通信协议、存储设备专用网络适配器（控制器）等。而逻辑路径是数据 I/O 的控制和管理，主要包括操作系统调用接口、文件系统、TCP/IP 协议、网络文件系统和协议、存储卷 LUN、设备驱动程序等。

传统的三种存储系统的物理 I/O 路径和逻辑 I/O 路径如图 1-12 所示。

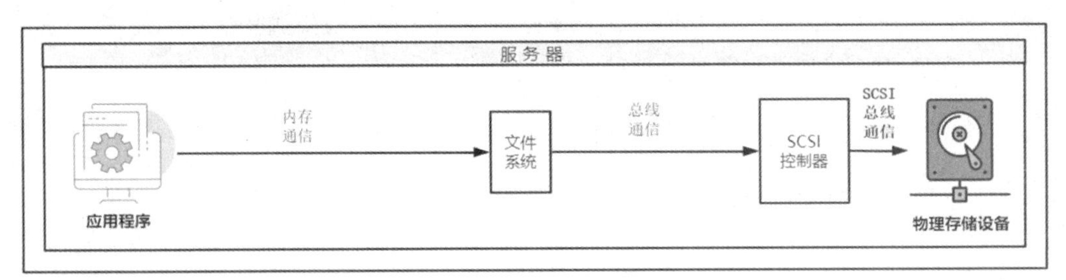

（a）DAS 本地存储系统访问 I/O 路径示意图

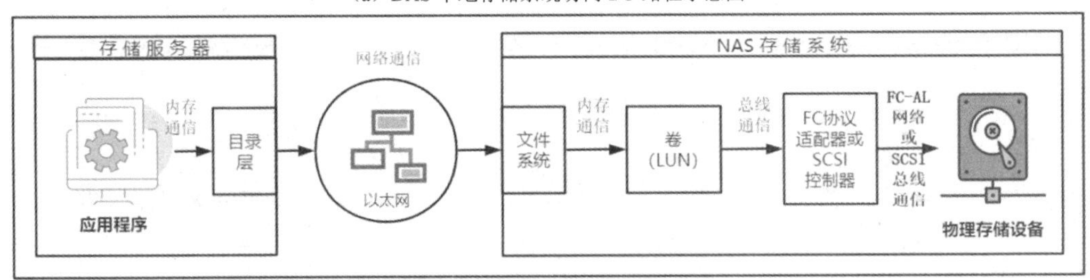

（b）NAS 存储系统访问 I/O 路径示意图

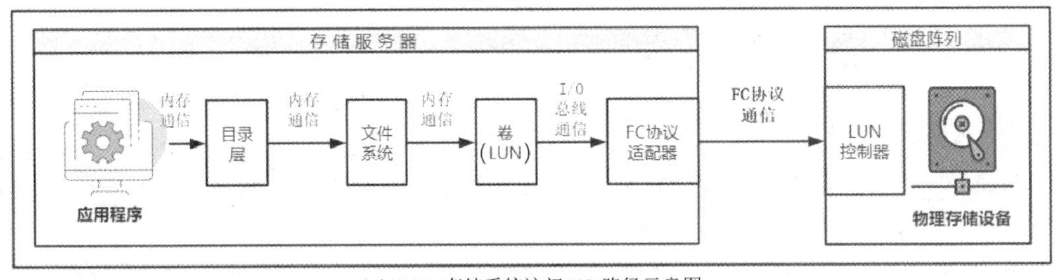

（c）SAN 存储系统访问 I/O 路径示意图

图 1-12　存储 I/O 路径

在图 1-12（a）中，应用程序通过文件系统对总线上的 DAS 设备进行 I/O 操作。在图 1-12（b）中，存储服务器的目录层和 NAS 存储系统进行通信，以完成 I/O 操作。在图 1-12（c）中，存储服务器通过其 FC 协议适配器和磁盘阵列的 LUN 控制器连接，借助 FC 协议通信完成 I/O 操作。

在三种不同的存储架构中，I/O 路径不仅有硬件的物理连接，也有软件的逻辑连接。任何数据 I/O 成功的操作，都是软硬件协同的结果。

1.3.5 任务小结

本任务首先介绍了存储系统的发展，传统存储系统的 DAS、NAS、SAN 三种存储架构，以及分布式存储系统和云存储的特点；其次参照 SNIA 存储系统的逻辑参考模型详细介绍了存储系统的组成；再次以主流的 NTFS、Ext4、Cep 和 HDFS 文件系统为例介绍了文件系统的概念、功能和主要类别；最后详细分析了 DAS、NAS、SAN 三种存储架构的存储 I/O 访问路径。

任务 4 了解存储设备

教学目标

1. 了解常见存储设备的结构、接口类别和主要参数。
2. 理解机械硬盘、固态硬盘、磁带和光盘的读/写原理。
3. 能够说出不同存储设备的特点，并进行简单的比较。
4. 了解主流存储设备的应用和新发展。

存储设备是用于储存信息的设备，是存储数据的实际物理载体，不同存储介质的存储机理是不同的。目前主要的存储设备有机械硬盘、固态硬盘、磁带和光盘四类，它们都是主流的辅助存储器，由于它们的工作原理各不相同，所以其技术特点、物理参数和特性都有较大差异，这直接导致了它们应用领域的迥异。

1.4.1 机械硬盘

机械硬盘是一种以坚硬的旋转盘片为基础的非易失性存储设备。由于其体积小、容量大、速度快、使用方便等因素，已经成为个人资料和数据、局域网中心机房各类 Web 服务和数据、云数据中心海量数据等数据的主要存储介质。

1.4.1.1 结构

机械硬盘是一种采用磁介质的数据随机存储设备，数据存储在密封于洁净的硬盘驱动器内腔的若干个磁盘片上。机械硬盘包括盘体、控制电路和接口部件。盘体就是一个密封多个盘片和读写机构的腔体；控制电路包含硬盘 BIOS、主控芯片和硬盘缓存等单元；接口部件包含电源接口、数据接口等。机械硬盘的外部结构如图 1-13 所示。

机械硬盘的盘体组成如图 1-14 所示，主要由磁头组件、主轴组件、磁盘盘片组件、磁头驱动机构组件及其他组件组成。

（1）磁头组件由读写磁头、磁头臂、传动轴三部分组成。

（2）主轴组件包括主轴轴承和驱动电机等，驱动电机是硬盘的动力设备，它带动盘片高速旋转，而旋转时所产生的浮力使磁头飘浮在盘片上方进行读写数据的工作。

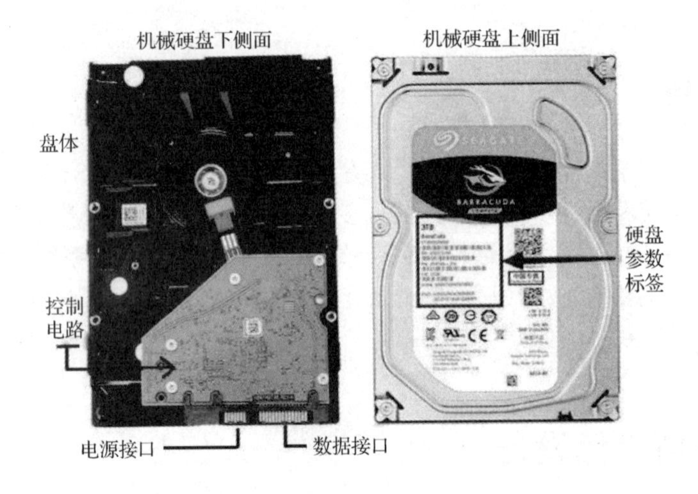

图 1-13 机械硬盘的外部结构

图 1-14 机械硬盘的盘体组成

（3）磁盘盘片组件是硬盘存储数据的载体，目前主流硬盘的盘片大都是金属薄膜盘片。有的硬盘只装一张盘片，有的硬盘则有多张盘片。这些盘片安装在驱动电机的转轴上，在驱动电机的带动下高速旋转。每张盘片的容量称为单碟容量，而硬盘的容量就是所有盘片容量的总和。

（4）磁头驱动机构组件由电磁线圈电机、磁头驱动小车等构成，高精度的轻型磁头驱动机构能够对磁头进行正确驱动和定位，并能在很短的时间内精确定位系统指令指定的磁道。

1.4.1.2 读写原理

现代硬盘寻道都采用柱面-磁头-扇区（Cylinder-Head-Sector，CHS）的方式进行数据读写，即磁头（组）读写数据时首先在同一柱面内从 0 磁头开始进行操作，依次向下在同一柱面的不同盘面上进行操作，只有在同一柱面中所有的磁头全部读写完毕，磁头（组）才转移到下一柱面，因为选取磁头只需通过电子切换即可，而选取柱面则必须通过机械切换。

电子切换比在机械上磁头向邻近磁道移动快得多。因此，数据的读写按柱面进行，而不按盘面进行。

具体工作时，通过系统解码告诉硬盘控制器要操作扇区所在的柱面号、磁头号和扇区号（CHS）。硬盘控制器控制磁头部件步进到相应的柱面，选通相应的磁头，等待目的扇区移动到磁头下。扇区到来时，硬盘控制器读出每个扇区的头标，把这些头标中的地址信息与期待检出的磁头和柱面号做比较（寻道），然后寻到目的扇区。

在硬盘控制器找到该扇区头标时，根据其任务是写扇区还是读扇区来决定是写入还是读出数据和尾部记录。

旋转到目标扇区后，硬盘控制器必须在继续寻找下一个扇区之前对该扇区的信息进行后处理。如果是读数据，控制器先计算此数据的校验码，然后把校验码与已记录的校验码相比较。如果是写数据，控制器计算出此数据的校验码，与数据一起存储。在控制器对此扇区中的数据进行必要处理期间，硬盘继续旋转。

结束硬盘操作的断电状态，在反力矩弹簧的作用下浮动磁头驻留到盘面中心。

1.4.1.3 接口

接口是硬盘接入系统的通道。常用的接口有以下几种。

（1）SATA 接口。SATA（Serial ATA，串行 ATA）是 ATA 接口的串行版本，使用 SATA 接口的硬盘又叫串口硬盘，SATA 2 接口的传输速度达到 3GB/s，SATA 3 传输速度可达 6GB/s。现在绝大多数的闪盘、硬盘都采用 SATA 接口。该接口结构简单（见图 1-15），支持热插拔，传输速度快，执行效率高，是目前最为廉价和常见的硬盘接口。

图 1-15 SATA 硬盘的接口、连接线和连接方式

（2）小型计算机系统接口。小型计算机系统接口（Small Computer System Interface，SCSI）是一种用于计算机及其周边设备之间的系统级并行接口，发展历经 SCSI-1、SCSI-2、SCSI-3 三个版本，主要应用于中、高端服务器和高档工作站中。SCSI 有专门的 SCSI 控制器，也就是一块 SCSI 控制卡，它对 SCSI 设备进行控制，处理 SCSI 访问大部分的工作，

减少了 CPU 占用率。SCSI 硬盘接口标准更高、读写速度更快、数据缓存更大、电机转速更高、寻道时间更短、CPU 占用率更低并且拥有自己独立的 I/O 处理器，所有这些特性使并行 SCSI 硬盘成为硬盘中的速度之王。

（3）SAS。SAS（Serial Attached SCSI，串行连接的 SCSI）是 SCSI 的串行连接方式（SCSI-4），它综合了并行 SCSI 和串行连接技术（如 FC、SSA、IEEE1394 等）的优势，以串行通信协议为协议基础架构，采用 SCSI-3 扩展指令集和通道合并技术，并兼容 SATA 设备，支持多层次的存储设备连接协议栈。SAS 具备目前硬盘通道技术里面的最高接口速度，在接口带宽、工作性能、可扩展性、组网应用、可靠性等方面有着突出的优势，尤其适合应用于企业级系统。

（4）通用串行总线。通用串行总线（Universal Serial Bus，USB）是一种串口总线标准，也是一种输入/输出接口的技术规范，广泛应用于个人计算机和移动设备等通信产品，并扩展至摄影器材、数字电视（机顶盒）、游戏机等其他领域。接口支持热插拔功能，可连接多种外设，已成为当今计算机与大量智能设备的必配接口。USB 最新一代是 4.0，传输速度为 5GB/s。当前使用广泛的是 USB3.1 Type-C 接口。

1.4.1.4 主要参数

硬盘的参数是性能的重要表征，常见的参数有容量、转速、寻道和旋转时间、数据传输率、可靠性、命令队列等。

（1）容量。它是指硬盘能容纳的信息的大小，硬盘容量=单碟容量×碟片数，单位主要有 GB、TB 等。需要说明的是，单碟容量对硬盘的性能也有一定的影响：单碟容量越大，硬盘的密度越高，磁头在相同时间内可以读取到的信息更多，使读取速度得以提高。

（2）转速。指硬盘驱动电机的转速，单位是每分钟多少转（Revolutions Per Minute，RPM）。典型的数据有 7200RPM、1000RPM、15000RPM 等。从理论上讲，转速越快越好，因为较高的转速可缩短硬盘的平均寻道时间和实际读写时间，从而提高在硬盘上的读写速度。

（3）寻道和旋转时间。它是硬盘磁头移动到数据所在磁道和磁头移动到数据所在扇区所用的时间，单位为毫秒（ms）。旋转时间与硬盘转速密切相关，转速越高，旋转时间越少，反之则越多。

（4）数据传输率。它是硬盘读写数据的速度，有外部传输率和内部传输率两个表征指标（数据传输率示意图如图 1-16 所示），通常说的数据传输率一般指外部传输率。

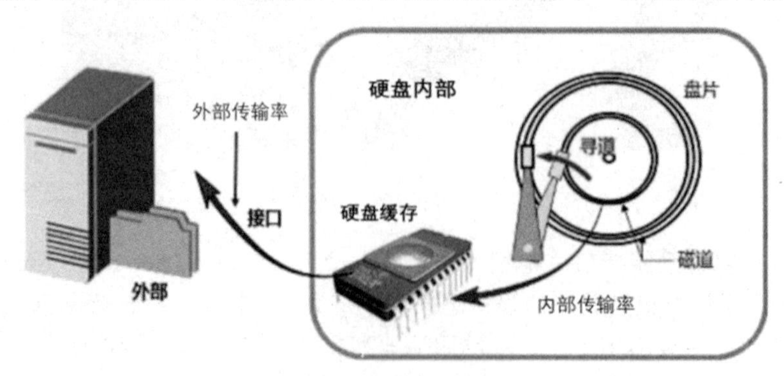

图 1-16　数据传输率示意图

① 外部传输率，即接口传输率，是系统总线与硬盘缓冲区之间的数据传输率，单位是MB/s。其大小与硬盘接口类型和硬盘缓冲区容量有关。

② 内部传输率，指把数据从盘片读出到硬盘缓冲区，或从缓冲区写入盘片的数据量之和，它主要依赖硬盘的转速，单位是 MB/s。

（5）可靠性。一般使用平均无故障时间（Mean Time Between Failure，MTBF）来衡量，单位为小时，其是指相邻两次故障之间的平均工作时间，也称为平均故障间隔。常见的服务器用硬盘的 MTBF 一般在 100 万小时以上。

（6）命令队列。磁盘控制器对缓冲区内的读写请求命令集按照顺序进行分析并重新进行排列，优化它们的执行序列。由于每次读写旋转中的盘片的某个区域的数据时都需要移动磁头，而通过重新排列这些命令就可以减少磁头的移动次数，降低寻道时间和旋转延迟，提高硬盘总体性能。命令队列有原生命令队列（Native Command Queuing，NCQ）和标记命令队列（Tagged Command Queuing，TCQ）两类，SATA 接口标准采用 NCQ，SCSI 接口标准采用 TCQ。

1.4.2 固态硬盘

固态硬盘（Solid State Disk，SSD）是用固态半导体闪存作为介质制成的硬盘。数据读写通过 SSD 控制器进行寻址，没有机械硬盘的旋转，因而具有优秀的抗震性和随机访问能力。固态硬盘在接口规范和定义、功能及使用方法上与普通硬盘完全相同，在产品外形和尺寸上也与普通硬盘完全一致，包括 3.5 英寸（1 英寸≈2.54 厘米）、2.5 英寸、1.8 英寸等多种类型。

1.4.2.1 结构

固态硬盘由 SSD 主控芯片、接口芯片和缓存、NAND Flash 存储芯片、主控电路板及 SATA 接口组成（见图 1-17）。NAND Flash 表示的是 NAND 存储颗粒，是数据的归属地。SSD 控制器通过若干个主控通道并行读写这些 NAND 存储颗粒，就像 RAID0 一样，这样可以提高数据写入的并行性及效率。

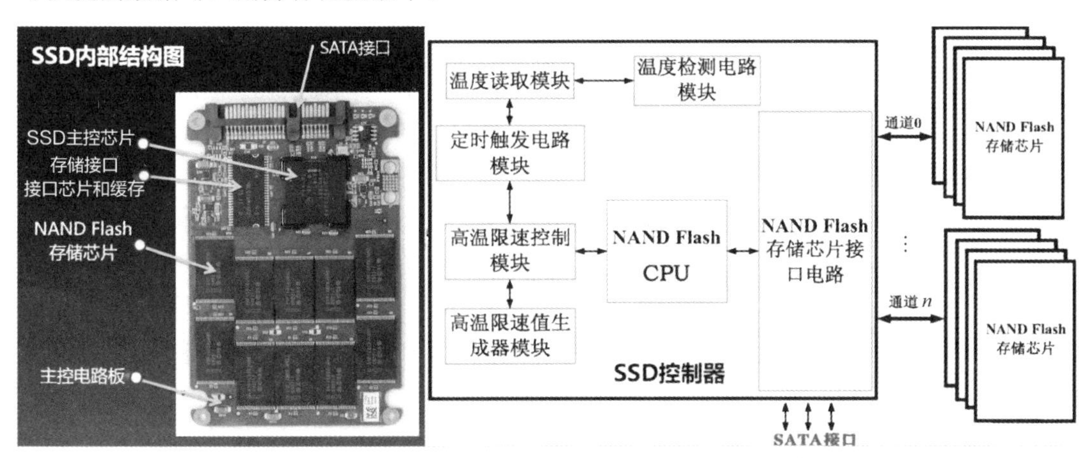

图 1-17 SSD 硬盘内部结构和原理图

1.4.2.2 读写原理

1. NAND 存储颗粒的基本存储单元

NAND 存储颗粒的基本存储单元是一个可以存储电荷的浮栅晶体管，数据是以 0 和 1 二进制进行保存的，根据浮栅中有没有电子，可以表示数据的 0 和 1，这样就可以进行数据的存储。一般把有电子的状态记为 0，把没有电子的状态记为 1。

2. NAND 存储颗粒基本存储单元类别

我们可以简单地把 NAND 存储颗粒理解成一个电容加上电压计的组合。我们可以把浮栅中电子电压的感应强度进一步细化，如用有无电压作为两个状态表示 0、1，把电压值的范围分为四个值，分别代表 00、01、10、11 四个状态，进而把电压值的范围分为 8 个值，分别代表 000、001、010、011、100、101、110、111 八个状态；16 个值分别代表 0000、0001、0010、0011、0100、0101、0110、0111、1000、1001、1010、1011、1100、1101、1110、1111 十六个状态。事实上，这个是合理的，也是可以实现的（见图 1-18）。

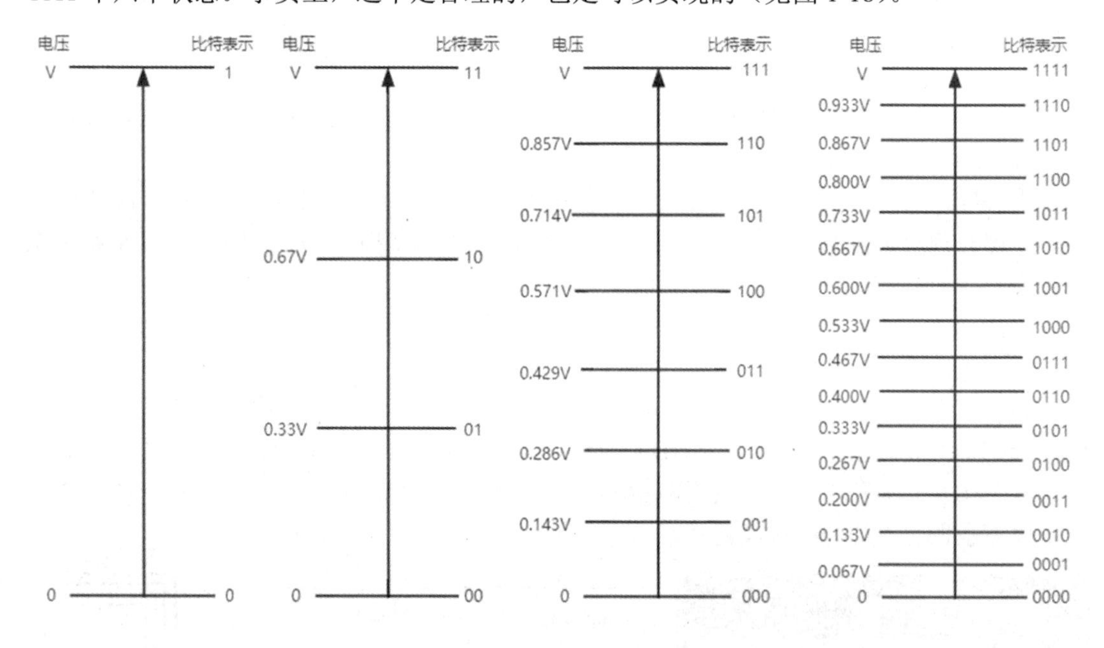

图 1-18 NAND 存储颗粒的基本存储单元类别区分示意图

根据上面的思路，NAND 存储颗粒的基本存储单元分为单层存储颗粒（Single-Level Cell，SLC）、双层存储颗粒（Multi-Level Cell，MLC）、三层存储颗粒（Triple-Level Cell，TLC）和四层存储颗粒（Quad-Level Cell，QLC）四种。在上述四类中，SLC 的性能最优，价格超高；MLC 性能次之，价格适中为消费级 SSD 应用的主流；TLC 综合性能最低，价格最便宜，但可以通过高性能主控、主控算法来弥补和提高性能；QLC 出现的时间很早，价格便宜，容量大。

3. NAND 存储颗粒组成

在一个完整的 NAND 存储颗粒中，从宏观到微观上的组成元素分别是芯片（Chip）、晶圆（Die，或者 LUN）、分组（Plane）、块（Block）、页（Page）、基本存储单元（Cell）。

其中，一个芯片包括多个晶圆，一个晶圆包含多个分组。晶圆是接收和执行闪存命令的基本单元。一个分组包含上千个块，每个分组都有独立的寄存器（Register），即一个页面寄存器（Page Register），一个缓存寄存器（Cache Register）。一个块包括上百个页，块是擦除的基本单位。一个页一般是 4KB 或 8KB+几百字节的隐藏空间。页是读或写的基本单位，基本存储单元是存储信息的基本单位，每个可以保存 1～4bit。

4. NAND 存储颗粒读写

页是 NAND 存储颗粒的单次读写单位，大小一般为 4KB 或 4KB 的倍数，写操作只能写到空的页，而清除数据是以块为单位的。块的擦除次数有寿命限制，超过限制就会变成坏块。对文件持续反复地修改，将会产生大量的无效页，SSD 控制器通过“垃圾回收”机制来回收这些无效页，否则就会使可以写入的空间越来越小。

1.4.2.3　主要参数

SSD 作为一种电路存储设备，除接口、容量等和机械硬盘的参数类似外，还有体现自己技术的参数，如：

（1）IOPS。它是每秒的 I/O 数量，是体现存储系统性能的最主要指标。在模拟<4KB>页大小的文件读写情况下，现在主流的 IOPS 都在 90KB 以上（机械硬盘一般在 5KB 左右）。如果增加 SSD，则每秒 I/O 数量就可以变多。例如，增加相同的一块盘则 IOPS 就可以翻倍。

（2）带宽（吞吐量）。它是每秒最大吞吐数据量的大小，即每秒传输多大的数据，比如 600MB/s。IOPS 和带宽是正相关的，因为知道每秒 I/O 数量和平均每个 I/O 的大小，就可以算出整体每秒数据量大小，也就是带宽，即 IOPS * I/O size = 带宽。

（3）介质信息。闪存介质有 SLC、MLC、TLC、QLC 等多类，不同的介质自身物理特性有较大差异，介质的好坏直接影响数据存储的性能和完整性。

（4）延迟。延迟是指完成一次 I/O 请求所需的时间，有写入延迟和读出延迟两类。

1.4.2.4　与机械硬盘的比较

固态硬盘与传统机械硬盘相比有很多的优势，如固态硬盘没有传统硬盘复杂的机械结构，因此读取速度更快，没有噪声（0 分贝），并且具有防震抗摔、发热低、工作温度范围大、便携等优势，具体的比较表如表 1-2 所示。

表 1-2　固态硬盘和机械硬盘比较表

指　　标	SSD（固态硬盘）	HHD（机械硬盘）
容量	小	大
随机存取	极快	一般
读写次数	SLC:10 万次。MLC:1 万次	无限制
盘内阵列	可以	很难实现
工作噪声	无	有
数据恢复	难度大	可以恢复

续表

指　　标	SSD（固态硬盘）	HHD（机械硬盘）
防震	很好	较差
重量	较轻	较重

1.4.3　磁带

磁带是一种柔软的带状磁性记录介质，由带基和磁表面层两部分组成，带基多为薄膜聚酯或金属铝材料，属于磁表面存储器。磁带以顺序方式存取数据，存储数据的磁带可脱机保存和互换读出，是一种经济、可靠、容量大、可作为数据的长久保存介质的存储设备。

1.4.3.1　结构

磁带存储器系统由磁带机和磁带控制器两部分组成。

磁带机是以磁带为记录介质的数字磁性记录装置，由磁带传动机构和磁头等组成，能驱动磁带相对磁头运动，用磁头进行电磁转换，在磁带上顺序地记录或读出数据。

磁带控制器是磁带机的控制电路装置，是连接计算机与磁带机的接口设备，它控制磁带机执行写、读、进退文件等操作。

图 1-19 是一台包含四个磁带机的磁带存储设备示意图。在该设备中，一个磁带控制器控制着四台磁带机，可以最大支持对四个磁带的读写操作。

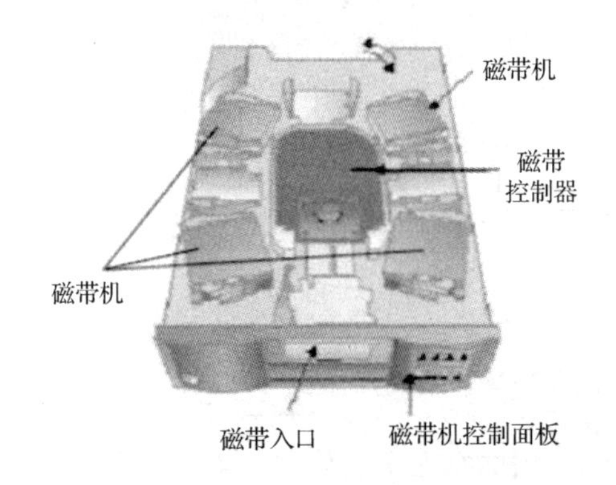

图 1-19　磁带存储设备示意图

1.4.3.2　磁带机技术

磁带机目前有两种主流技术，一种是起源于录音技术的线性记录技术（Linear/Longitudinal Recording），使用线性记录的磁带作为存储介质；另一种是起源于 VCR 录像技术的螺旋扫描技术（Helical Scan），使用螺旋扫描的磁带作为存储介质。磁带上数据记录的基本单元是磁化元。

1. 线性记录技术

线性记录磁带机利用宽阔的磁带记录面（见图 1-20）布设多条磁道，使其沿磁带长度方向平行排列，可以获得更大面积的存储空间，通过增加记录磁轨数量的方式提升数据传输率。各种线性记录磁带机的磁带记录技术类似，不同之处在于单位记录密度、编码方式、轨道数量上的差异。数字线性磁带（Digital Linear Tape，DLT）需要引导系统驱动，具有机械构造简单、磁带双向运动、精度高、磁带介质的磨损低等特点，可以更好地保护磁带中的数据。

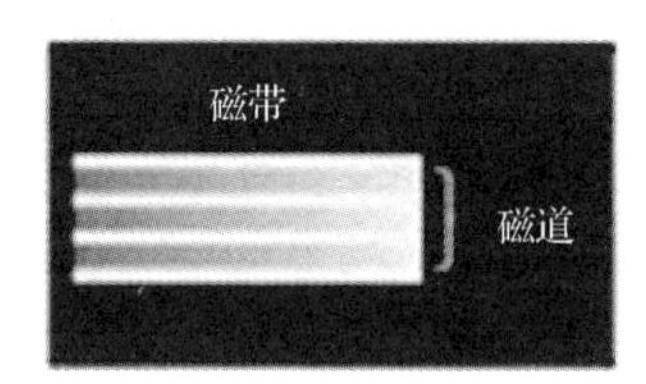

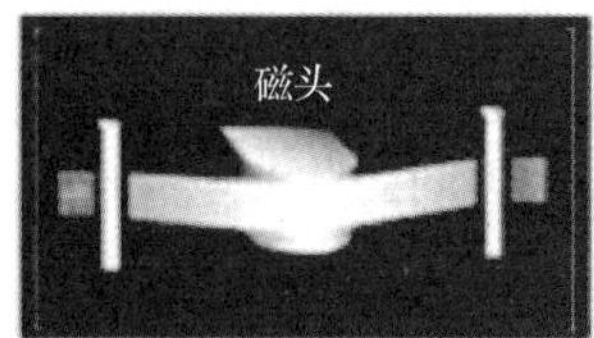

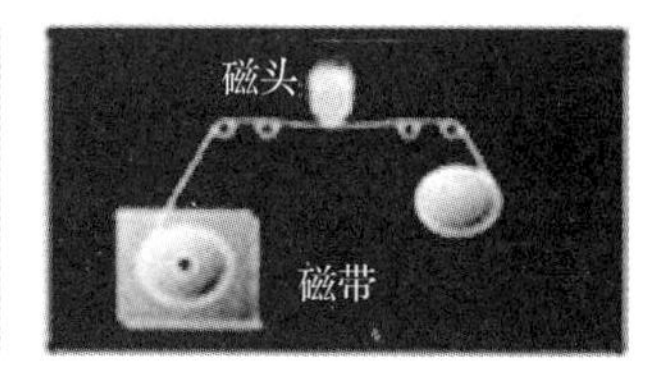

图 1-20　线性记录磁带机磁带原理

线性记录的磁带主要有三种格式：数字/超级线性磁带（Digital Linear Tape，DLT/Super DLT）、开放线性磁带（Linear Tape Open，LTO）、单一的线性记录（Single Linear Recording，SLR）等。

2. 螺旋记录技术

螺旋记录磁带机发展较晚，数据在磁带表面以斜纹状磁轨记录数据（见图 1-21），其磁带尺寸小巧，记录密度高，磁带单向运动。因为倾斜的旋转磁鼓体积大，所以目前所有的螺旋记录磁带都采用双孔驱动磁带，磁带被牵引到盒外，通过密布于磁带机内部的磁带引导磁轨绕过磁头，因此磁带机成本较高。

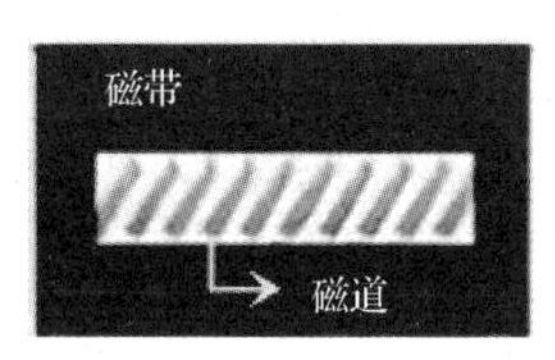

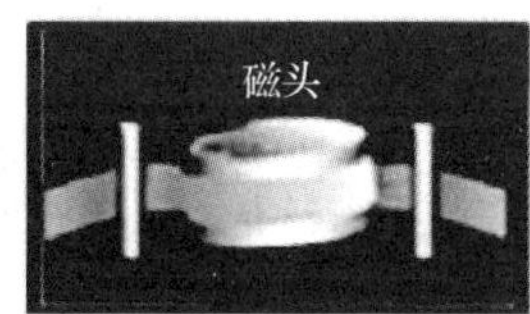

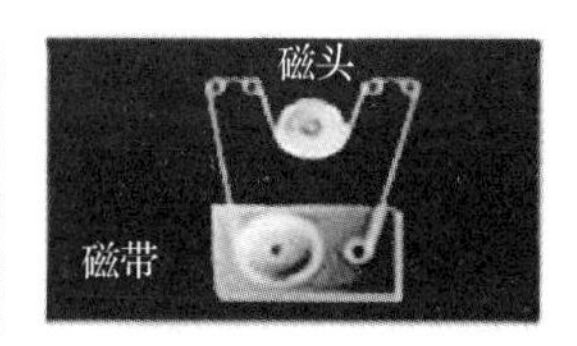

图 1-21　螺旋记录磁带机磁带原理

螺旋记录的磁带主要有三种格式：8mm格式、数字音频磁带（Digital Audio Tape，DAT）、先进智能型磁带格式（Advanced Intelligent Tape，AIT）等。

1.4.3.3 磁带读写原理

在磁带存储器中，利用一种称为磁头的装置来形成和判别磁层中的不同磁化状态，磁头是由软磁材料做铁芯并绕有读写线圈的电磁铁。

数据写入：在写线圈中通过一个方向的脉冲电流时，铁芯内就会产生对应方向的磁通；另一个不同方向的电流同样能产生对应方向的磁通，不同的磁通可以把磁带上的磁介质磁化成不同的状态。这样，在写线圈里接通一种方向的电流时，磁通将把磁带上的磁介质磁化成一种状态，这种状态假设是写入1，那么当接通另一种相反方向的电流时，磁化成的另一种状态就是写入0。

数据读出：当磁头与磁带做相对运动时，磁带上不同的磁化状态将引起磁头铁芯中的磁通发生变化，从而让磁头的读线圈感应出相应的电动势。不同的磁化状态，所产生的感应电势方向不同。这样，不同方向的感应电势经读出放大器放大鉴别，就可判知读出的信息是1还是0。

1.4.3.4 磁带库

磁带库是像自动加载磁带机一样的基于磁带的备份系统（见图1-22），由多个驱动器、多个槽、机械手臂组成，并可由机械手臂自动实现磁带的拆卸和装填。它能够提供同样的基本自动备份和数据恢复功能，但同时具有更先进的技术特点。它可以多个驱动器并行工作，也可以几个驱动器指向不同的服务器来做备份，存储容量可达PB级，可实现连续备份、自动搜索磁带等功能，并可在管理软件的支持下实现智能恢复、实时监控和统计，是集中式网络数据备份的主要设备。

图1-22 磁带库产品图示

磁带库不但数据存储量大得多，而且在备份效率和人工占用方面拥有无可比拟的优势。在网络系统中，磁带库通过SAN系统可形成网络存储系统，从而为企业存储提供有力保障，可以很容易完成远程数据访问、数据存储备份，或者通过磁带镜像技术实现多磁带库备份，无疑是数据仓库、ERP等大型网络应用的首选存储设备。

1.4.3.5 虚拟磁带库

虚拟磁带库（Virtual Tape Library，VTL）是将硬盘空间虚拟为磁带空间，使用软件在逻辑上将硬盘存储系统虚拟为传统的磁带库，实现和传统磁带库同样功能的产品。近些年，硬盘技术快速发展，出现了多种类型的硬盘（SCSI、FC、SATA），使单位容量硬盘存储的价格急剧下降，进而使硬盘阵列作为备份设备的应用也更加广泛，虚拟磁带库也越来越成为备份市场的焦点。虚拟磁带库有纯软件、专用服务器级虚拟磁带库、专用控制器级集成虚拟磁带库三种方案。

虚拟磁带库主要有以下几点优势。

（1）相对物理磁带，虚拟磁带库使用了兼容磁带备份管理软件及传统备份流程，这使得设备的可用性及备份的可靠性得到了大幅提升。

（2）性能大幅提高，可支持接近硬盘阵列极限速度的备份和恢复速度，对病毒免疫，数据安全性与普通磁带库相同。

（3）恢复工作极为简便，如果所需数据存在 VTL 中，则不会涉及任何机械工作，恢复速度就像硬盘备份的速度一样。

（4）虚拟磁带库采用基于 RAID 保护的硬盘阵列，从而将备份的可靠性较常规磁带备份提高了若干量级，封闭式结构的硬盘介质本身的平均无故障间隔（MTBF）一般为开放式结构磁带介质的 5 倍以上。

（5）兼容性好，标准的 SATA、FC、SCSI 或 iSCSI 接口设备可兼容流行的主机设备和操作系统。

（6）与现有系统集成成本低。与现有磁带库应用方式一致，VTL 也可以和现有磁带库集成，提高数据保护的整体安全性和性能，降低数据保护成本，保护用户数据。

（7）虚拟磁带库用电子化的“机械手”和“磁带驱动器”代替了机械磁带库中裸露、易损的机械装置，基于 RAID 保护的硬盘阵列具备降级工作能力，且具有自动报警和在线热恢复能力。

从上述优势可以看出，虚拟磁带库不仅解决了传统磁带库维护负担高、备份失效率高及备份恢复能力不佳的问题，而且也改变了硬盘备份容易被误删除或被病毒感染，以及不便于在 SAN 环境中统一管理和优化使用的劣势。该技术具备性能高、故障率低、可靠性高、成本投入低和运营成本低等多项优势。

1.4.4 光盘

光盘是一种利用激光将信息写入和读出的高密度存储介质。光盘依赖于光盘驱动器，它是独立地对光盘进行信息读出或读出/写入的装置。

1.4.4.1 结构

光道是光盘记录信息的载体。光道是一条由内向外、连续的螺旋状线（CD 盘的光道长度大约为 5 千米）。该螺旋状线是在盘片制造中形成的，称为预刻沟槽，数据就是沿着沟槽进行刻录的。有数据的光道上有一些特定宽度和深度、长短不一的“凹坑”（见图 1-23），这些“凹坑”是在刻录过程中由刻录机的激光头将激光束聚焦并按照数据要求烧蚀形成的。光盘主要分为五层，即塑料基底（E）、数据记录层（D）、反射层（C）、保护层（B）、印刷层（A）。光盘的物理层次图如图 1-24 所示。

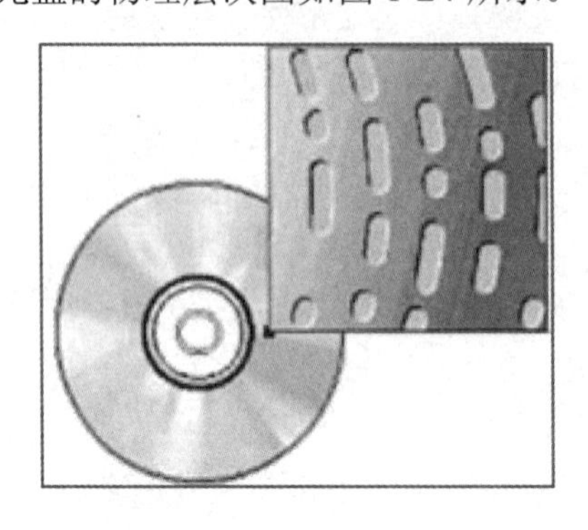

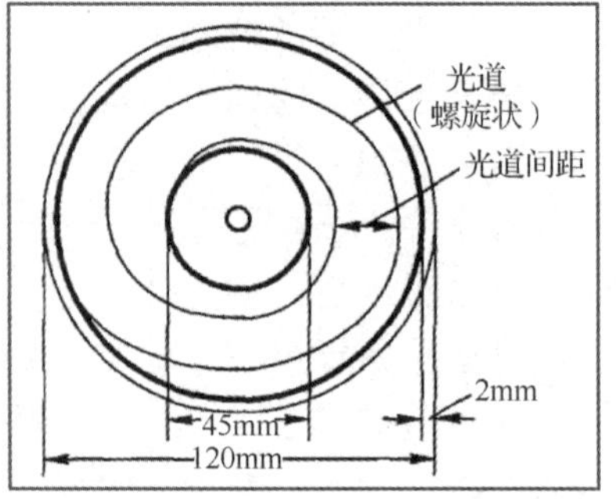

图 1-23　存储数据光盘的光道和预刻沟槽示意图

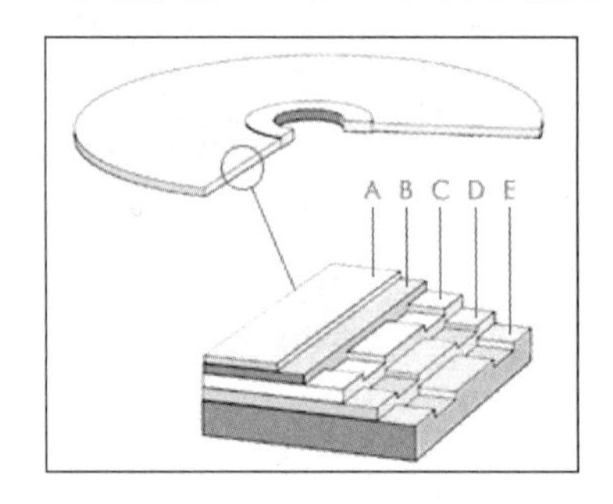

图 1-24　光盘的物理层次图

1.4.4.2　刻录/读取原理

光盘刻录的过程也是数据写入光盘的过程，它使用功率较强的激光作为光源，将激光照射到介质表面上，并用输入数据来调制光的强弱。激光束会使介质表面的微小区域温度升高，烧蚀产生微小的凹坑，从而改变了介质表面的反射性质，这就是光盘的刻录过程。

读取光盘时，光驱的激光器发出的激光束经透镜整形和聚焦后照在磁道上，对光道进行扫描。由于从凹坑和非凹坑反射回来的激光强度不同，在光盘边沿会发生突变，这些突变可以通过光驱的光电检测器检测出来，凹坑端部的前沿和后沿代表“1”，其他部分代表“0”，从而读出“0”“1”信号，以再现原来烧刻在光道上的信息（见图 1-25）。

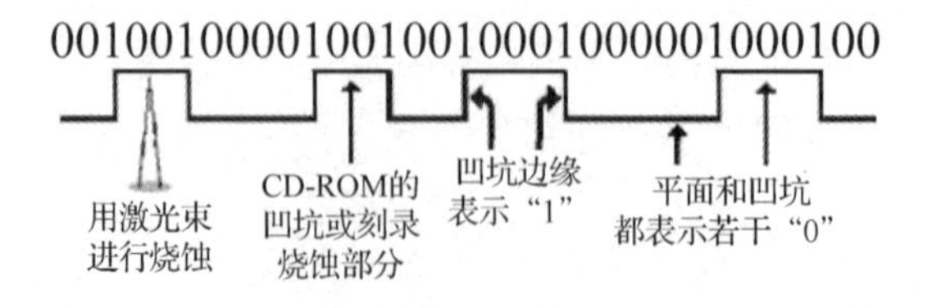

图 1-25　光盘光道信息示意图

进一步讲，由于光盘存在凹坑和非凹坑、烧蚀和没烧蚀部分，因此当我们使用光盘读取数据时，激光头就会得到不同的激光反射率，由此而获得不同的信号。但光盘记录“0”或“1”的信息并非是仅仅以凹坑与非凹坑、烧蚀与未烧蚀、可否反射激光来表示的，而是由凹坑的长度或非凹坑平面的长度（在一定范围内）表示若干个“0”，由凹坑部分的边缘来表示“1”。也就是说，有没有反射光都代表若干个“0”，而“1”是由激光的反射和不反射之间的信号跳变状态来表示的。

CD-RW 盘与 CD-ROM 盘有所不同，CD-RW 盘没有反射层，是通过相变结晶材料的非结晶和固定结晶两种状态来记录信号的。CD-ROM 盘是由压模制造出来的，也不是刻录的。

1.4.4.3 光盘的参数

1. 存储容量

存储容量指光盘能储存的二进制信息量。光盘盘片的容量又分格式化容量和用户容量。格式化容量是指按某种光盘标准格式化后的容量，当采用不同的格式（如每个扇区存储的字节数不同）或采用不同的驱动程序时，都会有不同的格式化容量。由于格式本身，以及校正和检索等会占用不少容量空间，所以用户容量一般比格式化容量要低。

CD 光盘的最大容量大约是 700MB，DVD 光盘单面容量为 4.7GB，最多能刻录约 4.59GB 的数据（因为 DVD 光盘的 1GB=1000MB，而硬盘的 1GB=1024MB），蓝光标准的 HDDVD 光盘单面单层容量为 15GB、双层容量为 30GB，BD 光盘单面单层容量为 25GB，双面容量则能达到 50GB。

2. 平均存取时间

平均存取时间是在光盘上找到需要读写的信息的位置所需要的时间，也就是从计算机向光盘驱动器发出命令，到光盘驱动器可以接收读写命令为止的时间。一般取激光头沿半径移动全程 1/3 长度所需的时间为平均寻道时间，光盘旋转一周的 1/2 时间为平均等待时间，平均寻道时间加上平均等待时间再加上读写激光头稳定时间就是平均存取时间。

3. 数据传输率

数据传输率通过两个指标表征，第一个是指从光盘驱动器送出的数据率，可定义为单位时间内从光盘的光道上传送的数据比特数，这与光盘转速、存储密度有关；第二个是指控制器与主机间的传输率，它与接口规范、控制器内的缓冲器大小有关。SCSI、USB、SATA、IEEE1394 等接口规范都标定了接口的数据传输率的大小。

4. 光盘的类别

光盘总体上分成两类，一类是只读型光盘，包括 CD-Audio、CD-Video、CD-ROM、DVD-Audio、DVD-Video、DVD-ROM 等；另一类是可记录型光盘，包括 CD-R、CD-RW、DVD-R、DVD＋R、DVD＋RW、DVD-RAM、Double layer DVD＋R 等。

1.4.4.4 光盘库

光盘库（CD-ROM Jukebox）是一种带有自动换盘机构（机械手）的光盘网络共享设备（见图 1-26）。用户访问光盘库时，自动换盘机构首先将光盘驱动器中的光盘取出并放置到盘架上的指定位置，然后从盘架中取出所需的光盘并送入光盘驱动器中。由于自动换盘机构的换盘时间通常在秒量级，因此光盘库的访问速度较低。光盘库一般用于不经常使用的数据准联机存储，在多媒体数据库中称为二级库。光盘库内可有序放置几十至几百个光盘，存储容量有几百吉字节。光盘库中有换盘机械手和一个或多个光盘驱动器，光盘驱动器在SCSI总线上有它们的SCSI ID，换盘机械手作为一种SCSI设备也有自己的SCSI ID，这样就可以用程序来控制设备。

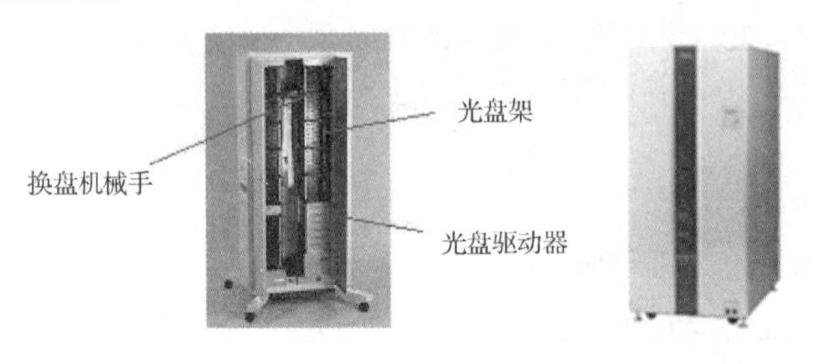

图1-26　常见的光盘库产品

1.4.5　固态混合硬盘

固态混合硬盘（Solid State Hybrid Disk，SSHD）是机械硬盘与固态硬盘的结合体（如图1-27），是机械硬盘的一种形式，就是在PCB做成的基板上集成了容量较小的闪存颗粒用来存储常用文件，起到了缓冲作用，以减少寻道时间，从而提升效率。传统的硬盘才是固态混合硬盘中重要的存储介质。

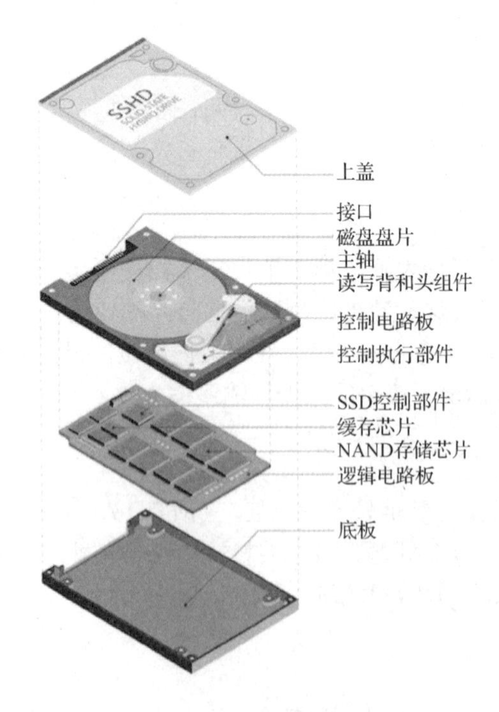

图1-27　固态混合硬盘的组成图

固态混合硬盘有两种应用模式。

1）SSD 缓存加速技术

通过手动或程序自动把 SSD 变为一个加速缓冲区，为主体的机械硬盘提供缓存加速服务。用户在实际使用时感觉整个机械硬盘拥有固态硬盘的速度。这种技术的不足之处在于 SSD 缓存全盘的活动数据，需要快速擦写退出那些不用的数据，对 SSD P/E 寿命值消耗太快；工作状态和普通内存一样，关机之后数据消失。

2）缓存记忆技术

把 SSD 作为记忆缓存，并非全盘接收全部活动的数据，而是把频繁使用的各种应用、数据有选择性地预存到 SSD 缓存，这个缓存具备学习和记忆功能，它预存的数据不会因为关机而消失。因此它的使用寿命更长，更加安全。

固态混合硬盘是机械硬盘与固态硬盘两种技术的结合体。与固态硬盘相比容量更大、成本更低，与机械硬盘相比读写速度快、性能更好，给用户提供了一种在读写速度和空间容量间进行综合性权衡的新选择。

1.4.6 任务小结

本任务围绕存储设备，首先介绍了存储器的概念和分类，然后分别介绍了主流的四大类存储设备（机械硬盘、固态硬盘、磁带和光盘）的物理结构、读写原理、接口技术、主要参数和各自的主要应用，最后介绍了机械硬盘和固态硬盘结合的固态混合硬盘的组成与应用模式。

任务 5 了解存储虚拟化

教学目标

1. 了解常见存储设备的结构、接口类别和主要参数。
2. 理解存储虚拟化的概念应用，以及文件、块和对象三种访问方式。
3. 能够说出不同存储虚拟化的实现方法。

存储虚拟化是一种抽象物理存储为逻辑存储的过程，它实现了将物理存储的局部、特定特性转化为全局、通用特性的功能，并为用户、存储管理、系统等带来了许多新的性能优势，逐渐成为企业应用部署和数据存储与管理的热点技术。

1.5.1 存储虚拟化的概念

随着大数据时代的到来，数据的存储需求迅速增长，存储技术越来越受到业界关注，越来越多的企业把数据存储作为重要事项来管理，从而带来存储管理技术的快速发展。然而，存储设备的能力、接口协议等差异性很大，存储设备的异构性给管理这些设备带来了诸多困难，如不同类型的存储资源整合，异构存储系统的兼容性、扩展性、可靠性、容错容灾等。存储虚拟化技术就是解决这些问题的一种极具价值的方案。

那什么是存储虚拟化（Storage Virtualization）呢？存储虚拟化是通过对存储（子）系统或存储服务的内部功能进行抽象、隐藏或隔离，使存储或数据的管理与应用、服务器、网络资源的管理分离，从而实现应用和网络的独立管理。

虚拟化（Virtualization）是IT系统的一种资源管理方法，将应用系统的各种实体资源（包括硬件、软件、数据、网络、存储、应用等）抽象、转换后实现集中统一管理和使用，从而打破原有实体之间的边界，提高系统架构的弹性和灵活性，降低成本，改进服务，减少了管理成本和风险。虚拟化技术是云计算的根基。与虚拟化相关的技术目前有多种形式，如存储虚拟化、服务器虚拟化、网络虚拟化、桌面虚拟化、应用虚拟化、数据中心虚拟化、灾备虚拟化等。其具有成本低廉、灵活高效、节能环保、管理便捷等诸多优势。

存储虚拟化将物理存储实体与存储的逻辑表示分离开来（见图1-28）。第一方面，存储虚拟化为用户提供了调用资源的接口，应用服务器只与分配给它们的逻辑卷打交道，而不用关心其数据是在哪个物理存储实体上。第二方面，存储虚拟化对存储资源进行了整合和统一管理，所有的存储资源被虚拟化成一个巨大的“虚拟存储池”。第三方面，存储虚拟化能够为后续的系统扩容提供便利，使存储资源规模动态扩大时无须考虑新增的物理存储资源（如不同型号的存储设备）之间可能存在的差异。

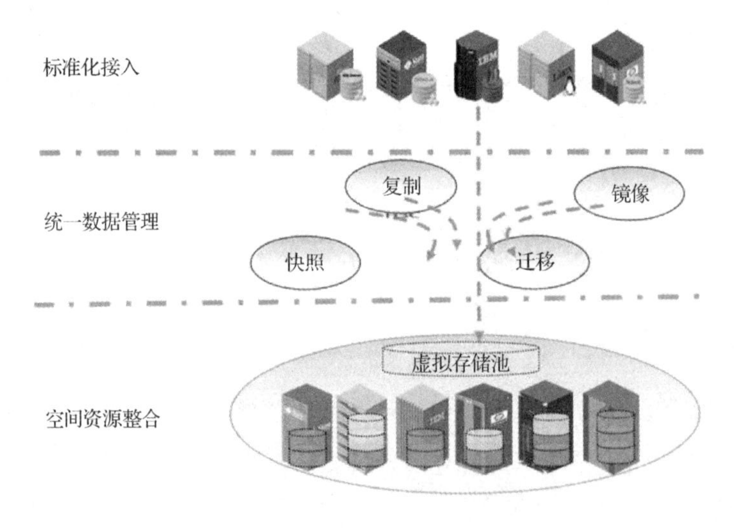

图1-28　存储虚拟化原理图示

1.5.2　存储虚拟化的实现方法

存储的虚拟化根据在存储网络的实现位置不同分为三个层次：基于主机的存储虚拟化、基于存储设备/存储子系统的存储虚拟化和基于网络的存储虚拟化。实施存储的虚拟化就实现了块、磁盘、磁带（磁带驱动器、磁带库）、文件系统、文件/记录等存储资源的虚拟化。存储虚拟化的实现类别如图1-29所示。

1. 基于主机的存储虚拟化

基于主机的存储虚拟化由操作系统下的逻辑卷管理软件完成，不同操作系统的逻辑卷的管理软件也不相同。这种实现方式使服务器的存储空间可以跨越多个异构的硬盘阵列，常用于在不同硬盘阵列之间进行数据镜像（见图 1-30）。

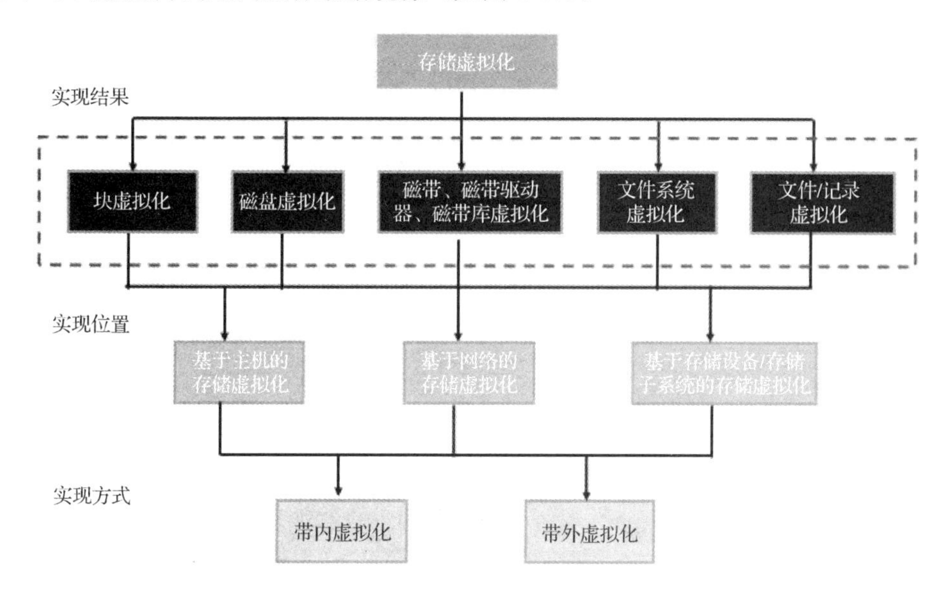

图 1-29　存储虚拟化的实现类别

2. 基于存储设备/存储子系统的存储虚拟化

基于存储设备/存储子系统的存储虚拟化在存储交换机上添加了虚拟化功能，对用户的应用进行优化，可以把用户不同的存储系统融合成单一的平台，解决数据管理难题，并通过分级存储实现信息的生命周期管理，从而进一步优化应用环境。这种技术主要用于在同一存储设备内部进行数据保护和数据迁移（图 1-31）。虚拟磁带库是典型的基于存储设备/存储子系统的存储虚拟化系统。

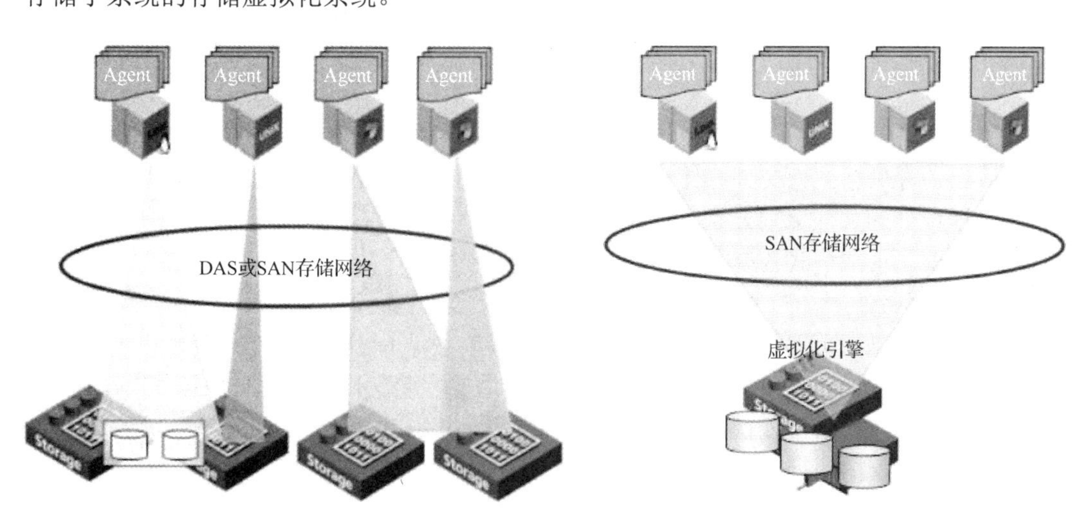

图 1-30　基于主机的存储虚拟化　　图 1-31　基于存储设备/存储子系统的存储虚拟化

3. 基于网络的存储虚拟化

基于网络的存储虚拟化是通过在存储区域网（SAN）中添加虚拟化引擎实现的，主要用于异构存储系统的整合和统一数据管理（见图 1-32）。

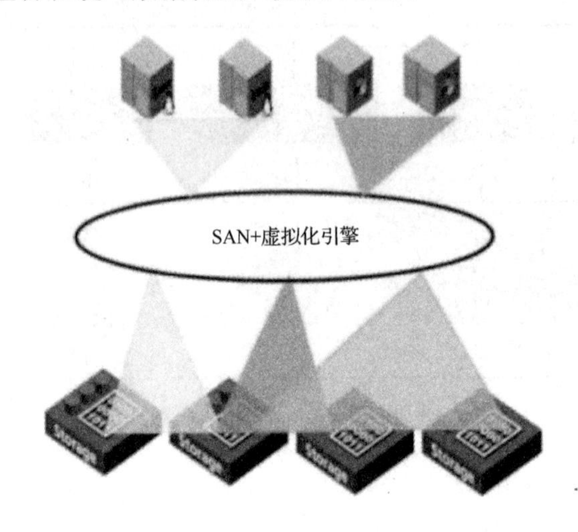

图 1-32 基于网络的存储虚拟化

前面两种存储虚拟化都是早期的、比较低级的虚拟化，因为它们不能将多个，甚至是异构的存储子系统整合成一个或多个存储池，并在其上建立逻辑虚卷。只有网络级的虚拟化，才是真正意义上的存储虚拟化。它能将存储网络上的各种品牌的存储子系统整合成一个或多个可以集中管理的存储池（存储池可跨多个存储子系统），并在存储池中按需建立一个或多个不同大小的虚卷，并将这些虚卷按一定的读写授权分配给存储网络上的各种应用服务器。这样就达到了充分利用存储容量、集中管理存储、降低存储成本的目的。

1.5.3 虚拟化存储的访问

存储资源被虚拟化后，用户可以通过文件、块和对象这三种不同的方式来保存、整理和呈现数据的存储格式。文件存储会以文件和文件夹的层次结构来整理和呈现数据；块存储会将数据拆分到被任意划分且容量大小相同的卷中；对象存储会管理数据并将其链接至关联的元数据。这些格式各有各的功能、特点和应用范围。

1）文件存储

文件存储可以简单理解为分布式文件系统，通常实现了可移植操作系统接口（Portable Operation System Interface of UNIX，POSIX），不需要安装文件系统，直接像 NFS/CIFS 一样挂载到操作系统后就可以使用。NAS、HDFS、CephFS、GlusterFS、OpenStack Manila 等支持文件存储资源的访问。

2）块存储

块存储就是提供裸的块设备服务（如 RAID），用户自己创建分区和文件系统并将之挂载到操作系统后才能用，挂一个块存储设备到操作系统，相当于插一个新 U 盘，它只实现了 READ、WRITE、IOCTL 等接口功能。SAN、Ceph RBD、OpenStack Cinder 等都提供了块存储服务。

3）对象存储

对象存储可以提供 Web 存储服务，通过 HTTP 协议访问，只需要 Web 浏览器即可使用，不需要挂载到本地操作系统，实现的接口功能如 GET、POST、DELETE 等。百度网盘、OpenStack Swift、Ceph RGW 等都提供了对象存储的访问服务。

1.5.4 任务小结

本任务先介绍了存储虚拟化的概念和作用，然后介绍了存储虚拟化基于主机、存储设备/存储子系统和网络的三种实现，最后给出了存储虚拟化后用户的文件、块和对象三种访问方式。

项目小结

本项目包含 5 个任务，任务 1 理解数据时代的存储，从四个方面介绍了数据和存储的相关内容；任务 2 了解 IT 系统，主要介绍了 IT 系统的体系结构、组成要素和新型云计算系统的相关内容；任务 3 了解存储系统，主要介绍了存储系统的逻辑参考模型和 DAS、NAS、SAN 三种传统的存储架构；任务 4 了解存储设备，介绍了主流的存储设备物理结构、读写原理、接口技术、主要参数等内容；任务 5 了解存储虚拟化，介绍了存储虚拟化的概念、实现方法和虚拟化存储的访问。本项目的内容组织框架如图 1-33 所示。

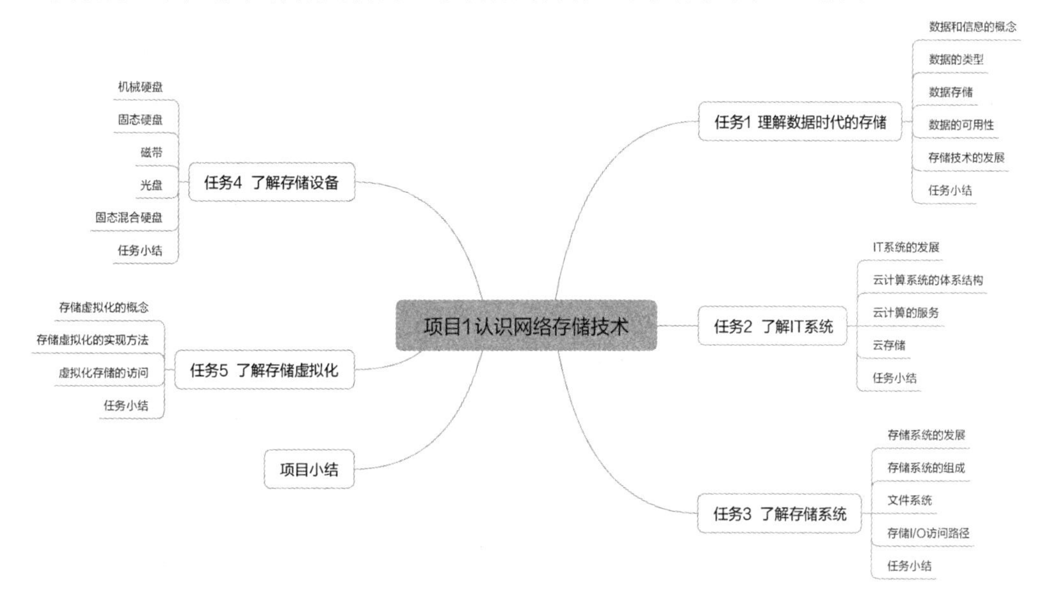

图 1-33　项目 1 的内容组织框架

习题

1. 选择题

（1）下列选项中，（　　）不是常见的存储设备。

A．硬盘　　B．磁带　　C．光盘　　D．量子

（2）下列选项中，（　　）是结构化数据。

A．网页数据　　B．文本数据　　C．学生管理系统数据　　D．声音数据

（3）视频数据是典型的（　　）类型。

A．结构化数据　　B．半结构化数据　　C．非结构化数据　　D．都不是

（4）下列选项中，（　　）是信息的数据表现形式。

A．光盘　　B．文字　　C．书　　D．网络

（5）下列选项中，（　　）不是传统信息系统的组成要素。

A．计算　　B．策略　　C．资源　　D．连接

（6）硬盘柜属于（　　）资源。

A．计算　　B．存储　　C．软件　　D．网络

（7）云服务提供的出租计算资源有三种模式但不包括（　　）。

A．IaaS　　B．PaaS　　C．SaaS　　D．DaaS

（8）下列选项中，（　　）是目前大数据分析应用的主要文件系统。

A．Ext4　　B．HDFS　　C．NTFS　　D．NoSQL

（9）下列选项中，（　　）不是文件系统的主要功能。

A．管理和调度文件的存储空间，提供文件的逻辑结构、物理结构和存储方法

B．实现文件从标识（文件名）到物理地址（存储位置）的映射

C．实现文件的I/O控制操作和存取操作（文件的建立、存入、读出、修改、复制、删除等）

D．实现文件二进制比特位向介质裸传输的电信号的转换

（10）下列选项中，（　　）不属于物理I/O路径的成分。

A．网络接口卡　　B．光纤介质　　C．TCP/IP协议　　D．服务器总线

（11）下列存储类型中，（　　）是易失型存储介质。

A．ROM　　B．SDRAM　　C．PCM　　D．NAND Flash

（12）机械硬盘的接口不包括（　　）。

A．SATA　　B．SCSI　　C．SAS　　D．Wi-Fi

（13）机械硬盘工作结束后，其磁头停留在（　　）。

A．启停区　　B．定位0道　　C．固件区　　D．数据区

（14）固态硬盘SSD是按照（　　）读写数据的。

A．字节　　B．扇区　　C．块　　D．文件

（15）关于虚拟磁带库的论述，（　　）是错误的。

A．虚拟磁带库是将硬盘、光盘、磁带的空间虚拟为磁带空间

B．虚拟磁带库可以使用纯软件实现

C．虚拟磁带库得益于单位容量硬盘存储的价格急剧下降，硬盘阵列作为备份设备的应用正变得越加广泛

D．虚拟磁带库解决了传统磁带库维护负担高、备份失效率高及备份恢复能力不佳的问题

（16）固态混合硬盘的容量范围一般是（　　）。

A．几到几十太字节　　B．几十到几百吉字节
C．几到几十吉字节　　D．几百兆字节

（17）下列选项中，（　　）是并行总线标准。

A．SATA　　B．SCSI　　C．SAS　　D．USB

（18）SSD 存储颗粒基本读写性能最好的是（　　）。

A．SLC　　B．MLC　　C．TLC　　D．QLC

（19）关于存储虚拟化的特点，（　　）的描述是错误的。

A．主机级和存储设备的存储虚拟化能力要远远低于网络虚拟化
B．存储虚拟化可以对不同的设备有不同的虚拟化方案
C．一个虚拟化的存储系统在扩容时购置的物理存储设备必须与原有的设备匹配，否则没法融入资源池
D．带内虚拟化技术比带外虚拟化技术有更宽广的应用领域

（20）存储虚拟化可以在三个位置实现，其中（　　）是最有价值的位置。

A．主机　　B．网络　　C．存储设备　　D．带外

2．判断题

（1）数据和信息本质上是完全相同的两个概念。（　　）

（2）1MB 内存和 1MB 硬盘存储空间是不同的。（　　）

（3）存储系统的存储介质分层是与数据的生命周期相关的。（　　）

（4）IT 系统的结构逐渐由传统的独立式结构演变为以云计算为主的结构。（　　）

（5）用户可以直接把自己的企业各类信息系统部署在云上，实现资源共享。（　　）

（6）云存储本质上也是分布式存储系统。（　　）

（7）传统的 NAS 存储系统可以不需要文件系统的参与就完成数据的读写。（　　）

（8）HDFS 是一个分布式文件系统，适合处理大文件、大批量的块文件存储，其中的名字节点和辅助名字节点功能是等价的。（　　）

（9）磁带存储器以随机方式存取数据，是一种经济、可靠、容量大、可作为数据的长久保存介质的存储设备。（　　）

（10）用于 SSD 的闪存颗粒一般是 NAND 存储颗粒，每个颗粒存储的位数越少寿命越长。（　　）

（11）与机械硬盘相比，固态硬盘的容量更大，寿命更长。（　　）

（12）光盘的容量一般都小于主流的机械硬盘和固态硬盘。（　　）

（13）虚拟磁带库本质上是一种把硬盘虚拟为传统的磁带库的技术。

（14）光道和磁道一样，密度都是恒定的。（　　）

（15）存储虚拟化能够隐藏存储设备的能力、接口协议的差异等信息，向用户提供一个标准的管理接口，实现对存储资源的统一、高效管理。（　　）

（16）基于主机的存储虚拟化其实和操作系统没有关系。（　　）

项目 2 RAID 配置

独立硬盘冗余阵列（RAID）是一种应用最广泛的存储设备，通过电缆或光缆直接连接到服务器上，硬盘阵列有多个端口，可以被不同主机或不同端口连接，I/O 请求直接发送给存储设备。本项目主要介绍 RAID 的概念、组成、主要 RAID 等级和特点、实现方法等，给出了基于主流的虚拟机平台配置 RAID0、RAID1 和 RAID5 的方法。

任务 1 认识 RAID

教学目标

1. 理解 RAID 的概念和技术优势。
2. 掌握 RAID 的组成和实现方式，RAID0、RAID1、RAID5 级别的原理和应用场景。
3. 了解 RAID 技术的渊源，主要解决的问题，以及 RAID 各级别的原理和特点。

RAID 是独立硬盘冗余阵列，简称硬盘阵列。其基本思想就是把多个相对便宜的硬盘组合起来，成为一个冗余的硬盘阵列组，看起来就像一个单独的硬盘或逻辑存储单元。与真正的单块大容量物理硬盘相比，这样的组合获得了更大的存储容量，更高的读写速度，而且还获得了更低的价格等特性。它也为数据保护、容错、集成等新特性的开发应用提供了基础。

2.1.1 RAID 简介

RAID 是一项历久弥新的技术，最初用于高端服务器市场，不过随着信息技术的快速发展，RAID 已经渗透到计算机应用的各个领域，凡是有数据存储质量和服务要求的地方基本上都有它的存在。即使在最基本的家用计算机主板中，RAID 控制芯片也成了标准配置。因此 RAID 已经成了一个门槛很低的存储技术。

2.1.1.1 RAID 的概念

RAID 是 1988 年由美国加州大学伯克利分校的大卫•帕特森（David Patterson）教授等

人在论文“*A Case of Redundant Array of Inexpensive Disks*”中首次提出的，即廉价冗余硬盘阵列。当时通过 SCSI 接口连接到服务器上的大容量硬盘比较昂贵，因此要通过 RAID 技术，把多个容量较小、价格相对低廉的硬盘进行有机组合，实现以较低的成本获得与昂贵大容量硬盘相当的容量、性能和可靠性。由此可以看出，RAID 的初衷是为大型服务器提供高端的存储功能和冗余的数据安全。

RAID 问世初期，采用便宜（Inexpensive）的硬盘是研究的重点，但进一步的研究发现，大量便宜的硬盘组合并不适用于现实的生产环境。同时，随着硬盘的成本和价格不断降低，大容量的硬盘也逐渐直接用于构建 RAID，“廉价”自然而然就失去了意义。因此，RAID 咨询委员会（RAID Advisory Board，RAB）决定用“独立”（Independent）特性替代“廉价”特性，于是 RAID 就变成了独立硬盘冗余阵列（Redundant Array of Independent Disks）。尽管名称改变了，但 RAID 的缩写没改变，技术内容实质也没有改变。

RAID 到底是什么？SNIA 官方给出的定义是，RAID 是一种硬盘阵列，部分物理存储空间用来记录保存在剩余空间上的用户数据的冗余信息。当其中某一个硬盘或访问路径发生故障时，冗余信息可用来重建用户数据。所谓“冗余”就是同一个数据（块）单元被存放在不同的 RAID 成员硬盘上，只有在数据发生错误、损坏、丢失等特殊情况下才被使用，正常情况下不会被使用，对于系统而言是“冗余”的信息。

综上，在整个系统中，RAID 被看作是由两个或更多硬盘组成的存储空间，通过在多个硬盘上读写数据来提高存储系统的 I/O 性能。大多数 RAID 等级具有完备的数据校验、纠正措施，因而可以提高系统的容错性，镜像方式尽管产生了“冗余”，但却能大大增强系统的可靠性。

2.1.1.2 RAID 的组成

从 RAID 的概念我们已经了解到 RAID 硬盘阵列是用很多便宜、容量较小、稳定性较高、速度较慢的硬盘组合成一个大型的硬盘组，利用个别硬盘提供数据“冗余”所产生的加成效果提升整个硬盘系统效能。RAID 一般由物理磁盘阵列、缓存器和 RAID 控制器几部分组成（见图 2-1）。用户在系统中使用的 RAID 是逻辑磁盘阵列。

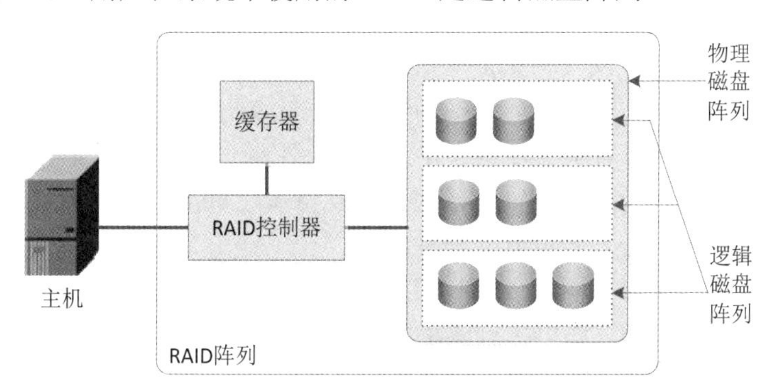

图 2-1　RAID 组成结构图

2.1.1.3 RAID 的发展

RAID 的设计思想在提出之后很快就被业界接纳。目前，RAID 作为高性能、高可靠的存储技术，已经得到了非常广泛的应用。RAID 主要利用数据条带、镜像和数据校验技术来获取高性能、高可靠性、高容错能力和高扩展性，根据运用或组合运用这三种技术的策略和架构，可以把 RAID 分为不同的等级，以满足不同数据应用的需求。大卫•帕特森等的论文中定义了 RAID1～RAID5 的原始 RAID 等级，后来又扩展了 RAID0 和 RAID6。近年来，存储厂商不断推出如 RAID7、RAID10/01、RAID50、RAID53、RAID100 等 RAID 等级，但这些等级并无统一的标准。目前业界公认的标准是 RAID0～RAID5，除 RAID2 外的四个等级被定为工业标准，而在实际应用领域中使用最多的 RAID 等级是 RAID0、RAID1、RAID3、RAID5、RAID6 和 RAID10。

RAID 的一个等级就代表一种实现方法和技术，等级之间并无高低之分。在实际应用中，到底采用哪一个等级的技术应当根据用户的数据应用特点，综合考虑可用性、性能和成本来选择合适的 RAID 等级。

需要注意的是，华为推出的 RAID 2.0+不是传统的 RAID 技术，它属于块虚拟化技术范畴。它采用底层硬盘管理和上层资源管理两层虚拟化管理模式，在系统内部，每个硬盘空间都被划分成一个个小粒度的数据块，一般基于数据块来构建 RAID 组，使得数据均匀地分布到存储池的所有硬盘上，同时以数据块为单元来进行资源管理，从而大大提高了资源管理的效率。

2.1.1.4 RAID 的实现方式

从实现角度看，RAID 主要分为软 RAID、硬 RAID 以及软硬混合 RAID 三种。

1. 软 RAID

软 RAID 的所有功能均由操作系统和 CPU 来完成，没有独立的 RAID 控制/处理芯片和 I/O 处理芯片。现代操作系统基本上都提供软 RAID 支持，通过在硬盘设备驱动程序上添加一个软件层，提供一个物理驱动器与逻辑驱动器之间的抽象层。目前，操作系统支持的最常见 RAID 等级有 RAID0、RAID1、RAID10、RAID01、RAID5 等。例如，Windows Server 支持 RAID0、RAID1、RAID5 三种等级，Linux 支持 RAID0、RAID1、RAID4、RAID5、RAID6 等，Mac OS X Server、FreeBSD、Solaris 等操作系统也都支持相应的 RAID 等级。

软 RAID 由操作系统来实现，因此系统所在分区不能作为 RAID 的逻辑成员硬盘，软 RAID 不能保护系统盘 D。对于部分操作系统而言，RAID 的配置信息保存在系统信息中，而不是单独以文件形式保存在硬盘上。这样当系统意外崩溃而需要重新安装时，RAID 信息就会丢失。另外，硬盘的容错技术并不等于完全支持在线更换、热插拔或热交换，能否支持错误硬盘的热交换与操作系统的实现相关。

软 RAID 的配置管理和数据恢复都比较简单，但是因为 RAID 所有任务的处理完全由 CPU 来完成，如计算校验值，所以执行效率比较低下，这种方式需要消耗大量的运算资源，支持 RAID 模式较少，很难广泛应用。但随着技术的不断进步和优化，软 RAID 与硬 RAID 的差距不再那么明显，后续项目 5 中介绍的 NAS 就支持软 RAID。

2. 硬 RAID

硬 RAID 配备了专门的 RAID 控制/处理芯片和 I/O 处理芯片及阵列缓冲，不占用 CPU

资源，但成本很高。硬 RAID 通常都支持热交换技术，可以在系统运行时更换故障硬盘。

硬 RAID 有 RAID 卡和主板上集成的 RAID 芯片两种解决方案，服务器平台多采用 RAID 卡。RAID 卡由 RAID 核心处理芯片（RAID 卡上的 CPU）、端口、缓存和电池四部分组成。其中，端口是指 RAID 卡支持的硬盘接口类型，如 SCSI、SATA、SAS、FC 等接口。

RAID 卡通常读写速度更快、更稳定，更快是因为大部分阵列卡有缓存，可以提升读写速度，更稳定是因为好一点的阵列卡会带电池，即使计算机突然断电，电池也会保证在数据完全写入硬盘之后再断电，对数据安全有一定保障。

3. 软硬混合 RAID

软 RAID 性能欠佳，而且不能保护系统分区，因此很难应用于桌面系统。而硬 RAID 成本非常昂贵，不同 RAID 相互独立，不具备互操作性。因此，人们采取软件与硬件结合的方式来实现 RAID ，从而获得在性能和成本上的一个折中，即较高的性价比。软硬混合 RAID 虽然采用了处理控制芯片，但是为了节省成本，芯片往往比较廉价且处理能力较弱，RAID 的任务处理大部分还是通过固件驱动程序由 CPU 来完成的，性能和成本介于软 RAID 和硬 RAID 之间。

2.1.2 RAID 关键技术

RAID 中主要有数据条带、镜像和数据校验三个关键概念和技术。不同等级的 RAID 可以采用一种或多种以上技术，来获得不同的数据可靠性、可用性和 I/O 性能。至于设计何种 RAID（甚至新的等级或类型）或采用何种模式的 RAID，需要在深入理解系统需求的前提下进行合理选择，综合评估可靠性、性能和成本来进行折中选择。

2.1.2.1 数据条带

RAID 是按照条带（Strip）组织数据的，RAID 通过条带化把一块连续的数据分成很多小单元并把它们分别存储到不同硬盘上去，从而实现 I/O 负载在多个物理硬盘上的均衡。那么到底什么是条带呢？

条带是硬盘中进行一次数据读写的最小单元，可能由一个或多个连续的扇区构成。数据写入 RAID 时会被分成多个数据单元来并行写入多块（相同规格的）硬盘中，这些数据单元在不同硬盘上的地址相同；数据读取时会并行从多块硬盘读取条带数据，最后完整输出。这种使用大小一致的数据单元组织数据的方式称作条带化。条带用条带深度来表示，又叫条带大小。这个参数指的是写在每块硬盘上的条带数据块的大小。RAID 的数据块大小一般在 2～512KB（或更大），其数值是 2 的 *n* 次方，即 2KB、4KB、8KB、16KB、64KB 等。

在同一个硬盘阵列中，多个硬盘驱动器上相同位置（或相同编号）的条带我们使用分条（Stipe）来表示，即分条是由同一硬盘柱面上的条带组成的。RAID 分条宽度是指同时可以并发读或写的条带数量。这个数量等于 RAID 中的物理硬盘的数量。条带、分条、分条宽度三者之间的关系如图 2-2 RAID 的数据条带概念示意图所示。

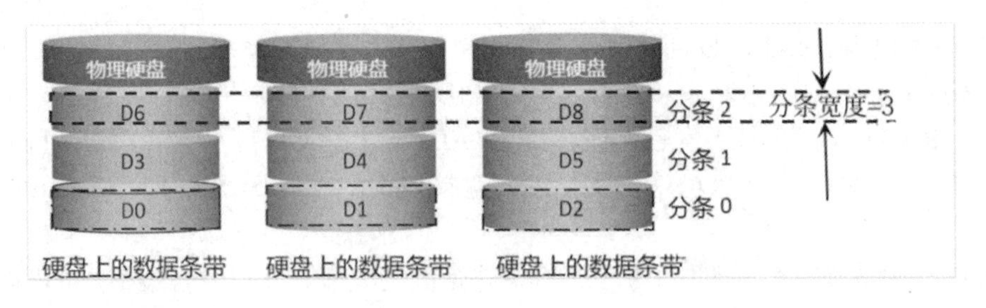

图 2-2　RAID 的数据条带概念示意图

从上面的介绍可知，条带化本质上是把连续的数据分割成相同大小的数据块，把每段数据分别写入阵列中的不同硬盘上的一种方法。简而言之，是一种将多个硬盘驱动器合并为一个卷的方法。

硬盘存储的性能瓶颈在于磁头寻道定位，它是一种慢速机械运动，无法与高速的 CPU 匹配。此外，单个硬盘驱动器性能存在物理极限，I/O 性能非常有限。RAID 由多块硬盘组成，数据条带技术将数据以块的方式分布存储在多个硬盘中，从而可以对数据进行并发处理。这样写入和读取数据就可以在多个硬盘上同时进行，并发产生非常高的聚合 I/O，有效提高了整体 I/O 性能，而且具有良好的线性扩展性。这对大容量数据尤其显著，如果不分块，数据只能按顺序存储在硬盘阵列的硬盘上，需要时再按顺序读取。而通过条带技术可获得数倍于顺序访问的性能提升。显然，条带无疑会大幅度提升整体读写效率。

数据条带技术的数据分块大小选择非常关键。条带粒度可以是一个字节至几千字节大小，分块越小，并行处理能力就越强，数据存取速度就越高，但同时就会增加块存取的随机性和块寻址时间。在实际应用中，要根据数据特征和需求来选择合适的分块大小，在数据存取随机性和并发处理能力之间进行平衡，以争取尽可能高的整体性能。

数据条带是基于提高 I/O 性能而提出的，也就是说它只关注性能，而对数据可靠性、可用性没有任何改善。实际上，其中任何一个数据条带损坏都会导致整个数据不可用，采用数据条带技术反而增加了数据发生丢失的概率。

2.1.2.2　镜像

镜像（Mirror）是一种冗余技术，可以为硬盘提供保护功能，防止硬盘发生故障而造成数据丢失。对于 RAID 而言，采用镜像技术将会同时在硬盘阵列中产生两个（甚至多个）完全相同的数据副本，分布在两个（甚至多个）不同的硬盘驱动器组上。镜像提供了完全的数据冗余能力，当一个数据副本失效不可用时，外部系统仍可正常访问另外的副本，不会对应用系统运行和性能产生影响。而且，镜像不需要额外的计算和校验，直接复制即可。镜像技术可以从多个副本同时读取数据，不仅提高了数据的可用性，同时也提高了数据的读 I/O 性能。但写数据与此不同，写数据是不能并行的，因此写多个副本会导致 I/O 性能降低。

镜像技术提供了非常高的数据安全性，其代价也是非常昂贵的，需要至少双倍的存储空间。高成本限制了镜像的广泛应用，目前其主要应用于至关重要的数据保护，在这种场合下，若数据丢失则会造成巨大的损失。另外，镜像通过“拆分”能获得特定时间点上的数据快照，从而可以实现一种备份窗口几乎为零的数据备份技术。

2.1.2.3 数据校验

前文提到的数据条带通过并发大幅提高了读写性能，但对数据的安全性、可靠性未作考虑；镜像具有高安全性，但冗余开销太大。因此，引入了数据校验（Data Parity），通过算法检测数据错误，并在能力允许的前提下进行数据重构，用较小的数据冗余代价换取了极佳的数据完整性和可靠性，为数据提供安全性保障。与镜像比较，数据校验大幅缩减了冗余开销。

采用数据校验时，RAID 要在写入数据的同时进行校验计算，并将得到的校验数据存储在 RAID 的成员硬盘中。校验数据可以集中保存在某个硬盘或分散存储在多个不同硬盘中，甚至校验数据也可以分块，不同 RAID 等级的实现各不相同。当其中一部分数据出错时，就可以对剩余数据和校验数据进行反校验计算，以重建丢失的数据。校验技术相对镜像技术的优势在于节省了大量开销，但由于每次数据读写都要进行大量的校验运算，对计算机的运算速度要求很高，所以必须使用硬件 RAID 控制器。在数据重建恢复方面，检验技术比镜像技术复杂得多且慢得多。

海明校验码和异或校验是两种最为常用的数据校验算法。海明校验码是由理查德 • 海明提出的，实质上是一种多重奇偶校验，不仅能检测错误，还能给出错误位置并自动纠正。异或校验通过异或逻辑运算产生，将一个有效信息与一个给定的初始值进行异或运算，会得到校验信息。如果有效信息出现错误，通过校验信息与初始值的异或运算就能还原正确的有效信息。

综上，镜像是将数据复制到多个硬盘，一方面可以提高可靠性，另一方面可同时从两个或多个副本中读取数据来提高读性能。显而易见，镜像的写性能稍低，确保数据正确地写到多个硬盘需要更多的时间消耗。数据条带将数据分片保存在多个不同的硬盘中，多个数据分片共同组成了一个完整的数据副本，这与镜像的多个副本是不同的，它通常用于性能考虑。数据条带具有更高的并发粒度，当访问数据时，可以同时对位于不同硬盘上的数据进行读写操作，从而获得非常可观的 I/O 性能提升。而数据校验则利用冗余数据进行数据错误检测和修复，冗余数据通常采用海明校验码、异或校验等算法来计算获得。利用校验功能，可以在很大程度上提高硬盘阵列的可靠性、鲁棒性和容错能力。不过，数据校验需要从多处读取数据并进行计算和对比，会影响系统性能。

2.1.3 常用 RAID 级别

RAID 技术历经几十年的发展，现在已有从 RAID0 到 RAID5 共 6 种明确标准的 RAID 级别。除此之外，还有 6、7、10（RAID1 和 RAID0 组合）、01（RAID0 和 RAID1 组合）、30（RAID3 和 RAID0 组合）、50（RAID5 和 RAID0 组合）、53、100 等没有明确标准的 RAID 级别。

2.1.3.1 RAID0

RAID0 是一种简单的、无数据校验的数据条带化技术，是把数据分成若干相等大小的块，并把它们写到阵列的不同的硬盘上，第 0 块被写到硬盘 0 中，第 1 块被写到硬盘 1 中，依次类推，直到所有数据分布完毕（见图 2-3），从系统管理维度看，这些物理硬盘组成了一个更大的逻辑硬盘。RAID0 数据路径图如图 2-4 所示。

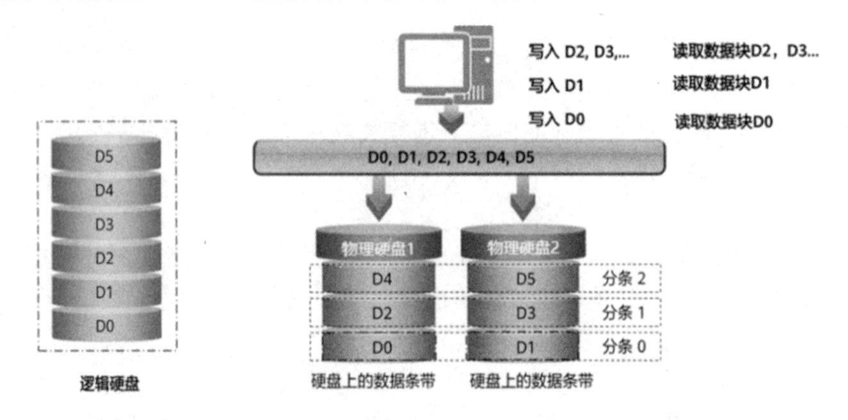

图 2-3　RAID0 等级原理图

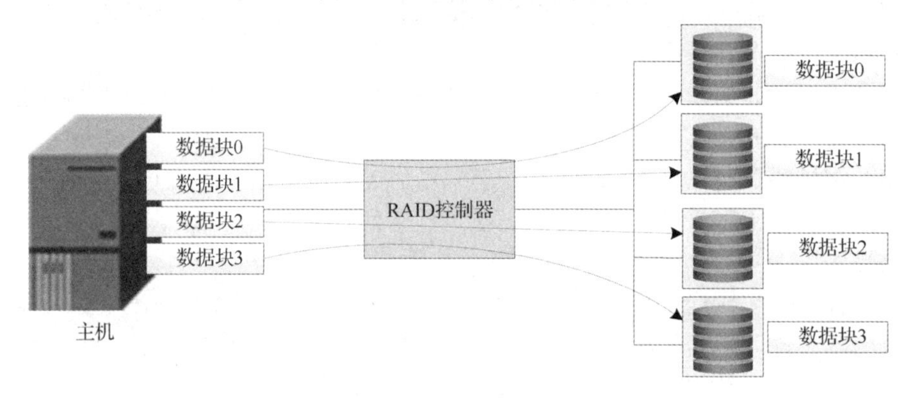

图 2-4　RAID0 数据路径图

RAID0 可以把多个（至少 2 个）硬盘合并成 1 个逻辑盘使用，数据读写时对各硬盘同时操作，以独立访问方式实现多块硬盘的并读访问。由于可以并发执行 I/O 操作，总线带宽得到了充分利用，再加上不需要进行数据校验，RAID0 的性能在所有 RAID 等级中是最高的。从理论上讲，一个由 n 块硬盘组成的 RAID0，它的读写性能是单个硬盘性能的 n 倍，但由于总线带宽等多种因素的限制，实际的性能提升要低于理论值。

在实际中，RAID0 将所在硬盘条带化后组成大容量的存储空间，将数据分散存储在所有硬盘中，这实际上不是一种真正的 RAID，因为它并不提供任何形式的冗余策略，任何一块硬盘毁损都将导致整个 RAID 中的所有数据丢失，因此 RAID0 的可靠性最差。

RAID0 具有低成本、极高的读写性能、高存储空间利用率等特性，适用于对速度要求严格，但对可靠性要求不高、数据保护不重要的应用场合，如视频处理、图像处理、临时文件的转储等场合。

2.1.3.2　RAID1

RAID1 采用镜像冗余来提高可靠性，即每一个工作盘都有一个镜像盘。RAID1 等级原理图如图 2-5 所示，数据块 D0、D1 和 D2，等待写入物理硬盘。D0 和 D0 的副本同时写入两个物理硬盘中（物理硬盘 1 和物理硬盘 2），其他数据块也以相同的方式（镜像）写入 RAID1 物理硬盘组中。写入时，数据会被同时写入工作硬盘和镜像硬盘，而读数据时只从工作硬盘读出，一旦工作硬盘发生故障，系统将立即把镜像硬盘调整为工作硬盘，从镜像硬盘中读出数据。因此 RAID1 即使有一个硬盘损坏也能照常工作。从系统管理维度看，这些物理硬盘组成了与每一个成员硬盘容量相同的逻辑硬盘。RAID1 数据路径图如图 2-6 所示。

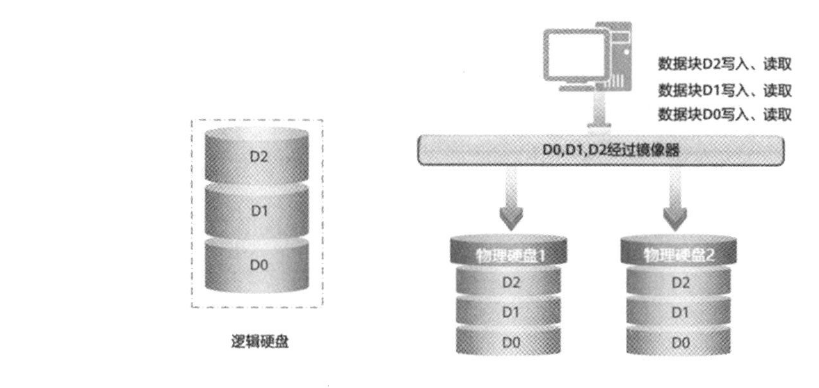

图 2-5　RAID1 等级原理图

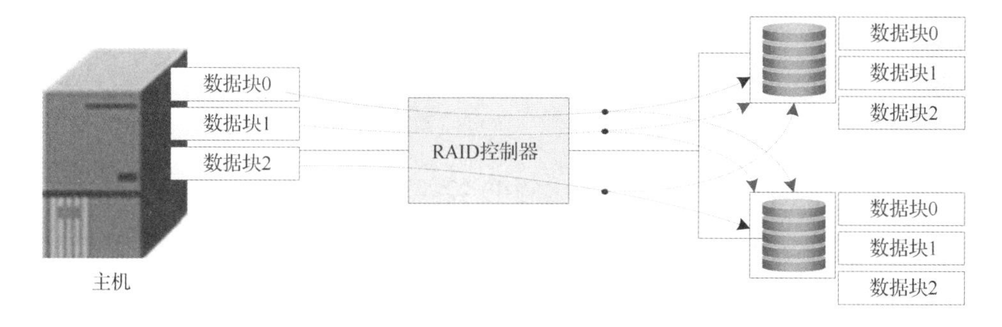

图 2-6　RAID1 数据路径图

RAID1 在数据写入时，响应时间会有所影响，但是读数据的时候没有影响，因此其读取性能几乎与 RAID0 接近。RAID1 提供了最佳的数据保护，一旦工作硬盘发生故障，系统会自动从镜像硬盘中读取数据，不会影响用户工作。

RAID1 由于工作硬盘和镜像硬盘保存了相同的信息，可靠性很高，但是因为其逻辑硬盘的总容量等于所有物理硬盘容量的一半，所以硬盘的空间利用率仅有 50%，成本很高。因此 RAID1 常用于读写性能要求高、对出错率要求极严的数据应用场合，如财务、证券、金融等。

2.1.3.3　RAID10

RAID10（RAID1+RAID0）是将镜像和条带进行组合的 RAID 级别，先进行镜像（RAID1）然后再做条带（RAID0）。RAID10 等级原理图如图 2-7 所示，物理硬盘 1 和物理硬盘 2 形成一个 RAID1，物理硬盘 3 和物理硬盘 4 形成另一个 RAID1。这两个 RAID1 再形成 RAID0。RAID10 组写入数据时，各 RAID1 采用并行的方式写入数据块，RAID1 内数据采用镜像的方式写入。在图 2-7 中，D0 将被写入物理硬盘 1，副本将被写入物理硬盘 2。D1 被写入物理硬盘 3，副本被写入物理硬盘 4；依次类推。RAID10 数据路径图如图 2-8 所示。

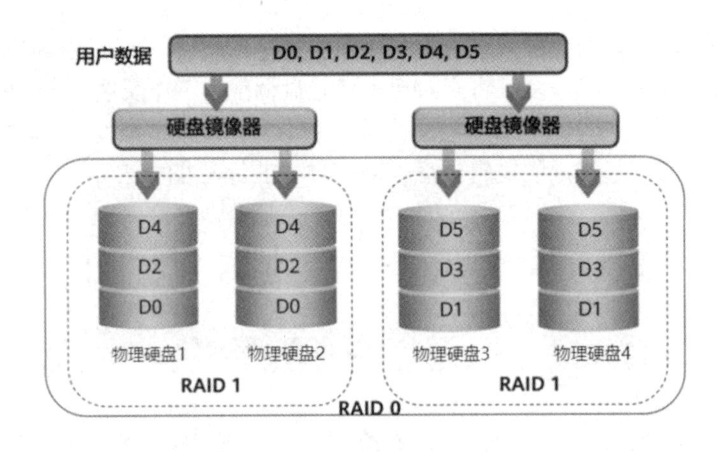

图 2-7　RAID10 等级原理图

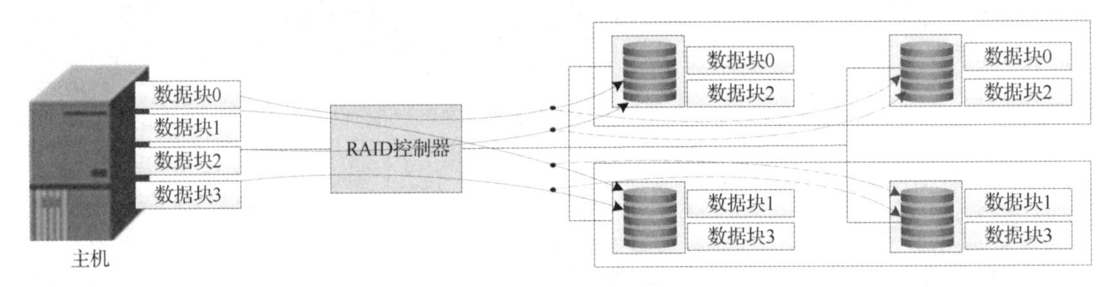

图 2-8　RAID10 数据路径图

在实际企业应用中，RAID0 并不是一个真正可以操作的选择，而 RAID1 则受限于硬盘容量利用率。RAID10 组合了 RAID1 和 RAID0，提供了最好的解决方案，特别是在随机写入时，由于不存在写惩罚，性能优势比较明显。RAID10 组的硬盘数量总是偶数，一半硬盘进行用户数据写入，另一半保存用户数据的镜像副本。镜像基于分条执行。

当硬盘在不同的 RAID1 组（如物理硬盘 2 和物理硬盘 4）发生故障，RAID10 组的数据访问不受影响。这是因为其他两个物理硬盘（物理硬盘 1 和物理硬盘 3）中有故障盘（物理硬盘 2 和物理硬盘 4）上的数据的完整副本。但是，如果同一 RAID1 的硬盘（如物理硬盘 1 和物理硬盘 2）在同一时间失效，数据将不能访问。从理论上讲，RAID10 可以忍受总数一半的物理硬盘失效，然而从最坏的情况来看，在同一个子组的两个硬盘故障时，RAID10 也可能出现数据丢失。通常 RAID10 用来保护单一的硬盘失效。

2.1.3.4　RAID3 和 RAID4

RAID3 采用单硬盘容错和并行数据传输，先采用分条技术将数据分块，然后再将这些块进行异或运算得到奇偶校验结果，最后把结果写到最后一个盘，这个盘是 RAID3 组的奇偶校验硬盘，这个盘与其他盘完全一样，任何一个盘都可以担任该角色。由此可见，RAID 3 采用的是 N+1 的数据保护方法。实际数据占用的有效空间为 N 个硬盘，数据校验容错信息存放在第 N+1 个硬盘上，当这 N+1 个硬盘中的其中一个硬盘出现故障时，从另外 N 个硬盘中的数据也可以用于恢复原始数据。这样，仅使用这 N 个硬盘也可以继续工作，当更换一个新硬盘后，系统可以重新恢复完整的校验容错信息。RAID3 等级原理图如图 2-9 所示。

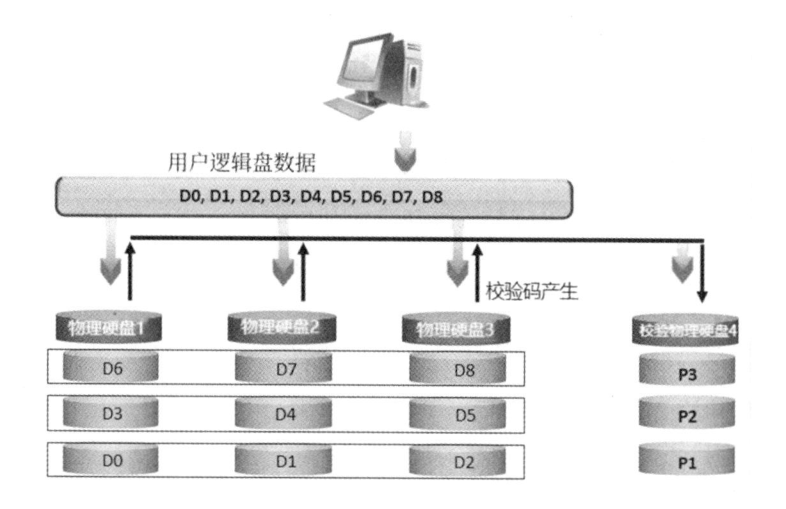

图 2-9　RAID3 等级原理图

RAID3 完好时读性能与 RAID0 完全一致，并行从多个硬盘条带中读取数据，性能非常好，同时还提供了数据容错能力。RAID3 最大的不足是校验盘很容易成为整个系统的瓶颈，这种情况被称为 RAID3 的“写惩罚”。RAID3 会把数据的写入操作分散到多个硬盘上进行，然而不管是向哪一个数据盘写入数据，都需要同时重写校验盘中的相关信息。因此，对于那些经常需要执行大量写入操作的应用来说，校验盘的负载将会很大，无法满足程序的运行速度，从而导致整个 RAID 系统性能下降。由于这种原因，RAID3 适合应用于那些写入操作较少，读取操作较多的应用环境，如数据库和 Web 服务器等。RAID3 数据路径图如图 2-10 所示。

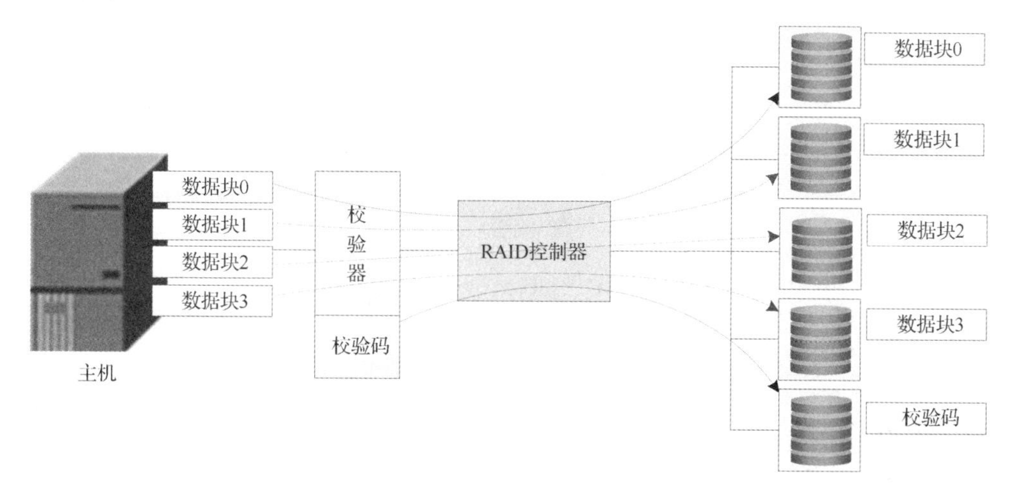

图 2-10　RAID3 数据路径图

RAID4 与 RAID3 的原理大致相同，区别在于条带化的方式不同。RAID4 按照块的方式来组织数据，写操作只涉及当前数据盘和校验盘两个盘，多个 I/O 请求可以同时得到处理，提高了系统性能。RAID4 按块存储可以保证单块的完整性，可以避免受到其他硬盘上同条带产生的不利影响。RAID4 提供了非常好的读性能，但单一的校验盘往往成为系统性能的瓶颈。对于写操作，RAID4 只能逐个硬盘进行写操作，包括写入校验数据，因此写性能比较差。而且随着成员硬盘数量的增加，校验盘的系统瓶颈将更加突出。正是由于以上这些限制和不足，所以 RAID4 在实际应用中很少见，主流存储产品也很少使用 RAID4 保护。

RAID3 只需要一个校验盘，阵列的存储空间利用率高，再加上并行访问的特征，能够为高带宽的大量读写提供高性能，适用大容量数据的顺序访问应用，如影像处理、流媒体服务等。目前，RAID5 算法不断改进，在大数据量读取时能够模拟 RAID3，而且 RAID3 在出现坏盘时性能会大幅下降，因此现在常使用 RAID5 替代 RAID3。

2.1.3.5 RAID5

RAID5 是改进版的 RAID3。与 RAID3 不同的是，RAID5 把校验数据按照循环的方式有规律地均匀分布在各数据硬盘上，每个 RAID 成员硬盘同时保存了数据和校验信息，很好地解决了 RAID3 出现的写瓶颈或热点问题。

RAID5 等级原理图如图 2-11 所示，在对 RAID5 写数据时，数据以分条的形式写入硬盘组（有 N 个硬盘成员）中。硬盘组中的每个硬盘都存储数据块和校验信息，数据块写一个分条时，奇偶信息被写入相应的校验硬盘。在进行连续写入的时候，不同分条用来存储奇偶校验的硬盘是不同的。因此，RAID5 的不同分条的奇偶校验数据不是单独存储在一个固定的校验盘中的，而是按一定规律分散（例如，按照硬盘编号循环）存储的。

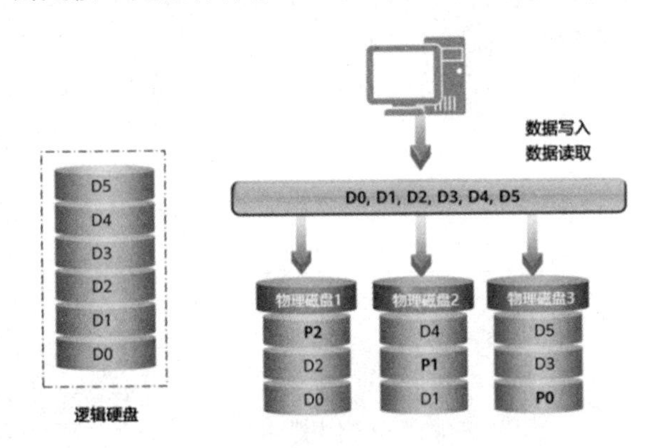

图 2-11 RAID5 等级原理图

在对 RAID5 读数据时，由于数据是以分条的形式存储在硬盘中的，所以只需 N-1 个硬盘的数据就可以恢复全部数据。RAID5 数据路径图如图 2-12 所示。图中，校验块 0 是数据块 00、数据块 01、数据块 02、数据块 03 共四块数据的校验数据；校验块 1 是数据块 10、数据块 11、数据块 12、数据块 13 共四块数据的校验数据；校验块 2 是数据块 20、数据块 21、数据块 22、数据块 23 共四块数据的校验数据；依次类推。

RAID5 是最常用的 RAID 方式之一，是 RAID0 和 RAID1 的折中方案。RAID5 要求最少有三块物理硬盘（如图 2-11 中的三块物理硬盘组成的 RAID5），其中一块物理硬盘作为冗余存放校验数据，另外两块物理硬盘存放原始数据，即该 RAID5 的有效数据空间是两块物理硬盘空间的和。RAID5 读取速度和 RAID0 相同，但写入速度不及 RAID0，因为其中有 1/3 空间是校验数据。RAID5 允许在最多损坏一块硬盘的情况下实现数据完全恢复，安全性比 RAID0 高出很多。RAID5 适合用于对性能和安全有一定要求但又不太高的情况。例如，普通数据库和存储库、文件服务器、Web 服务器。

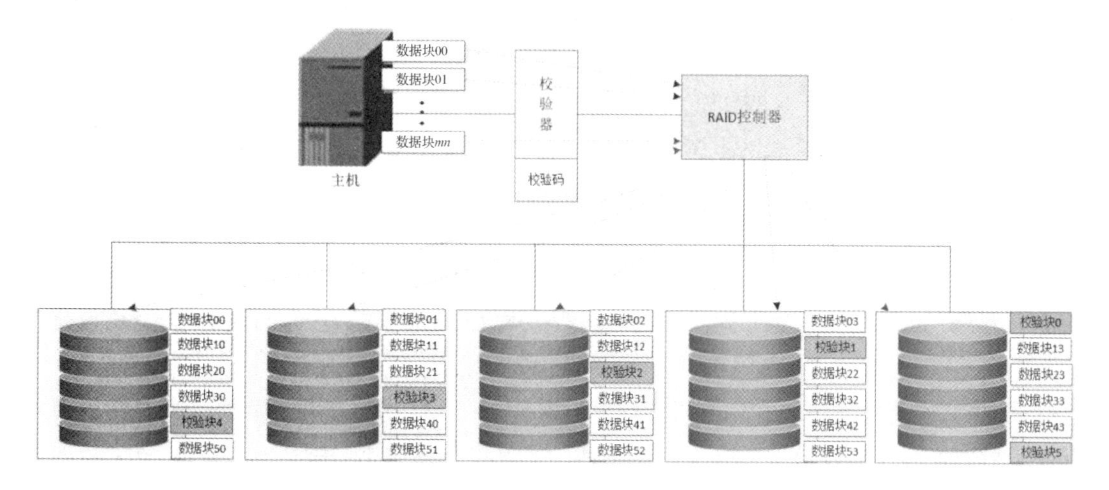

图 2-12　RAID 5 数据路径图

2.1.3.6　RAID50

RAID50 是将 RAID5 和 RAID0 进行两级组合的 RAID 级别，第一级是 RAID5，第二级是 RAID0。两个子组被配置成 RAID5，这两个子组再形成 RAID0。每个 RAID5 子组完全独立于对方。RAID50 需要至少 6 个硬盘，因为一个 RAID5 组最少需要三个硬盘。

RAID50 等级原理图如图 2-13 所示，物理硬盘 1、2 和 3 形成一个 RAID5，物理硬盘 4、5 和 6 形成另一组 RAID5，两个 RAID5 分别再作为独立的存储实体构成一个 RAID0。在 RAID50 中，RAID 可以同时接受多个硬盘的并发故障。然而，一旦两块硬盘在同一 RAID5 组同时失败，RAID50 的数据将丢失。

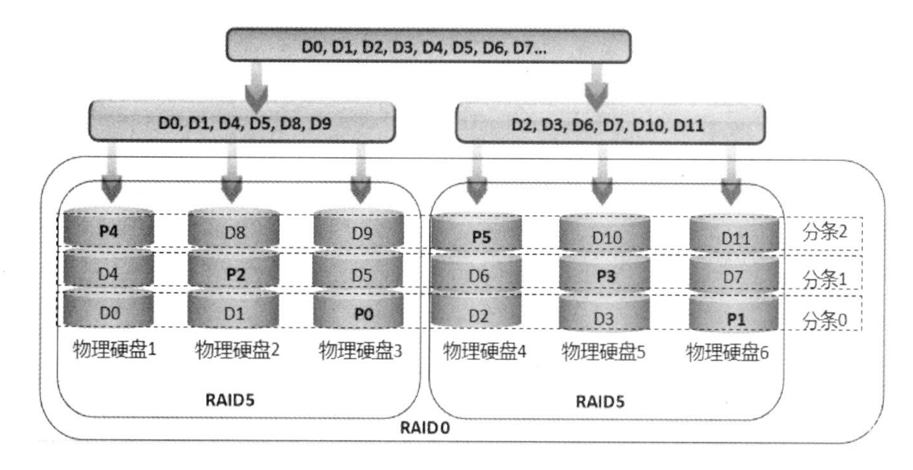

图 2-13　RAID50 等级原理图

2.1.3.7 RAID6

前面所述的各个 RAID 等级都只能保护因单个硬盘失效而造成的数据丢失。如果两个硬盘同时发生故障，数据将无法恢复。RAID6 引入了双重独立的校验算法（P 和 Q 校验算法），它可以保证在阵列中同时出现两个硬盘失效时，阵列仍能够继续工作，不会发生数据丢失的情况。RAID6 是在 RAID5 的基础上为了进一步增强数据保护而设计的一种 RAID 方式，它可以看作是一种扩展的 RAID5 等级。

在 RAID6 中，每个数据块都会被分成若干个子块，其中包括数据块本身（例如 D0）、P 校验块（如 P1）和 Q 校验块（如 Q1）。P 校验块是通过对同一分条内所有用户数据块的简单异或运算得到的；而 Q 校验块需要对用户数据进行 GF（“伽罗华域”）变换得出里德・所罗门（Reed Solomon）码，得到一系列系数 K_i、K_j、K_m、…，再通过 Q=（K_i⊕数据块 1）⊕（K_j⊕数据块 2）⊕（K_m⊕数据块 3）⊕…求出。

在 RAID6 的实现中，用户数据和校验数据分布在同一分条的所有硬盘上。当两个硬盘同时失效时，即可通过求解两元方程来重建两个硬盘上的数据。图 2-14 展示了 5 个物理硬盘组成的 RAID6 原理图。

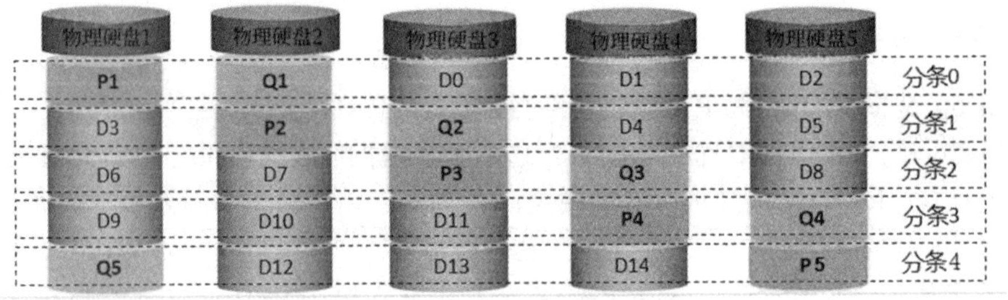

图 2-14　RAID6 等级原理图

图中，P1 是通过对 D0、D1、D2 所在的分条 0 进行异或操作获得的，P2 是通过对 D3、D4、D5 所在的分条 1 进行异或操作实现的，其他的分条依次类推。Q1 是对 D0、D1、D2 所在的分条 0 先进行 GF 变换再进行异或操作实现的，Q2 是对 D3、D4、D5 所在的分条 1 先进行 GF 变换再进行异或运算实现的，其他的分条也依次类推。

RAID6 具有快速的读取性能、更高的容错能力，不仅要支持数据的恢复，还要支持校验数据的恢复，因此实现代价很高，控制器的设计也比其他等级更复杂、更昂贵。因此，RAID6 很少得到实际应用，主要用于对数据可用性、可靠性等要求非常高的场合。它一般是替代 RAID10 方案的经济性选择。

除上述介绍的标准的 RAID0、RAID1、RAID3、RAID4、RAID5、RAID6 和混合的 RAID10/50 七种 RAID 级别外，还有 RAID2、RAID00、RAID01、RAID30、RAID60、RAID100 等业界认可的级别，与标准规范保持一致或兼容。除此之外，一些存储厂商还实现了非标准的 RAID 等级，如 Intel Matrix RAID、Linux MD RAID 10、IBM Server RAID 1E、RAID-K、RAID-Z 等。这些都属于相关公司私有的产品，应用于其自己的专用系统。

2.1.4 RAID 应用选择

RAID 的级别很多，各有特点和优势。在当前的信息技术实践中，广泛使用的 RAID 等级有 0、1、3、5、6 和 10 等（主流 RAID 等级的主要性能对比表如表 2-1 所示），想选择适合的 RAID，主要从数据可靠性、I/O 性能和成本三个方面综合权衡。通常情况下，如果不要求可靠性，一般选择 RAID0 以获得高性能。如果可靠性和性能是重要的，而成本就不是一个主要因素，则根据硬盘数量选择 RAID1。如果可靠性、成本和性能都同样重要，则根据一般的数据传输和硬盘数量选择 RAID3 或 RAID5。

表 2-1 主流 RAID 等级的主要性能对比表

RAID 等级	RAID0	RAID1	RAID3	RAID5	RAID6	RAID10
别名	条带	镜像	专用奇偶校验条带	分布奇偶校验条带	双重奇偶校验条带	镜像加条带
容错性	无	有	有	有	有	有
冗余类型	无	有	有	有	有	有
热备份选择	无	有	有	有	有	有
读性能	高	低	高	高	高	高
随机写性能	高	低	低	一般	低	一般
连续写性能	高	低	低	低	低	一般
需要硬盘数	$n\geqslant1$	$2n\ (n\geqslant1)$	$n\geqslant3$	$n\geqslant3$	$n\geqslant4$	$2n(n\geqslant2)\geqslant4$
可用容量	全部	50%	$(n-1)/n$	$(n-1)/n$	$(n-2)/n$	50%

需要指出的是，每一种 RAID 硬盘阵列都有它的优缺点，在具体的应用中，用户应当根据数据的应用特点和具体要求，综合考虑可靠性、成本和性能来选择合适的 RAID 等级。

随着存储技术的持续发展，RAID 在成本、性能、数据安全性等诸多方面都将优于其他存储技术。目前，大多数企业数据中心首选 RAID 作为存储系统。当前存储行业的知名存储厂商均提供全线的硬盘阵列产品，包括面向个人和中小企业的入门 RAID 产品，面向大中型企业的中高端 RAID 产品。这些存储企业包括了国内外的主流存储厂商，如华为、新华三、IBM、HP、NetApp 等。另外，这些厂商在提供存储硬件系统的同时，还往往提供非常全面的软件系统。

2.1.5 RAID 的优势

RAID 通过对硬盘上的数据进行条带化来实现对数据成块存取，减少硬盘的机械寻道时间，提高了数据存取速度。RAID 通过镜像存储或存储奇偶校验信息的方式，实现了对数据的冗余保护，大大提高了数据的容错能力。RAID 思想从提出后就广泛被业界所接纳，存储工业界投入了大量的时间及财力来研究和开发相关产品。而且，随着处理器、内存、计算机接口等的不断发展，RAID 也在不断地发展和革新，在计算机存储领域得到了广泛的应用，从高端系统逐渐延伸到普通的中低端系统。RAID 如此流行，是因为其具有显著的特征和优势，基本可以满足大部分的数据存储需求。总体说来，RAID 的主要优势有如下几点。

1. 大容量

这是 RAID 的一个显著优势，它扩大了硬盘的容量。由多个硬盘组成的 RAID 系统具有海量的存储空间，现在单个硬盘的容量就可以到 32TB 及以上，这样 RAID 的存储容量就可以达到 PB 级，大多数的存储需求都可以满足。一般来说，RAID 可用容量要小于所有成员硬盘的总容量。不同等级的 RAID 算法需要一定的冗余开销，具体容量开销与采用的算法相关。如果已知 RAID 算法和容量，就可以计算出 RAID 的可用容量。

2. 高性能

RAID 的高性能受益于数据条带化技术。单个硬盘的 I/O 性能受到接口、带宽等计算机技术的限制，性能往往很有限，容易成为系统性能的瓶颈。通过数据条带化，RAID 将数据 I/O 分散到各个成员硬盘上，从而获得与单个硬盘相比成倍增长的聚合 I/O 性能。

3. 可靠性

可用性和可靠性是 RAID 的另一个重要特征。从理论上讲，由多个硬盘组成的 RAID 系统在可靠性方面应该比单个硬盘要差。但这里有个隐含假定：单个硬盘故障将导致整个 RAID 不可用。RAID 采用镜像和数据校验等数据冗余技术，打破了这个假定。镜像是最为原始的冗余技术，是把某组硬盘驱动器上的数据完全复制到另一组硬盘驱动器上，保证总有数据副本可用。比起镜像 50%的冗余开销，数据校验要小很多，它利用校验冗余信息对数据进行校验和纠错。RAID 冗余技术大幅提升了数据可用性和可靠性，保证了在若干硬盘出错时，不会导致数据丢失，不影响系统的连续运行。

4. 可管理性

实际上，RAID 是一种虚拟化技术，它将多个物理硬盘驱动器虚拟成一个大容量的逻辑驱动器。对于外部主机系统来说，RAID 是一个单一的、快速可靠的大容量硬盘驱动器。这样，用户就可以在这个虚拟驱动器上来组织和存储应用系统数据。从用户应用角度看，可使存储系统简单易用，管理也很便利。由于 RAID 内部完成了大量的存储管理工作，所以管理员只需要管理单个虚拟驱动器，这样就可以节省大量的管理工作。RAID 可以动态增减硬盘驱动器，可自动进行数据校验和数据重建，这些都可以大大简化管理工作。

2.1.6 任务小结

本任务介绍 RAID 主要围绕 RAID 是什么、能干什么两个主题。首先介绍了 RAID 的概念和组成，回答了 RAID 是什么。然后针对能干什么，从 RAID 关键技术入手，说清楚技术内涵，以 7 种不同等级的 RAID 为例，详细介绍了技术的应用，给出了实际应用时 RAID 选择的策略。RAID 是一种历久弥新的技术，关键目标是提高数据可靠性和 I/O 性能，主要用在网络服务器、高性能桌面系统和工作站中，可以在部分硬盘（单块或多块）损坏的情况下，仍能保证系统不中断地连续运行。当然，RAID 对非硬盘故障造成的数据丢失无能为力，比如病毒、人为破坏、意外删除等情形。因此，数据备份、灾备等数据保护措施仍然是必要的。

任务 2　软 RAID 配置

教学目标

1. 理解软 RAID 的组成和特点。
2. 掌握软 RAID 的配置方法。

软 RAID 是利用计算机操作系统的 RAID 功能软件程序（或单独的软件程序）实现 RAID 功能的，其优点在于低成本、易于管理、易于扩展等；不足之处是需要占用 CPU 资源处理 RAID 管理功能。总体来讲，软 RAID 是一种灵活、低成本、易于管理和扩展的 RAID 实现方式，适合小型企业或家庭用户使用。但对于需要高性能和高稳定性的企业级应用，更适合使用硬 RAID。硬 RAID 从设计之初就考虑到了 RAID 的管理与性能，因此更为稳定和可靠。

2.2.1　配置准备工作

先在 Dell Latitute5310（Core(TM)i7CPU/16GB 内存/1T SSD）便携式计算机上安装虚拟机 VMware（VMware 官网下载虚拟机软件 VMware17.0 pro），然后在虚拟机上安装 Windows10×64（教育版）操作系统进行 RAID0、RAID1 两个级别的配置。

为了了解配置的虚拟硬盘性能，本任务采用第三方的计算机硬盘检测工具CrystalDiskMark 进行性能测试。该工具体积小，用户界面直观，易于操作，有助于我们了解虚拟硬盘的读写性能和稳定性。硬盘读写测试参数描述如表 2-2 所示。

表 2-2　硬盘读写测试参数描述

参 数 项	读　　写	位 深 大 小	线 程 数	队 列 数
SEQ1MIQ8T1	顺序	1024KB	1	8
SEQ1MIQ1T1	顺序	1024KB	1	1
RND4KIQ32T16	随机	1024×4KB	16	32
RND4KIQ1T1	随机	1024×4KB	1	1

2.2.2　配置过程

为了便于性能比较，本任务为 RAID0、RAID1 分别准备了两个虚拟磁盘，然后使用硬盘测试工具 CrystalDiskMark 进行读写性能测试比较。在没配置虚拟硬盘之前，我们对 C 盘进行了测试，具体数据如图 2-15 所示。

第一步，按照虚拟机 VMware 向导在主机上成功安装 Windows10×64 虚拟机（2G 内存/2 个处理器/60GB 硬盘 NVMe），如图 2-16 所示。该虚拟机的硬盘性能如图 2-17 所示。

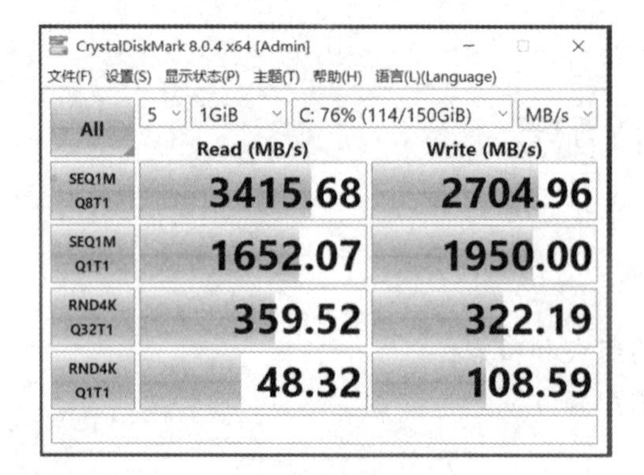

图 2-15　未配置虚拟硬盘前 C 盘的性能测试情况

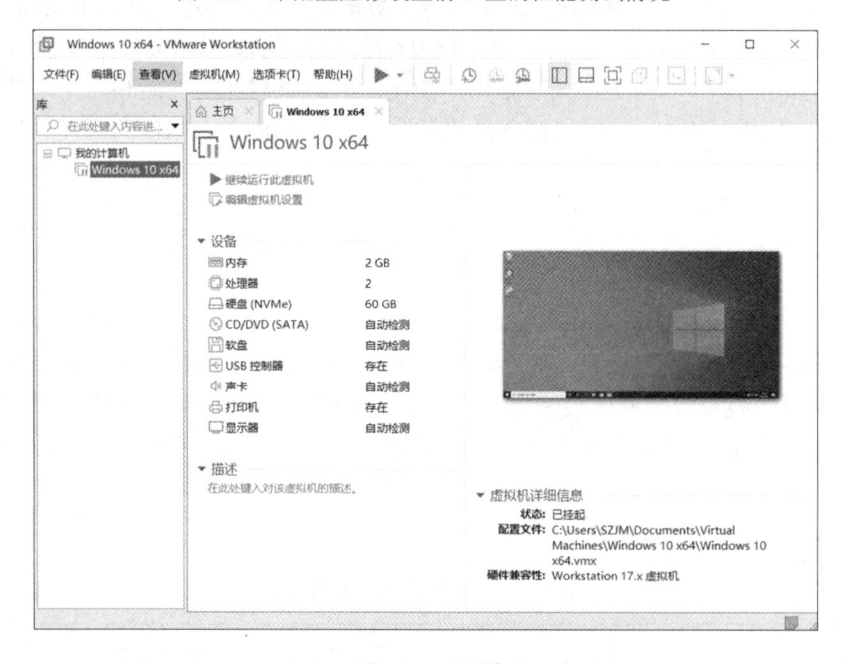

图 2-16　Windows10×64 虚拟机的基本情况

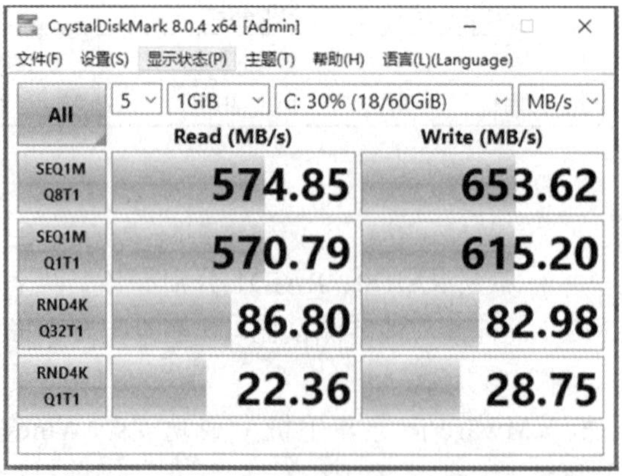

CrystalDiskMark 8.0.4 x64 [Admin]

文件(F) 设置(S) 显示状态(P) 主题(T) 帮助(H) 语言(L)(Language)

All (5, 1GiB, C: 30% (18/60GiB), MB/s)	Read (MB/s)	Write (MB/s)
SEQ1M Q8T1	574.85	653.62
SEQ1M Q1T1	570.79	615.20
RND4K Q32T1	86.80	82.98
RND4K Q1T1	22.36	28.75

图 2-17　Windows10×64 虚拟机的硬盘性能情况

第二步，创建虚拟硬盘。单击图 2-16 中的“硬盘（NVMe）”，出现“虚拟机设置”对话框；虚拟硬盘未创建时虚拟机的情况如图 2-18 所示。单击下部的“添加”按钮后屏幕显示“添加硬件向导”，根据向导提示依次完成下述操作：

① 选择要安装的硬件，单击“硬盘”；

② 选择硬盘类型，确定创建何种虚拟硬盘，选择“NVMe（V）”后，单击“下一步”按钮；

③ 选择硬盘，确定要使用哪个硬盘，选择“创建新虚拟硬盘（V）”后，单击“下一步”按钮；

④ 指定硬盘容量，明确硬盘大小，在“最大硬盘大小（GB）（S）”中输入 6GB，接着选择“将虚拟硬盘存储为单个文件（O）”，单击“下一步”按钮；

⑤ 指定硬盘文件，确定在何处存储硬盘文件，在对话框中选择“Windows 10×64-i.vmdk”文件，单击“完成”按钮。

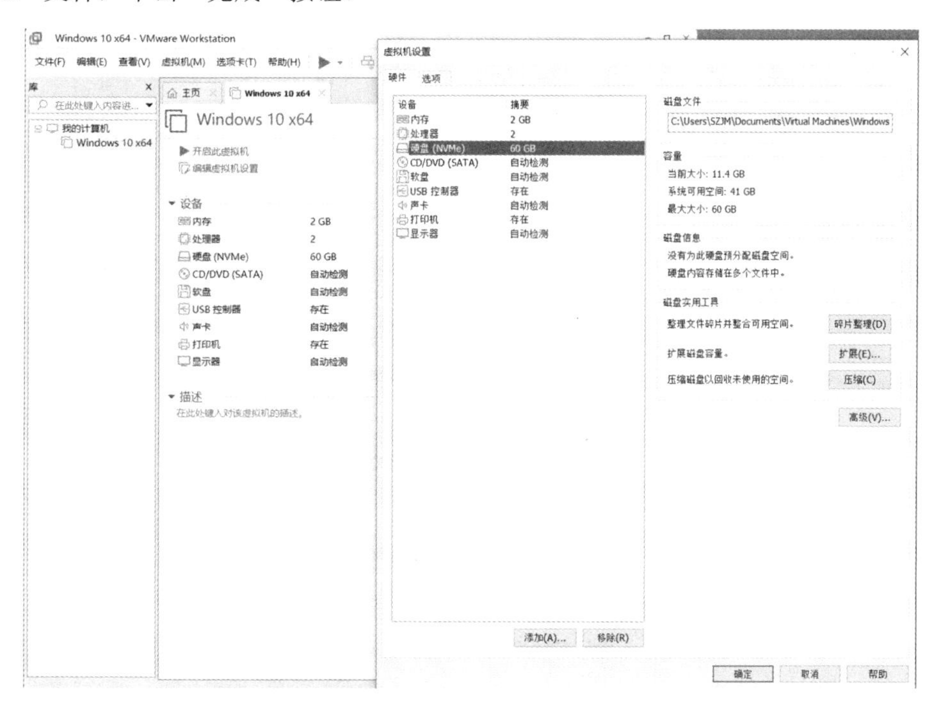

图 2-18　Windows10×64 虚拟机未创建时虚拟硬盘的情况

重复上述的步骤 4 次，完成 4 个虚拟硬盘的创建，其中“Windows 10×64-i.vmdk”中的“i”每次依次取值为 0、1、2、3。创建后的情况如图 2-19 所示。

第三步，初始化创建的虚拟硬盘。启动虚拟机，进入“计算机管理”对话框，单击“存储”按钮，继续单击二级按钮“硬盘管理”，系统显示该虚拟机的硬盘情况，如图 2-20 所示。图 2-20 中显示了“磁盘 0”（虚拟 C 盘，60GB）和我们创建的还没有初始化的虚拟硬盘 1～4（每个 6.00GB）。右击任何一个虚拟硬盘，在弹出的快捷菜单中选择“初始化硬盘”，选中 4 个虚拟硬盘和“GPT（GUID 分区表）(G)”分区形式，再单击“确定”按钮，系统自动完成对 4 个虚拟硬盘的初始化。

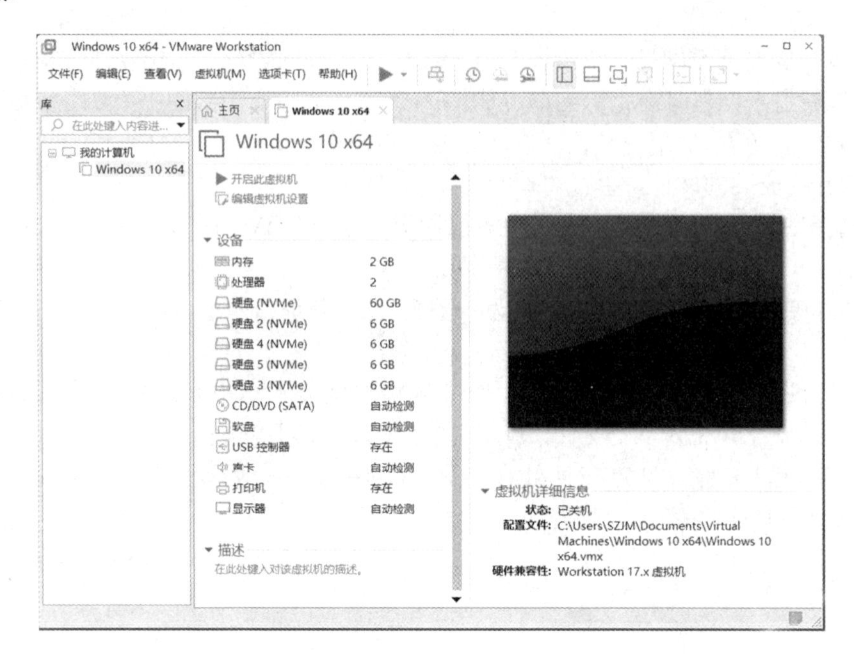

图 2-19　Windows10×64 虚拟机创建 4 个虚拟硬盘后的情况

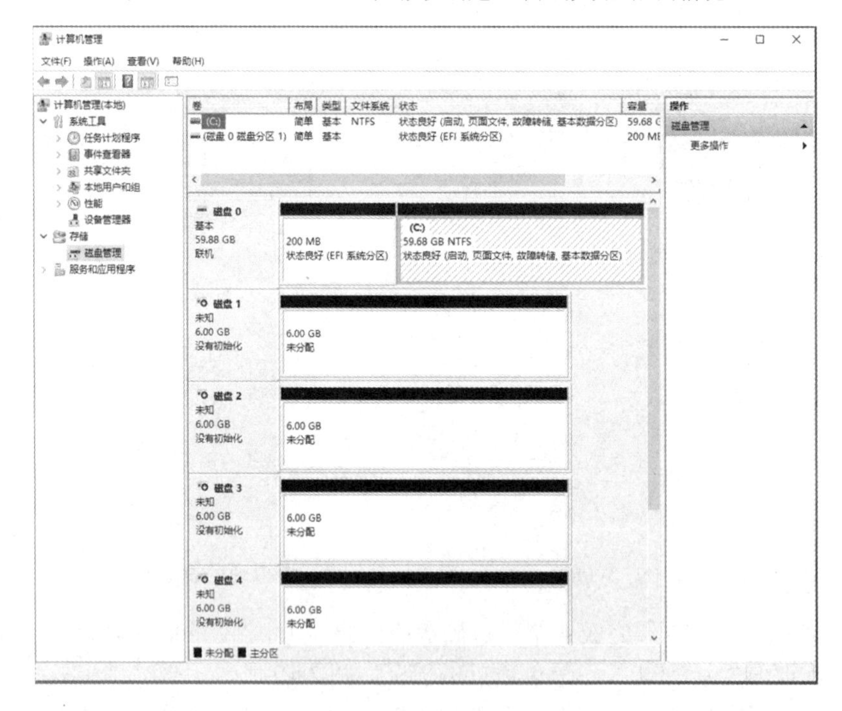

图 2-20　虚拟机的硬盘情况

第四步，创建 RAID0。右击“磁盘 1”按钮，在弹出的快捷菜单中选择“新建带区卷”，进入“新建带区卷向导”，然后根据向导依次完成下述操作：

① 选择带区卷成员硬盘。进入图 2-21 所示的带区卷成员硬盘选择界面，选择加入带区卷的硬盘。系统默认“磁盘 1”已经选中，我们继续选择“磁盘 2”，单击“添加（A）”

按钮后“磁盘 2”成为新带区卷的成员，单击“下一步”按钮。

② 分配驱动器号和路径。选择系统默认的一个驱动器号“E”，单击“下一步”按钮。

③ 卷区格式化。选择“按下列设置格式化这个卷（D）”，文件系统和分配单元大小的值都设为默认值，“卷标（V）”设置为“RAID0”，选中“执行快速格式化”，然后单击“下一步”按钮。屏幕显示新建带区卷向导的设置汇总（见图 2-22），单击“完成”按钮。

图 2-21　带区卷成员硬盘选择界面

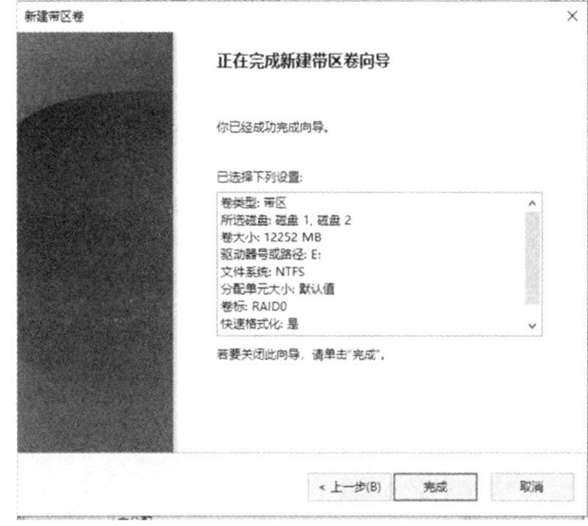

图 2-22　新建带区卷的设置汇总

④ 两个虚拟硬盘被格式化后形成一个带区卷 RAID0 如图 2-23 所示，“磁盘 1”和“磁盘 2”被格式化后形成一个带区卷 RAID0，虚拟盘符是“E:”，总容量为 12GB。

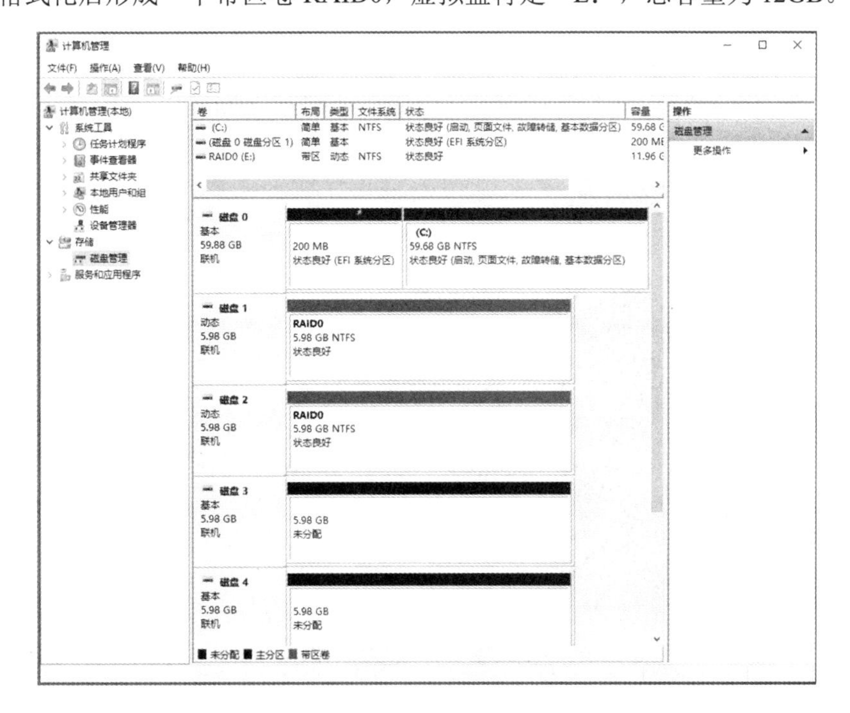

图 2-23　两个虚拟硬盘被格式化后形成一个带区卷 RAID0

第五步，创建 RAID1。右击“磁盘 3”按钮，选择“新建镜像卷”，进入“新建镜像卷向导”，然后根据向导依次完成下述操作：

① 选择镜像卷硬盘。进入图 2-24 所示的镜像卷成员硬盘选择界面，选择加入带区卷的硬盘。系统默认“磁盘 3”已经选中，我们继续选择“磁盘 4”，先单击“添加（A）”按钮使“磁盘 4”成为新带区卷的成员，然后单击“下一步”按钮。

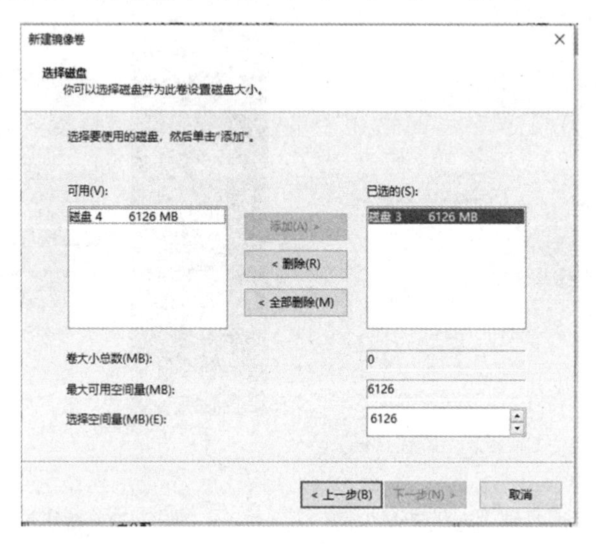

图 2-24　镜像卷成员硬盘选择界面

② 分配驱动器号和路径。选择系统默认的一个驱动器号“F”，单击“下一步”按钮。

③ 卷区格式化。选择“按下列设置格式化这个卷（D）”，文件系统和分配单元大小的值都设为默认值，将卷标设置为“RAID1”，选中“执行快速格式化”并单击“下一步”按钮。屏幕显示新建镜像卷向导的设置汇总（见图 2-25），单击“完成”按钮。

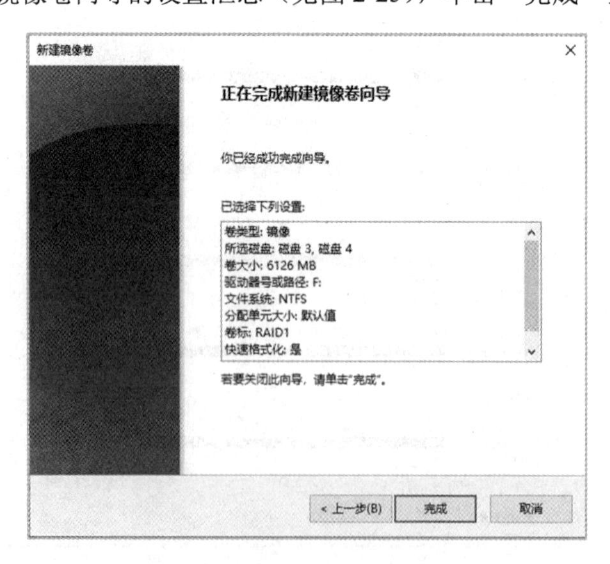

图 2-25　新建镜像卷向导的设置汇总

④ “磁盘 3”和“磁盘 4”被格式化后形成一个镜像卷 RAID1，虚拟盘符是“F:”。两个虚拟硬盘被格式化后形成一个镜像卷 RAID1，如图 2-26 所示。

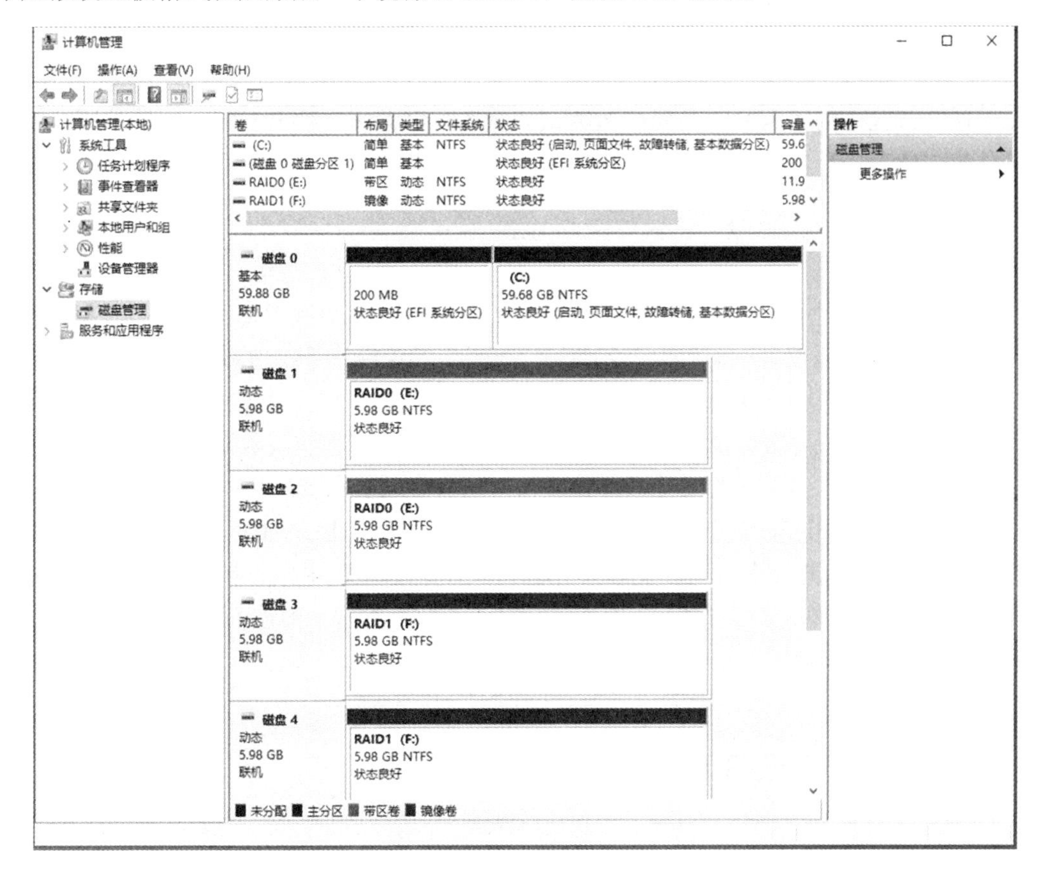

图 2-26 两个虚拟硬盘被格式化后形成一个镜像卷 RAID1

第六步，性能测试。使用 CrystalDiskMark 对 RAID0 和 RAID1 进行测试。RAID0 和 RAID1 的性能测试结果分别如图 2-27 与图 2-28 所示。

CrystalDiskMark 8.0.4 x64 [Admin]
文件(F) 设置(S) 显示状态(P) 主题(T) 帮助(H) 语言(L)(Language)

All	5 / 1GiB / E: 0% (0/12GiB) Read (MB/s)	MB/s Write (MB/s)
SEQ1M Q8T1	343.00	338.70
SEQ1M Q1T1	335.73	330.31
RND4K Q32T1	40.44	46.56
RND4K Q1T1	5.77	6.28

图 2-27 RAID0 的性能测试结果

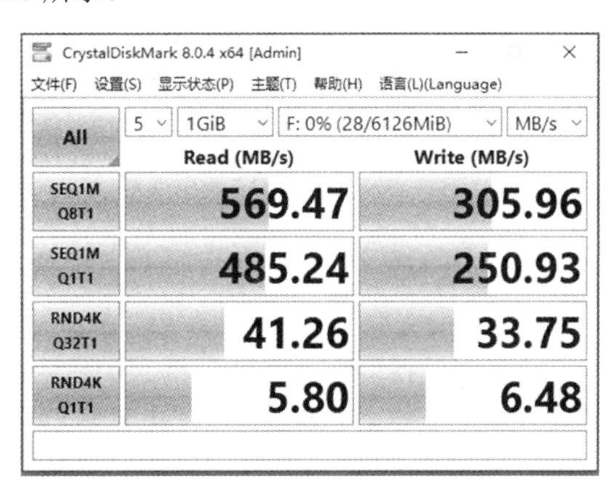

图 2-28 RAID1 的性能测试结果

前面我们使用 Windows 10 操作系统虚拟机配置了软 RAID0 和软 RAID1，并对配置成功的软 RAID0 和软 RAID1 进行性能测试。由于虚拟机与操作系统都安装在便携式计算机的 C 盘，虚拟硬盘文件位置、类型和读写顺序等直接影响了软 RAID0 和软 RAID1 的读/写性能，导致软 RAID0 和软 RAID1 的表现不理想。但本任务的价值在于介绍和训练软 RAID 如何配置、配置好的软 RAID 性能如何测试。读者可以尝试将软 RAID 的配置位置与操作系统所在的硬盘分开，并对读写性能进行测试和比较。

2.2.3 任务小结

软 RAID 使用主机操作系统实现，依赖计算机 CPU 的能力和 RAID 算法，以系统性能些许降低为代价实现数据冗余。本任务使用 Windows 10 操作系统虚拟机，实现了 RAID0 和 RAID1 两种等级软 RAID 的配置。软 RAID 易于管理和维护，可以在不同的硬件平台上使用。在更换硬盘或升级存储容量时，软 RAID 可以更方便地实现数据迁移和重新构建阵列。其不足之处在于对不同的硬件平台和操作系统兼容性要求较高，Windows 10 的“硬盘管理器”不能做 RAID5，只有 Windows Server 的各版本才支持 RAID5 等级的虚拟硬盘。

尽管软 RAID0 是一种非常有效的 RAID 解决方案，但其写入性能却比硬 RAID0 差很多。这是由于软 RAID0 需要 CPU 在处理数据时进行额外计算，而硬 RAID0 则可以直接通过 I/O 控制器来操作数据。

任务 3　主机 BIOS RAID 配置

教学目标

1. 理解 BIOS RAID 的组成和特点。
2. 掌握 BIOS RAID 的配置方法。

基本输入输出系统（Basic I/O System，BIOS RAID），又称准硬 RAID，是软 RAID 的一种形式。它的 RAID 配置管理部分或全部由存储控制器来完成，但它又不是真正意义上的硬 RAID，其主板芯片集成了 RAID 功能。为了使 BIOS RAID 能够正常工作，需要在操作系统中安装一个驱动程序才能使其正常工作。

2.3.1 配置准备工作

本系统选择华硕（ASUS）ROG STRIX Z790-A GAMING 主板（型号：Z790-A 吹雪 D5），这个主板上板载 4 个 M.2 接口，其中 M.2_1 为 CPU 通道支持，其他 3 个均为 Z790 芯片组支持。我们在这个主板上安装三条 256GB 的 M.2 NVMe SSD，其中一个安装到 M.2_1 上，另外两个安装到 M.2_3 和 M.2_4 位置上（见图 2-29）。

图 2-29　华硕 Z790-A 吹雪 D5 主板和三条 NVMe SSD 分布图

2.3.2　配置过程

第一步，开机进入 BIOS。安装好三个 SSD 后，开机，进入 BIOS 的简易模式，在此模式下，系统给出了 BIOS 版本信息、CPU 和内存信息，以及三个 M.2 硬盘的信息，如图 2-30 所示。

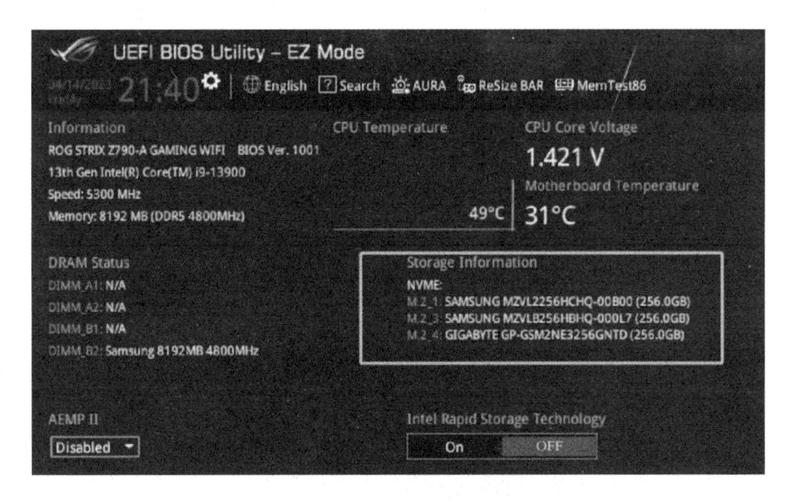

图 2-30　开机进入 BIOS 界面

第二步，兼容性支持模块（Compatibility Support Module，CSM）设置。按 F7 键进入高级模式，到 Boot 菜单下的 CSM 设置里，如果用户使用的是独显，则 Launch CSM 是可以设置的；反之 Launch CSM 是关闭的且呈灰色不可设置。默认情况下 Launch CSM 是关闭的，我们可以采用默认的设置（见图 2-31）。如果必须要开启 Launch CSM，可以把图中的“Boot from Storage Devices”设置为“UEFI only”（见图 2-32）（UEFI 为 Unified Extensible Firmware Interface 的缩写，即统一的可扩展固件接口）。

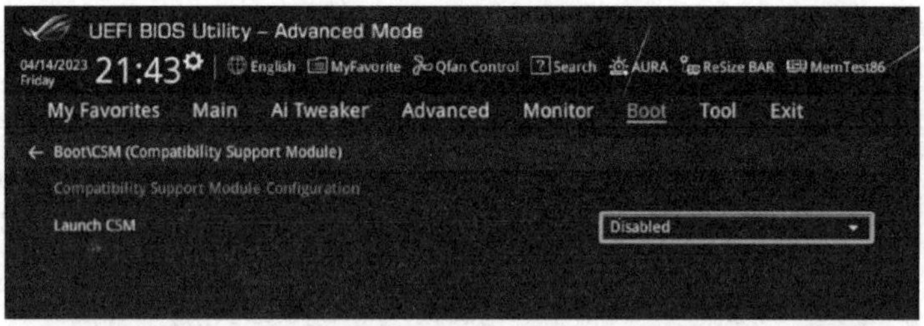

图 2-31　兼容性模块（CSM）设置界面图 1

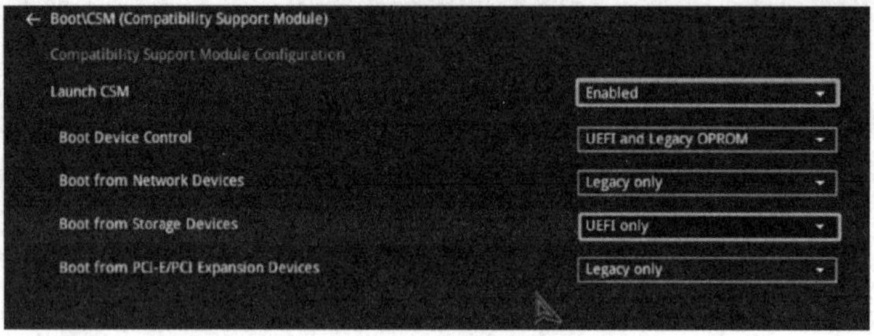

图 2-32　兼容性模块（CSM）设置界面图 2

第三步，系统代理（SA）配置。首先，返回到 BIOS 菜单（见图 2-33），选择“Advanced”后按 Enter 键，选中“System Agent (SA) Configuration”次级菜单选项后按 Enter 键。然后，单击“VMD setup menu”（见图 2-34）；在下一级菜单选项中选择“Map PCIE Storage under VMD”（见图 2-35），将默认的“Enabled”更改为“启用 PCIE/NVME 硬盘”。

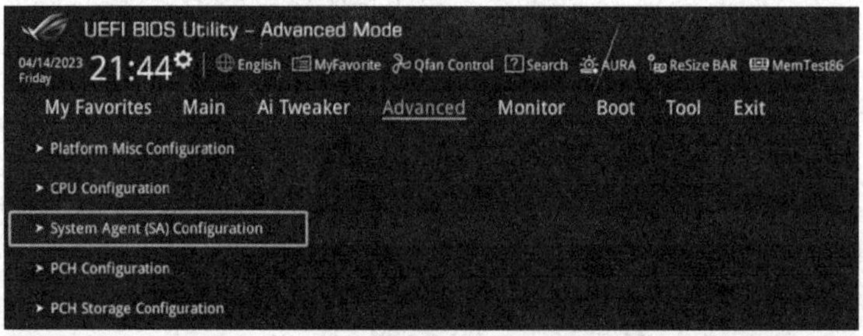

图 2-33　系统代理（SA）配置界面 1

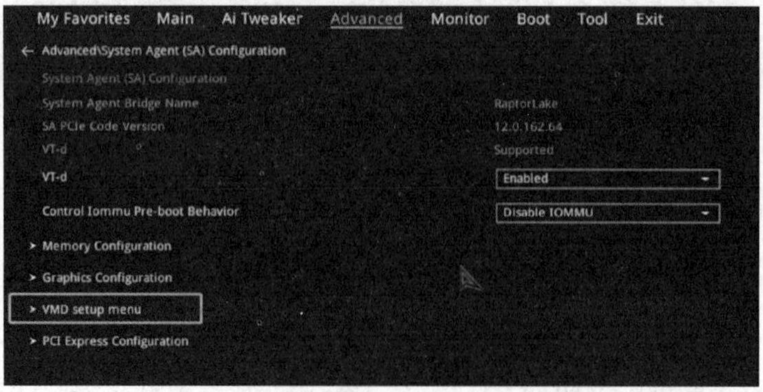

图 2-34　系统代理（SA）配置界面 2

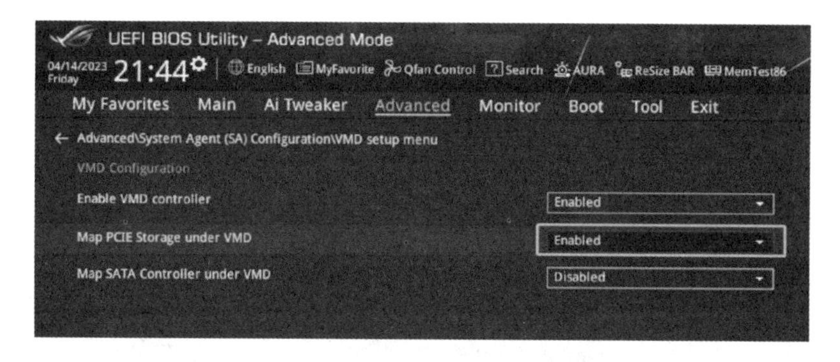

图 2-35　系统代理（SA）配置界面 3

第四步，BIOS 重启。按 F10 键保存上面的设置并退出。重启计算机，再进入 BIOS 设置，在 BIOS 高级模式下的 Advanced 菜单最底下，可以看到 RAID 的设置入口“Intel（R）Rapid Storage Technology”（见图 2-36），选中后按 Enter 键。

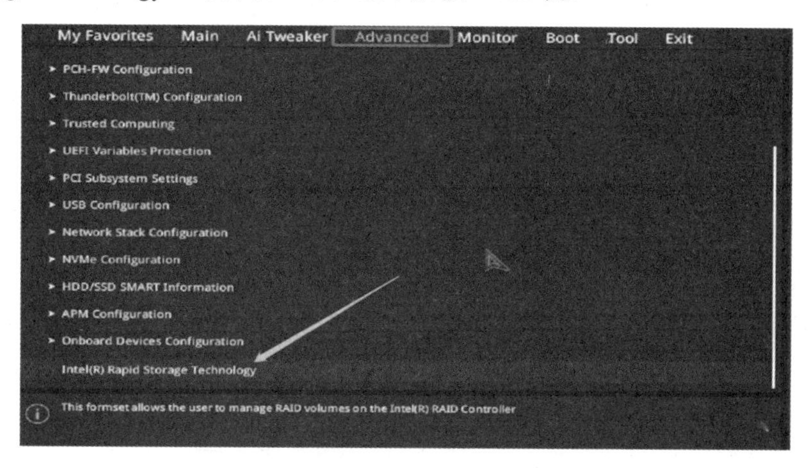

图 2-36　RAID 的设置入口

第五步，进入创建的 RAID。进入 RAID 设置界面，系统提示在 3 个 PCIe 总线上有三块没有配置 RAID 的固态硬盘（见图 2-36）。选中“Create RAID Volume”后按 Enter 键，开始创建 RAID（见图 2-37）。

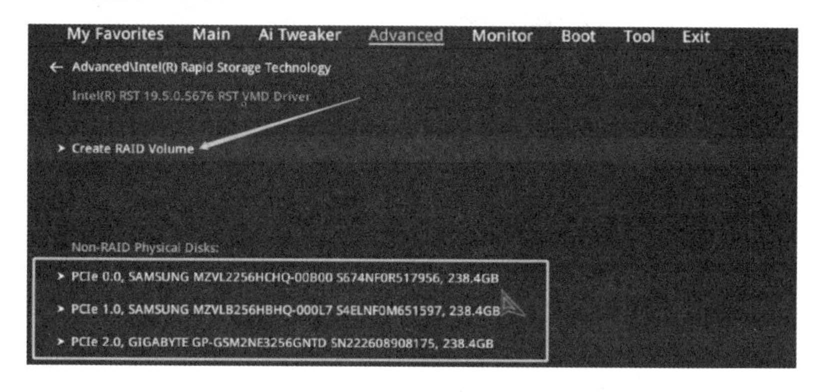

图 2-37　RAID 配置入口

第六步，配置 RAID。由于安装了三块固态硬盘，所以支持创建 RAID0、RAID1、RAID5 多种模式，这里我们选择创建一个新的 RAID：名称为 Volume1，级别为 RAID5（见图 2-38）。继续将三个硬盘都选择上，单击“Create Volume”就完成了新建 RAID5 的配置（见图 2-39）。建立后系统显示 RAID5 的状态正常，容量为 476.9GB（见图 2-40）。

图 2-38　新建 RAID5 的配置内容细节 1

图 2-39　新建 RAID5 的配置内容细节 2

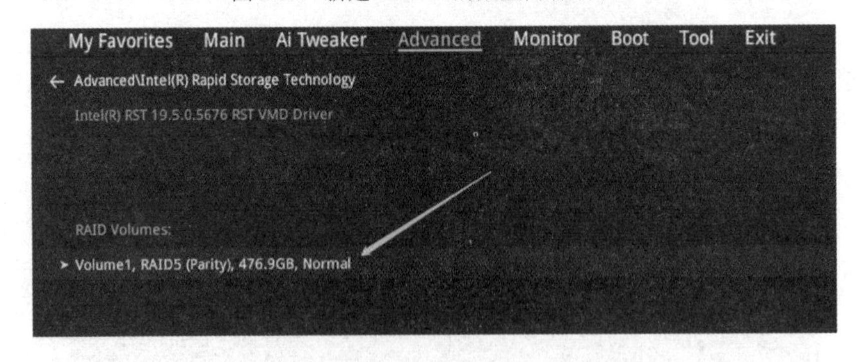

图 2-40　新建 RAID5 的配置汇总信息

第七步，RAID 驱动安装。在华硕官网下载页面中下载该主板的 RAID 驱动，解压缩后，我们将解压缩后的目录下的 Driver 目录整个复制到 Windows 的安装 U 盘上（见图 2-41）。

第八步，选择操作系统安装模式。将有 RAID 驱动的 Windows 安装 U 盘插入主板的 USB 接口，通电开机并按 F8 键调出启动菜单，选择 UEFI 开头的 U 盘设备来启动 UEFI 方式的 Windows10 的安装模式（见图 2-42）。

Intel_Rapid_Storage_Technology_Driver_Software_V19.5.0.1037_for_Windows_11_64-bit

名称	修改日期	类型	大小
Driver	2023/4/17 15:00	文件夹	
HSA	2023/4/17 15:00	文件夹	
Install	2023/4/17 15:00	文件夹	
V19.5.0.1037_20220818.md5	2022/8/18 9:43	MD5 文件	5 KB

图 2-41　把 RAID 驱动解压缩并复制到安装 U 盘上

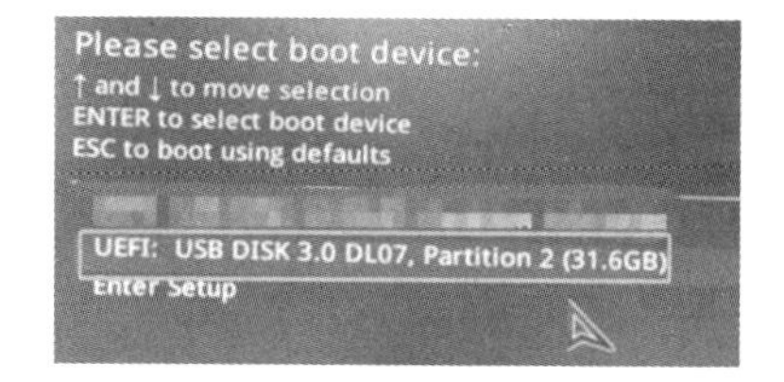

图 2-42　选择操作系统安装模式

第九步，加载 U 盘驱动程序。安装启动后，进入选择硬盘分区继续安装的阶段，这里没有检测到硬盘设备，用户先单击“加载驱动程序（L）”（见图 2-43），单击“下一步”按钮。系统将打开“浏览文件夹”对话框，用户用鼠标定位到 Driver 目录下的 64-bit 目录，单击“确定”按钮后，安装程序将自动识别到 RAID 驱动程序（见图 2-44）。再单击“下一步”按钮系统将加载驱动程序，加载完成后就识别到了前面创建的 RAID5（见图 2-45）。

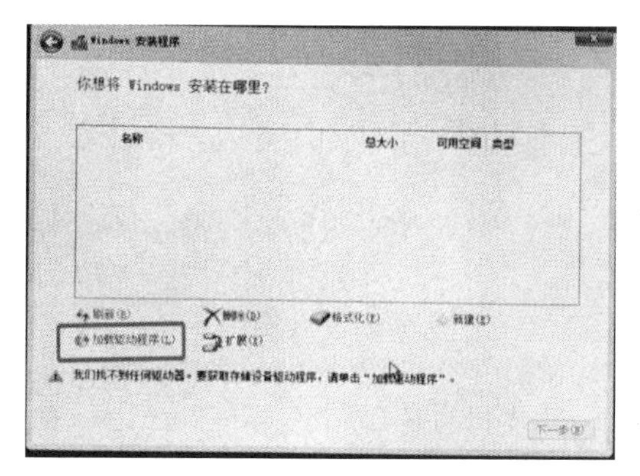

图 2-43　加载 U 盘驱动程序

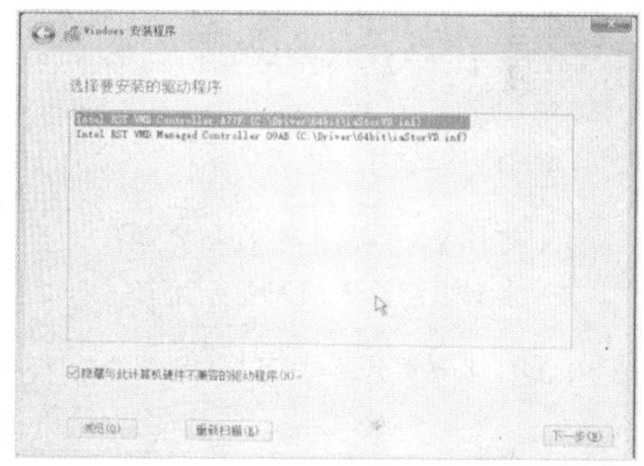

图 2-44　安装程序自动识别到 RAID 驱动程序

第十步，给创建的虚盘分区并安装操作系统。通过单击图 2-45 中的“新建”选项对虚拟硬盘进行分区，其中一个 200GB 的分区用于安装操作系统（见图 2-46）。选中该分区安装 Windows10 操作系统，然后根据提示一步步操作，直到安装结束。

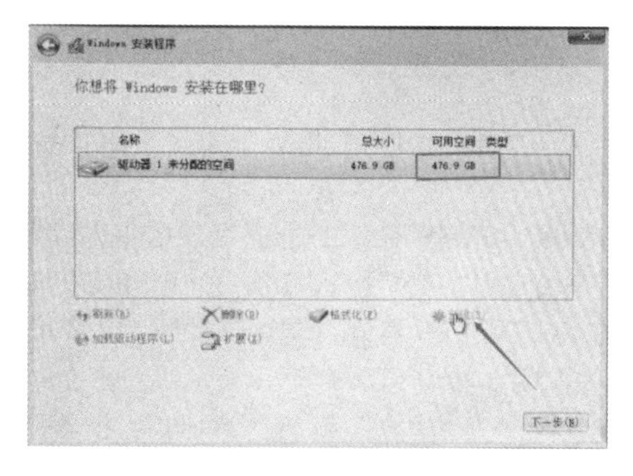

图 2-45　驱动程序加载完成后识别到创建的虚拟硬盘

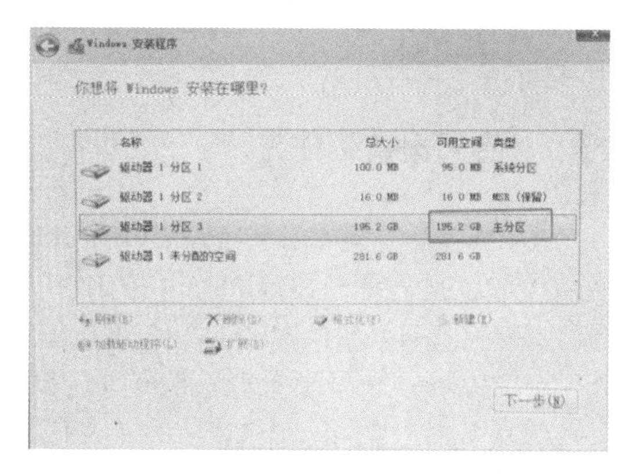

图 2-46　虚拟硬盘（RAID5）分区情况

至此，在华硕 Z790-A 吹雪 D5 主板上创建 M.2 NVME RAID5 的过程就介绍完毕，需要注意的是，主板上有多个 M.2 SSD 位置，配置 RAID 并不限制安装位置，也不限制固态硬盘的厂牌和型号，只要是标准的 M.2 NVME SSD 就可以。安装 Windows10 操作系统的时候，安装中途都需要添加 RAID 驱动来识别所创建的 RAID 卷，否则没办法成功完成安装。

2.3.3 任务小结

本任务选择主流的华硕 Z790-A 吹雪 D5 主板，通过 BIOS 软件配置 RAID5 虚拟硬盘，操作简单易上手。但 BIOS RAID 局限于连接到提供 BIOS RAID 功能存储控制器的存储设备，这些存储设备不需要是同规格的存储控制器，却需要专用驱动才能正常工作。在 BIOS RAID 中存储的数据可以很容易在 Linux+Windows 双系统环境中被 Windows 系统访问到。

任务 4 RAID 卡配置

教学目标

1. 理解 RAID 卡的组成和特点。
2. 掌握 RAID 卡的配置方法。

RAID 卡就是用来实现 RAID 功能的板卡，通常是由 I/O 处理器、硬盘控制器、硬盘连接器和缓存等一系列零组件构成的。不同的 RAID 卡支持的 RAID 功能不同。RAID 卡的第一个功能是连接多个物理硬盘，这些物理硬盘可以同时读写数据，因此使用 RAID 可以得到单个硬盘驱动器几倍、几十倍甚至上百倍的速率。第二个重要功能就是其可以提供容错功能。RAID 卡支持的硬盘接口主要有 SCSI 接口、SATA 接口和 SAS 接口。

缓存是 RAID 卡与外部总线交换数据的场所，RAID 卡先将数据传送到缓存，再由缓存和外部数据总线交换数据。缓存的大小与读写速度是直接关系到 RAID 卡的实际传输速度的重要因素。不同的 RAID 卡出厂时配备的内存容量不同，一般为几兆到数百兆容量。

2.4.1 配置准备工作

RAID 卡配置采用新华三（H3C）UniServer-R4900-G3-8SFF-C 2U 服务器（见图 2-47），配置 1 颗至强金牌 5218RCPU、4 条 32G 内存、5 块 2.4T SAS 硬盘、2 个 800W 电源。安装了新华三 UN-RAID-P460-M2 阵列卡（见图 2-48，带 2GB 缓存，支持 8 个 SAS 口）。R4900-G3 服务器前面板硬盘情况和硬盘参数信息如图 2-49 所示。

该服务器主要用于记录校园的各类应用日志，时间为 180 天，配置的目标是：把 5 个 2.4TB 的物理硬盘做成一个 RAID5 虚拟硬盘。

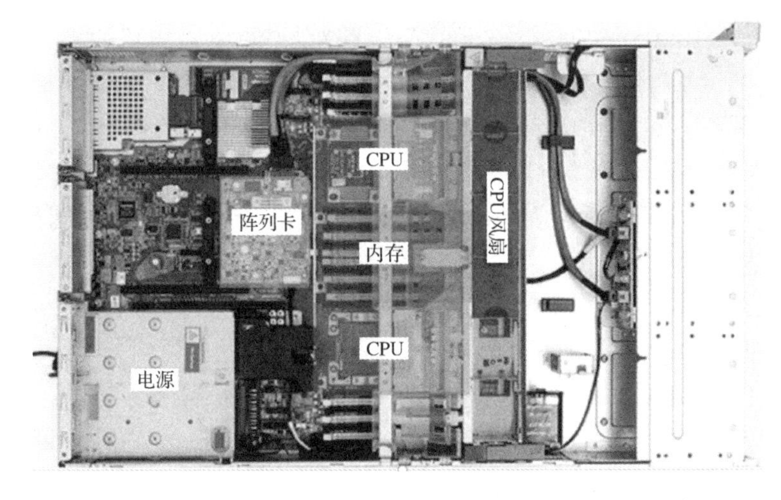

图 2-47　新华三（H3C）UniServer-R4900-G3-8SFF-C 2U 服务器

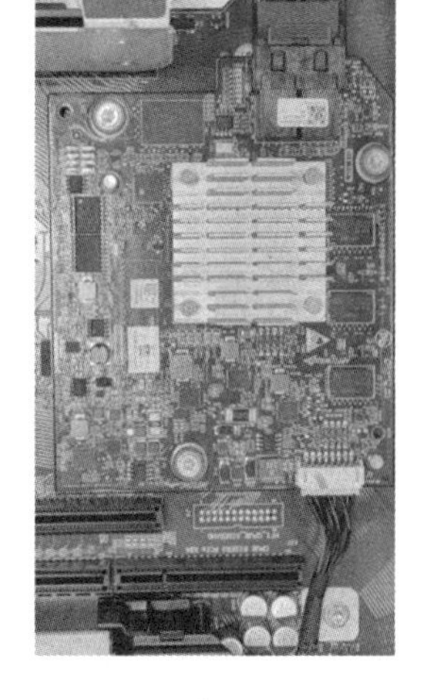

图 2-48　新华三 UN-RAID-P460-M2 阵列卡

图 2-49　R4900-G3 服务器前面板硬盘情况和硬盘参数信息

2.4.2　配置过程

RAID 卡配置主要通过与此卡配套的驱动程序工具来进行，RAID5 的配置过程如下。

第一步，开机。将计算机连接到 R4900-G3 服务器，打开电源，给服务器上电、启动（见图 2-50），按 Esc 键或 Delete 键进入 BIOS 页面（见图 2-51）。

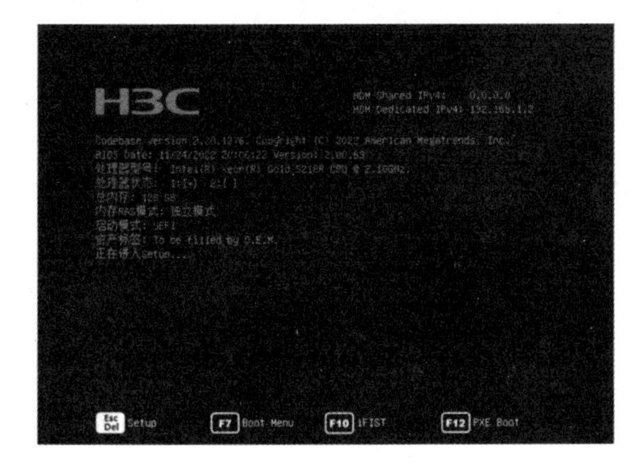

图 2-50　服务器启动画面

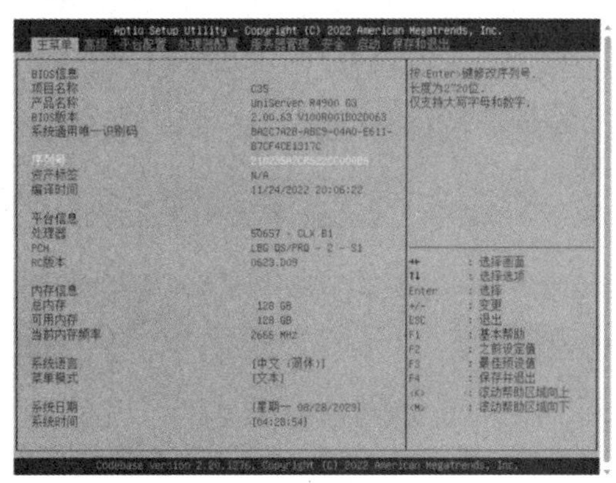

图 2-51　服务器 BIOS 设置界面

第二步，修改系统语言。将图 2-51 中的“系统语言”设置为“中文（简体）”。

第三步，设置启动模式。先选择服务器的“启动”菜单，进入启动设置，将“选择启动模式”设置为“LEGACY”传统模式（见图 2-52），然后选择“保存和退出”选项卡，单击“保存更改并退出”选项（见图 2-53），确认后重启服务器。

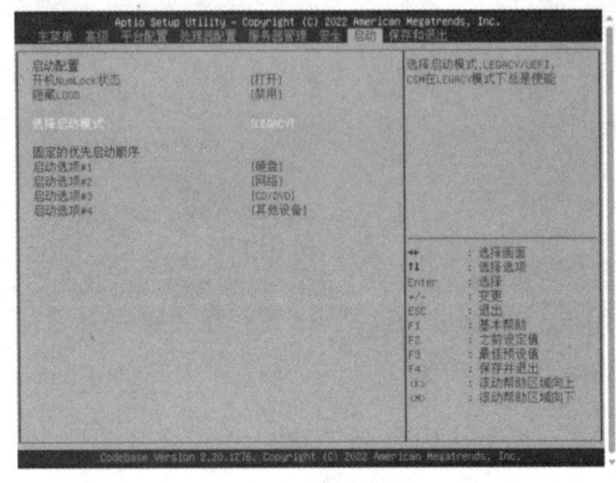

图 2-52 服务器启动模式设置界面

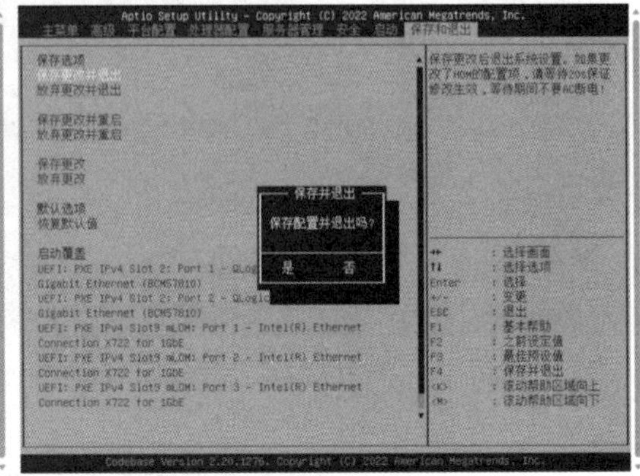

图 2-53 服务器启动模式保存界面

第四步，进入 RAID 卡配置。服务器重启进行开机自检，进入 RAID 卡自检过程，此时显示器上会出现 RAID 卡的插槽、总线地址、设备序号和功能等信息，当出现“◀◀◀Press <Ctrl>< A> for Adaptec SAS/SATA Configuration Utility！▶▶▶”提示时，用户按 Ctrl + A 组合键进入 RAID 卡配置界面（见图 2-54）。图 2-54 显示，系统没有检测到已经配置的虚拟硬盘。

第五步，RAID 卡设置。进入 RAID 卡界面，选择“Configure Controller Settings”（见图 2-55）后，进入图 2-56 所示的界面，选择“Configure Controller Port Mode”配置端口模式后进入图 2-57 所示的端口配置界面，两个端口都选择“RAID”模式，按 Esc 键退出（见图 2-58）。

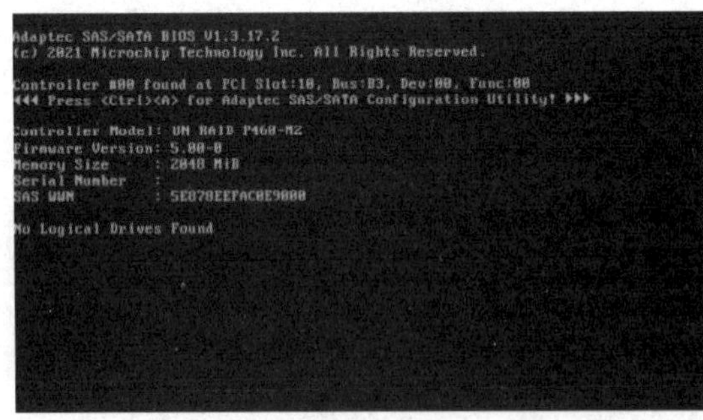

图 2-54 服务器启动进入 RAID 卡配置界面

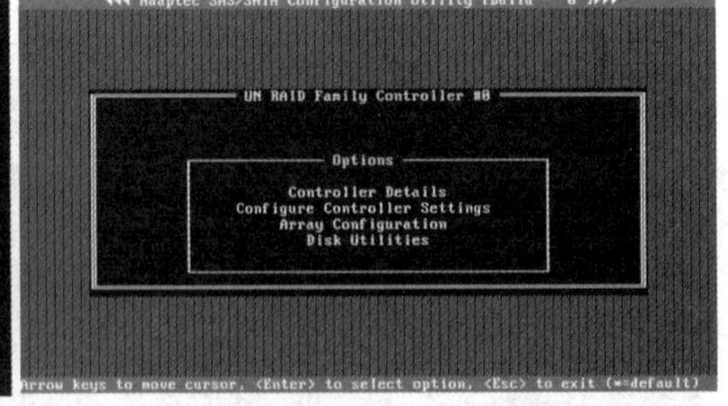

图 2-55 RAID 卡配置起始界面

第六步，RAID 阵列配置。在对 RAID 卡的端口 CN0 进行模式配置结束后，系统返回到图 2-56 所示的界面，再选择“Configure Controller Port Mode”配置端口模式，进入阵列配置界面。选择“Array Configuration”（见图 2-59）后进入图 2-60 所示的阵列配置界面。选择“Create Array”后，进入图 2-61 所示的选择创建阵列的硬盘界面。根据要求，安装的五块硬盘全部用于配置一个 RAID5，所以连在 CN0 和 CN1 端口的五块硬盘全部被选中（见图 2-62）用于创建阵列。

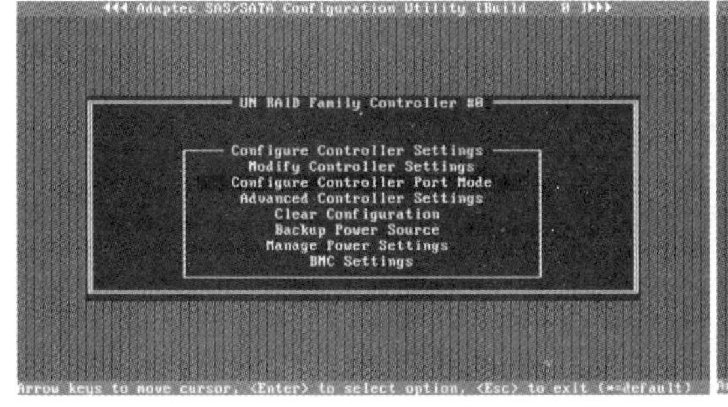

图 2-56 RAID 卡端口模式配置界面

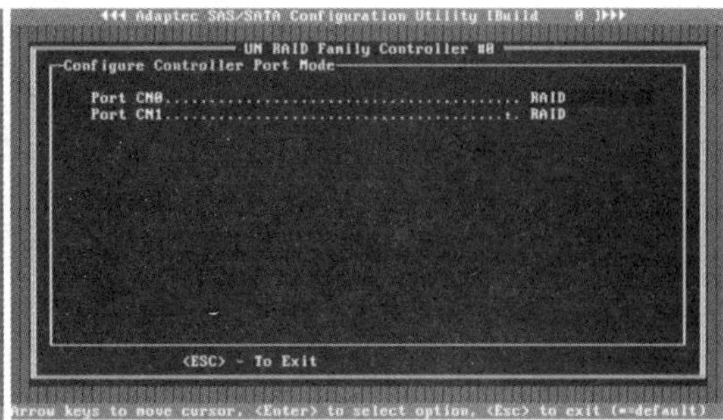

图 2-57 RAID 卡端口 CN0 配置界面 1

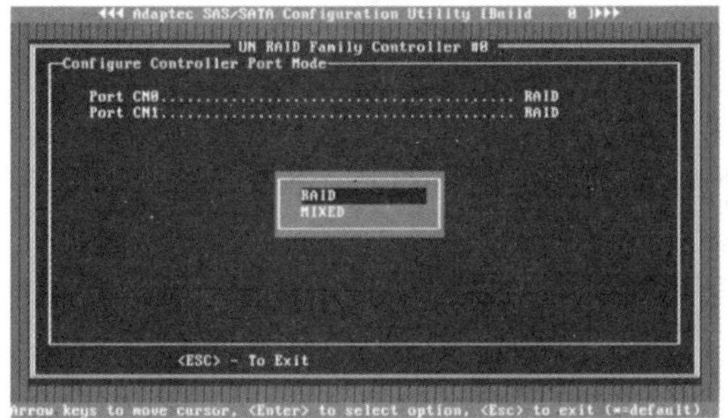

图 2-58 RAID 卡端口 CN0 配置界面 2

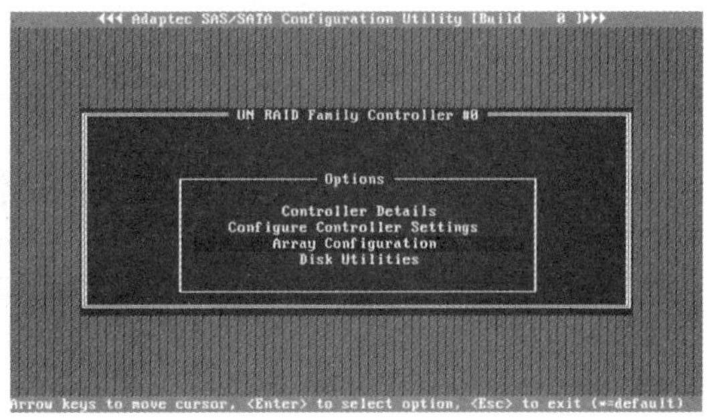

图 2-59 进入 RAID 阵列配置界面

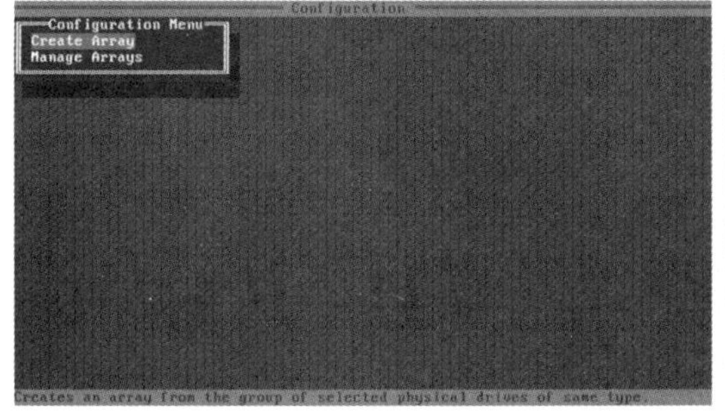

图 2-60 阵列配置界面

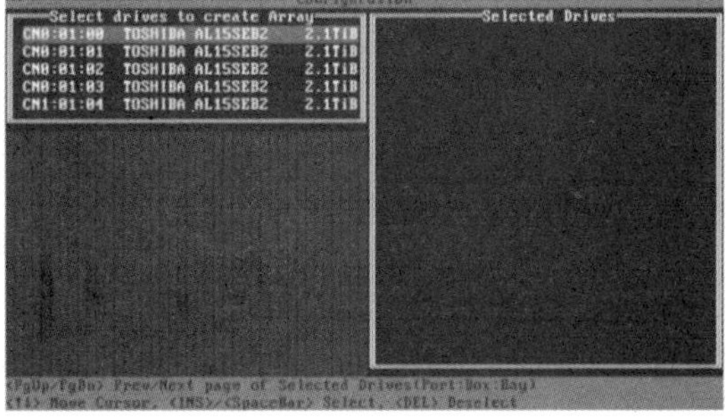

图 2-61 选择创建阵列的硬盘界面

第七步，输入新阵列的参数。在图 2-63 所示的阵列级别（RAID Level）后输入 RAID5，在逻辑驱动器名称（Logical Drive Name）后输入 H3C，条带尺寸大小和新阵列大小都可以根据需要进行选择，这里全部默认系统给出的信息。然后，单击“Done”按钮，系统自动开始创建 RAID5 阵列，直到系统给出创建成功信息。退出阵列卡配置软件，重启系统。

第八步，查看虚拟硬盘 RAID5 创建情况信息。系统重启后，将给出 RAID5 创建情况系统检测信息（见图 2-64），与图 2-54 相比，此处显示一个 8.73TB 的 RAID5 被成功创建，用户可以接入网络用于生产了。

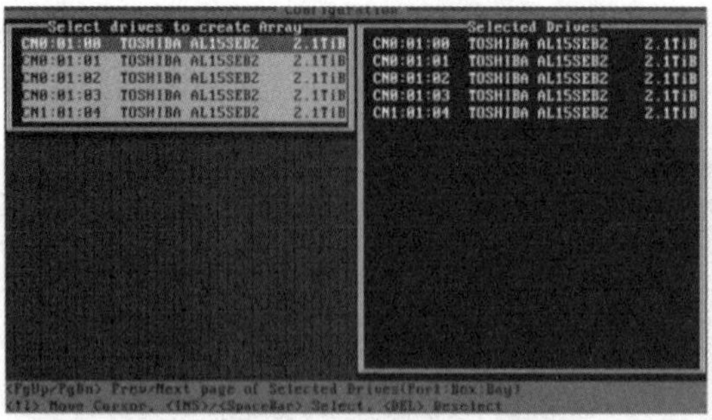

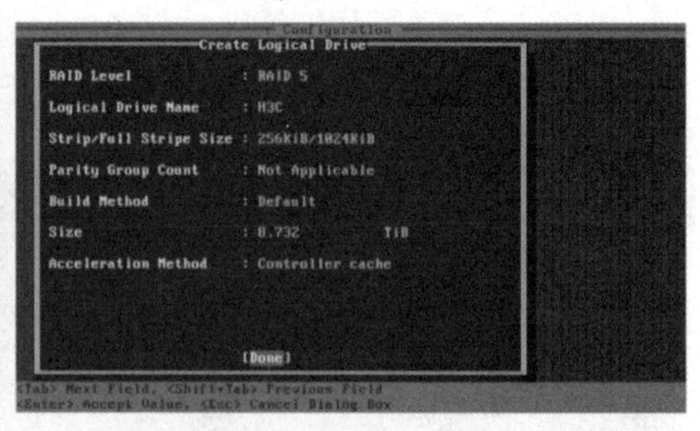

图 2-62　选择五块硬盘创建阵列

图 2-63　输入新阵列的参数界面

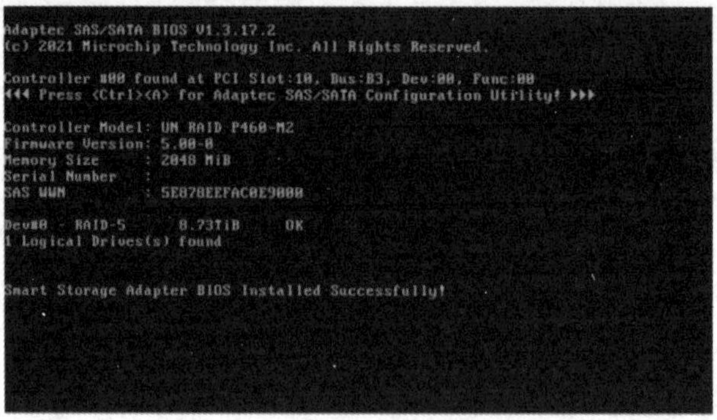

图 2-64　RAID5 创建信息检测界面

至此，对新华三（H3C）UniServer-R4900-G3 2U 机架式服务器配置的新华三 UN-RAID-P460-M2 阵列卡配置完毕，用户重启系统后，创建的虚拟硬盘 RAID5 就可以使用了。

2.4.3　任务小结

本任务是通过 RAID 卡驱动套件软件配置虚拟硬盘 RAID5，阵列配置和监控功能的界面直观明了，易于使用，配置过程简单，对管理和维护工作量要求较低。其能为用户提供更专业的技术支持和保修服务，确保数据的安全和可靠性。与 BIOS RAID 比较，硬 RAID 的维护全部由存储控制器来负责，不需要 CPU 参与和使用专用的驱动程序。其主要应用于要求高稳定性和数据完整性的关键业务。

项目小结

本项目有 4 个任务，围绕 RAID 硬盘阵列配置展开，从认识 RAID 任务入手，首先介绍了硬盘阵列的概念、组成和实现方式，分析了数据条带、镜像和校验三种关键技术；然后介绍了常见的 RAID 级别和应用特点；最后通过软 RAID 配置、主机 BIOS RAID 配置、RAID 卡配置三个任务进行 RAID 的实践操作。本项目的内容组织框架如图 2-65 所示。

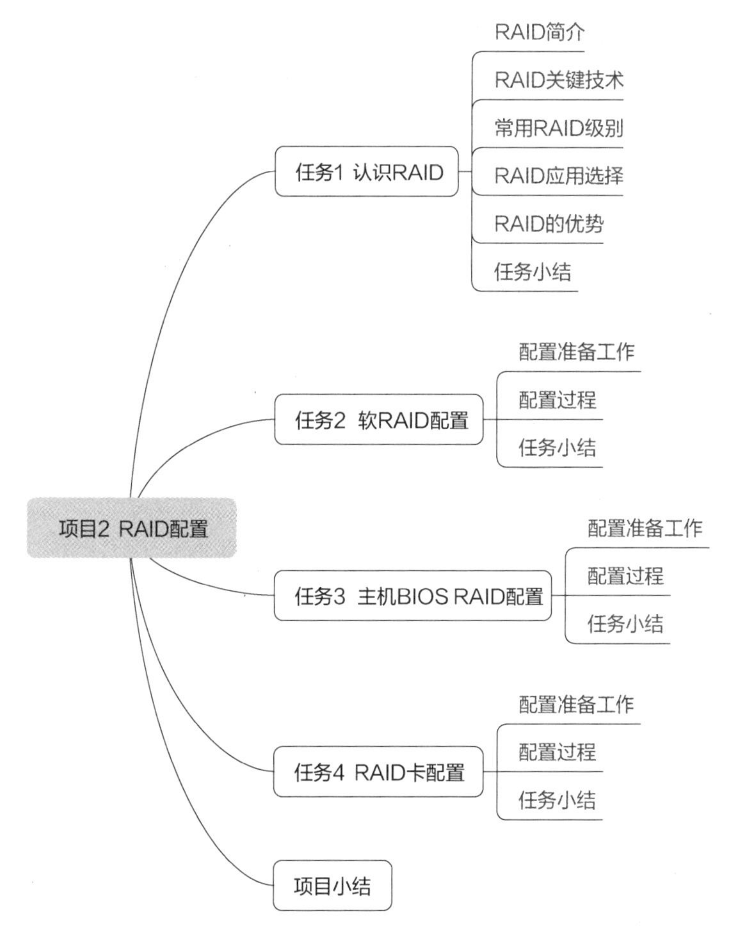

图 2-65　项目 2 的内容组织框架

习题

1．选择题

（1）使用“镜像”的 RAID 级别是（　　）。

A．RAID 0　　B．RAID 1　　C．RAID 4　　D．RAID 5

（2）下列哪种 RAID 方式数据的安全保障性最好（　　）。

A．RAID 0　　B．RAID 1　　C．RAID 4　　D．RAID 5

（3）在企业级 BAU 服务器的硬件配置中，硬盘的配置结构主要为（　　）。

A．RAID 3　　B．RAID 4　　C．RAID 5　　D．RAID 6

（4）RAID 的中文名称是（　　）。

A．身份识别　　B．存储系统　　C．读　　D．独立冗余硬盘阵列

（5）下列选项中，RAID 性能最高的是（　　）。

A．软 RAID　　B．硬 RAID　　C．软硬混合 RAID　　D．BIOS RAID

（6）RAID 5 与 RAID 1 相比，突出的优势在于（　　）。

A．大容量　　B．速度快　　C．客观理性　　D．可靠性

2．判断题

（1）RAID 用多个小容量硬盘代替一个大容量硬盘，并且定义了一种数据分布的方式，使得能同时从多个硬盘中访问数据，因而提高了硬盘 I/O 的性能。（　　）

（2）硬盘冗余阵列技术中 RAID 1 多用于不在乎数据丢失的应用中。（　　）

（3）廉价硬盘阵列的各个级别中，RAID 0 是最没有可靠性保证的。（　　）

（4）RAID 的条带技术和校验技术都是提高数据的容错性的。（　　）

（5）RAID 的级别很多，如何选择适合的 RAID，主要从数据可靠性、I/O 性能和成本三个方面综合权衡。（　　）

项目 3 DAS 配置

常见的硬盘、移动存储等存储设备是通过总线与系统连接的，这类存储就是大家司空见惯的直连存储（Direct Attached Storage，DAS）。那么这类存储的结构是怎样的？有哪些类别？这些 DAS 使用什么协议的总线连接系统？接口标准有哪些？这些不同的 DAS 又有什么样的特点？本项目以协议-总线-接口的逻辑结合上述问题组织教学内容，最后通过实例介绍 DAS 的配置和使用。

任务 1 认识 DAS

教学目标

1. 理解 DAS 的结构。
2. 掌握 DAS 的类别和它们之间的关系。
3. 理解 DAS 主要连接协议的工作机制和应用领域。
4. 掌握 DAS 主要的总线类别、接口类型和各接口之间关系。

直连存储是一种把存储设备与主机通过总线适配器和专用线缆直接相连的存储架构，存储设备只能被该主机访问和控制，是一种面向小型 IT 运行环境部署和使用的简单存储方案。

3.1.1 DAS 的结构

DAS 通过总线接口（如 PATA、SATA、mSATA、SAS、SCSI 或 PCIe 等）运行专用连接协议，直接把存储设备连接到主机总线上，实现把存储设备连接到主机系统，如主机内部的硬盘、直接连接到主机上的磁带库、直接连接到主机上的外部的硬盘阵列等（见图 3-1）。主机端的接口卡主要有 SCSI 接口卡、SAS HBA 卡、FC HBA 卡等，数据存储设备端提供支持 DAS 协议运行的接口。

DAS 作为主机本地存储容量的扩充，为主机提供块级的存储服务（不是文件系统级）。存储设备只能被该主机直接访问和控制，其他需访问被连接存储设备的请求都必须经该主机。

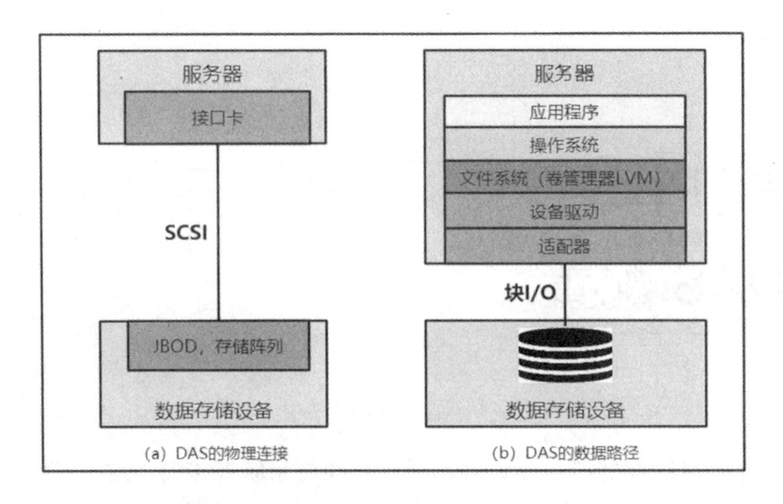

图 3-1　DAS 连接结构图

3.1.2　DAS 的类别

根据存储设备与主机之间的物理位置关系，DAS 可以分为内部和外部两大类。

3.1.2.1　内部 DAS

存储设备通过主机机箱内部的并行或串行总线连接到主机系统中，主机实现对存储设备硬盘/卷的分区创建和分区管理，操作系统实现存储设备上文件的布局和管理。内部 DAS 由于物理的总线有距离限制，所以 DAS 只能支持短距离的高速数据传输；受到内部总线能连接的设备数目限制，内部 DAS 的可扩展性受到很大限制；存储设备放在主机机箱内部，既占用机器内部空间，又给存储设备的维护造成困难。

3.1.2.2　外部 DAS

外部 DAS 的存储设备放置在主机机箱外部，通过卡槽、接口板等协议专用接口接入系统。外部存储根据连接的方式分为：直连式存储（DAS）和网络化存储（Fabric-Attached Storage，FAS）。其中，直连式存储通过标准总线等专用连接线把存储部件与主机连接起来。其根据存储部件与主机的相对物理位置分内部 DAS 和外部 DAS 两类。而网络化存储则是根据网络传输协议的不同而分为网络接入存储（NAS）和存储区域网络（SAN）两类。

在外部 DAS 中，存储设备常常是以阵列的形式存在的，操作系统不再直接负责对存储资源进行管理，而是由专用的存储阵列管理软件来完成。外部 DAS 有 JBOD 和 RAID 两种连接方式。

1. JBOD

磁盘捆绑或简单驱动捆绑（Just a Bunch Of Disks，JBOD）又称作“Spanning”。JBOD 提供了一种磁盘空间线性扩展的方法，在逻辑上把若干个物理磁盘一个接一个串联到一起，从而提供了一个大的逻辑磁盘。JBOD 的每个成员磁盘都单独寻址，数据从第一个磁盘开始存储，当第一个磁盘的存储空间用完后，再依次从第二个磁盘开始存储数据；存储容量等于组成 JBOD 的所有磁盘的容量总和，而存取性能完全等同于对单一磁盘的存取操作，没有数据安全保障措施。

JBOD 各磁盘可以通过并行的 SCSI 接口连接起来，组成一个封闭的 SCSI 设备菊花链，然后接入主机。也可以通过串行接口直接串接起来，或使用光纤隧道（Fibre Channel，FC）提供的接口连接成一个共享的 JBOD 设备环段。随着电子产品设计和集成技术的发展，SCSI 总线和 FC 连接器件都被集成到一个主板上，JBOD 演变成在一个底板上安装有多个磁盘驱动器的存储设备（见图 3-2）。

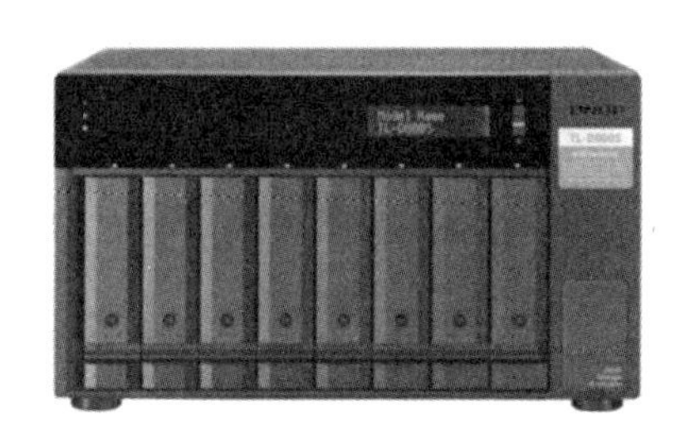

图 3-2　JBOD 典型的产品（8 盘和 16 盘）

JBOD 是近几年被一些厂家提出的，用于解决内置 DAS 磁盘槽位有限、机箱内空间不足等问题的有效方案，是目前存储领域中被广泛采用的一类重要的存储方式。

2. RAID

通过项目 2 大家都已经了解到 RAID 是智能的磁盘阵列，有专用的管理软件进行配置和管理，主要目的是提高容错率和改进数据访问性能。需要说明的是，当前许多的 RAID 设备和产品既支持多级别的 RAID 工作模式，也支持 JBOD 工作模式，因此 RAID 和 JBOD 设备在外观上没有明显的区别。

3.1.3　DAS 的连接协议

DAS 的连接协议是实现存储设备和主机连接、数据存储操作的关键要素。连接总线是数据的物理通道。DAS 常用的协议有串行 ATA 高级主控接口/高级主机控制器接口（Serial ATA Advanced Host Controller Interface，AHCI）、非易失性存储器快速通道（Non-Volatile Memory express，NVMe）、SCSI 三个，前两个主要应用于桌面系统，第三个应用于主机领域，它们都可以连接内、外 DAS。协议运行的系统总线有：SATA（Serial ATA）、PCIe（PCI Express）、SAS（Serial Attached SCSI）和 FC 四种。除 FC 外，其他三类总线与协议、接口的对应关系如图 3-3 所示。

3.1.3.1　AHCI

AHCI 是专门为 SATA 接口的机械硬盘而设计的，支持 SATA 接口特性，如本机命令队列（NCQ，最大支持单队列 32 个请求的规模）和热插拔。用户需要在 BIOS 中选择 AHCI 模式，操作系统才可以自动加载 AHCI 协议。

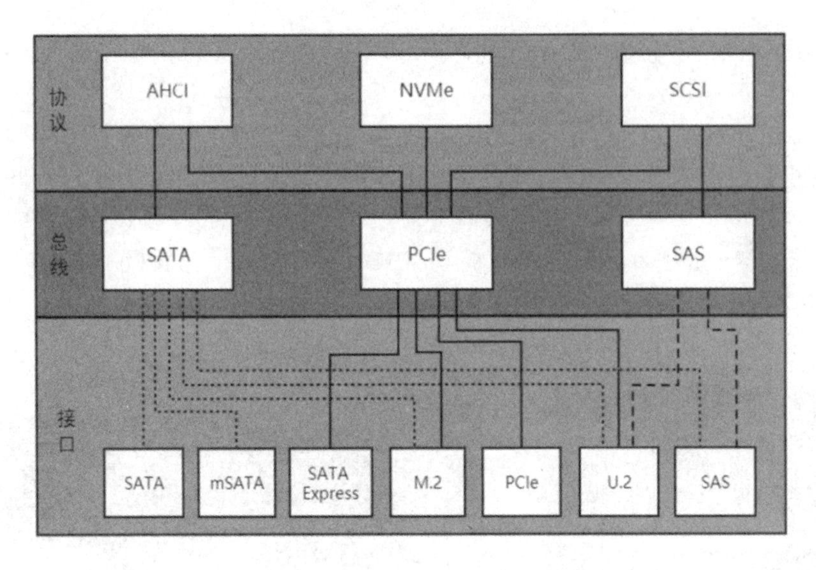

图 3-3　DAS 连接的协议和总线对应关系图

3.1.3.2　NVMe

NVMe 是非易失性内存主机控制器接口规范，用于访问通过 PCIe 总线连接的 SSD 介质，支持更大容量的操作队列和并发操作数，大大降低了 I/O 操作等待时间，可以更好地发挥 SSD 的速度与读写能力。

3.1.3.3　SCSI

SCSI 是一种用于计算机及其周边设备（硬盘、光驱、打印机、扫描仪、数码设备等）之间系统级接口的独立处理器协议，可用于连接内部或外部 DAS。SCSI 协议有 SCSI-1、SCSI-2、SCSI-3 三种并行版本，以及 SCSI-4（Serial Attached SCSI，SAS)、SCSI-5 两个串行版本。

1. SCSI 协议模型

SCSI 协议采取三层协议模型结构，从底向上分别是互连层、传输协议层和应用层（见图 3-4）。模型中共有发起方（Initiator，如主机或主机）和目标方（Target，如磁盘）两个通信实体，按照客户/主机模式工作。

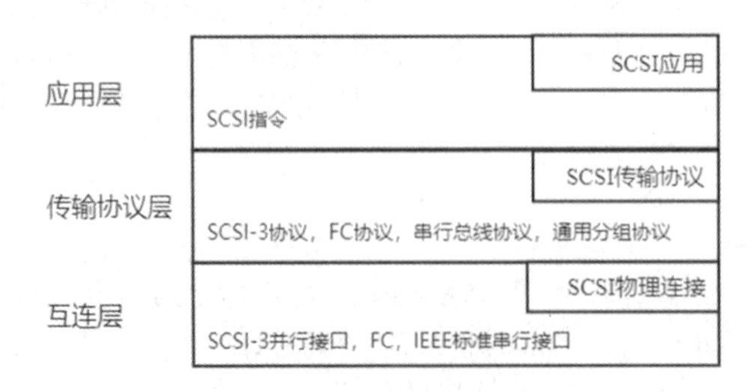

图 3-4　SCSI 协议模型

（1）互连层。面向 SCSI 的物理连接，完成 SCSI 设备对总线的连接及发起方和目标方的选择等功能。

（2）传输协议层。SCSI 设备之间通过一系列的命令实现数据的传送。

（3）应用层。由主机作为发起器（客户），按照上层应用程序、文件系统和操作系统存储等需要发起 I/O 请求；或者以 SCSI 存储设备作为目标设备对客户端的 I/O 请求做出响应。

SCSI 协议是层次化的，因此它对主机 I/O 请求的处理可以独立于底层的分发子系统。一个应用客户主机可以处理涉及不同种类的目标设备的 I/O 操作，如一个主机可以有通过 DAS 直接附接的 SCSI 目标方，也可以有通过千兆位速率接口连接的 SCSI 目标方（如 FC 或 iSCSI）。

2. 寻址机制

为了对连接在总线上的设备寻址，SCSI 协议引入了 SCSI 设备 ID 和逻辑单元号 LUN（见图 3-5），在 SCSI 总线上的每个设备都必须有一个唯一的 ID，包括主机中的主机总线适配器也拥有设备 ID，每条总线最多可允许有 8 个（数据线是 8 位窄线）或 16 个（数据线是 16 位窄线）设备 ID。

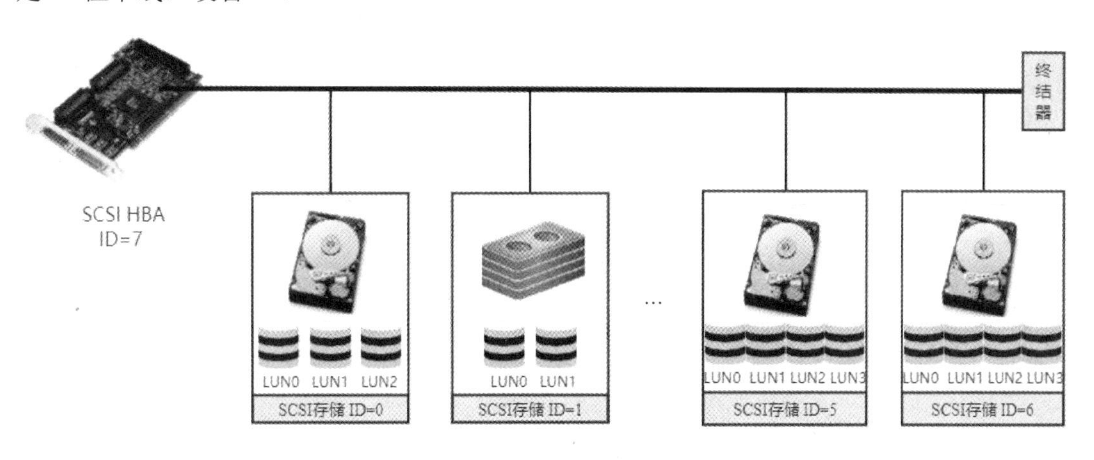

图 3-5 SCSI 总线示意图

硬盘 ID 号的设置使用的是二进制数字，缺省状态下 SCSI 控制器的 ID 号为 7。对于各种 SCSI 硬盘 ID 号的设置并没有任何严格的规定。虽然没有任何明确限制，但是我们还是应当合理地分配 ID 号。绝大多数 SCSI 硬盘在出厂前 ID 号都被预先设置为 6，这里建议将系统启动盘的 ID 号定为 6，然后随着硬盘的增加，依次递减设为 5、4、3 等。

终结器是 SCSI 主控制器整条总线的终结点，它会根据需要发出一个反射信号给控制器。SCSI 规定 SCSI 链的最后一个 SCSI 设备要用终结器，中间设备不需要终结器。

SCSI 总线作为公用介质，在设备连接进总线时根据设置的 ID 号就给其赋予了相应的访问优先级，彻底解决了总线的争用问题。8 位窄线可以连接 8 个设备，优先级按照 ID 号从高到低依次是 7 > 6 > 5 > 4 > 3 > 2 > 1 > 0；相应的 16 位窄线就可以连接 16 个设备，优先级按照 ID 号从高到低依次是 7 > 6 > 5 > 4 > 3 > 2 > 1 > 0 > 15 > 14 > 13 > 12 > 11 > 10 > 9 > 8。

SCSI 设备 ID 可以通过操作系统的工具查看，如在 Windows 系统下可以在“计算机管理”→“磁盘管理”→“属性”中查看，在 Linux 系统下可以通过命令行命令“lsscsi”查看。

一台主机可能配置多个 SCSI 控制器，即可以连接多个不同的总线。不同的总线可能挂接了多个不同的设备，不同的设备又设置了多个可能的分区。因此寻址的第一步是先找到目的设备挂接的总线，然后在这根总线上找到对应的设备 ID，最后再在这个设备上通过对应的 LUN 来找到目标存储空间。为此，操作系统使用总线号、目标设备和逻辑单元号这样一个三元信息来标识一个 SCSI 目标。

其中，总线号（BUSID）用于区分每一条总线，多个 SCSI 控制器需要用总线号来确定是哪一个控制器。设备号（SCSIID）用于识别某一总线上的每一个存储设备。逻辑单元号（LUNID）识别某存储设备上的每一个子设备。子设备包括虚拟磁盘、磁带驱动器等，利用逻辑单元号可以对存储设备中的每一个子设备都进行寻址。

3. 读写过程

在 SCSI 发起方和目标方之间，读写数据是通过 SCSI 命令、分发请求、分发操作和响应来完成的。SCSI 命令和参数在命令描述块（Command Descriptor Block，CDB）中指定。

（1）写：发起方创建一个应用客户，该客户发送 SCSI 命令请求给目标方（存储设备），令其准备缓冲区以接收数据。目标设备主机在其缓冲区准备好之后，发送一个数据分发操作进行响应。接着，发送方就执行分发操作，开始发送数据块。数据块可能按字节并行传输（如并行 SCSI 总线），也可能以分段成帧的形式串行传输（如 SAS、FC 或 iSCSI）。

（2）读：与写操作比较，SCSI 读命令块遵循相反的数据分发请求和确认序列。发起方发出读命令时，就已经准备好了缓冲区用来接收第一批数据块。

在读写事务的每个阶段所发送的数据块数量，由发起方和目标方根据对方的缓冲区容量协商决定。例如，高性能磁盘阵列一般都能提供较大的缓冲区，可以完成大规模的数据传送，从而提高产品性能。

3.1.4 DAS 的总线和接口

常用的 DAS 总线有 SATA、PCIe、SAS 和 FC 四种，可以适配的物理接口有 SATA、mSATA、SATA Express、M.2、PCIe、U.2、SAS 等。

3.1.4.1 SATA 总线

SATA 是一种串行接口行业标准协议，支持用连续串行的方式传输数据和热插拔，主要用于 SATA 主机与大容量存储设备（如 SSD、HDD 和光盘驱动器）。

1. SATA 版本

SATA 有 SATA1、SATA2、SATA3 和 SATA Express 四个版本，各版本均可向后兼容，每个 SATA 版本都具有相应的传输功能定义。SATA1 协议支持最大带宽达 1.5Gbps，SATA2 协议支持最大带宽达 3.0Gbps，SATA3 协议支持最大带宽达 6.0Gbps，SATA Express 协议支持最大带宽进一步升至 16.0Gbps。

2. SATA 体系

SATA 体系包括 SATA 宿主（SATA Host）和 SATA 设备（SATA Device）两种。

1）SATA 宿主

SATA 宿主集成在主机芯片组内部（类似于网络交换机），一端在芯片组的内部来连接系统总线 PCIe，另一端提供一个或多个外接端口。这样，SATA 宿主的每一个端口都能连接一个 SATA 设备。SATA 宿主具有多个端口，各个端口的运行是彼此独立的，相应地，每一个连接的 SATA 设备运行也是相互独立的。

2）SATA 设备

SATA 设备接收到来自宿主的指令并加以执行。SATA 设备控制器可以接收宿主发送的指令，并执行指令所指定的读写操作。SATA 设备在接收到多条命令后，会把所有命令放入命令队列，经过 SATA 的原生命令排序（NCQ）机制，得到命令的最佳顺序执行效果。

3. SATA 适配接口

与 SATA 总线标准适配的连接接口目前主要有 SATA（如 eSATA、mSATA、SATA Express）、U.2、M.2、SAS、PCIe 等。

1）eSATA

eSATA 采用更好的连接器和更长的屏蔽线缆，最长可达 2 米，主要应用于外部存储设备。常见的接口有 SATA 母头转 eSATA 母头接口结构、eSATA 母头到 SATA 公头的连接线（见图 3-6）。eSATA 连接扩展卡和存储设备端接口如图 3-7 所示。

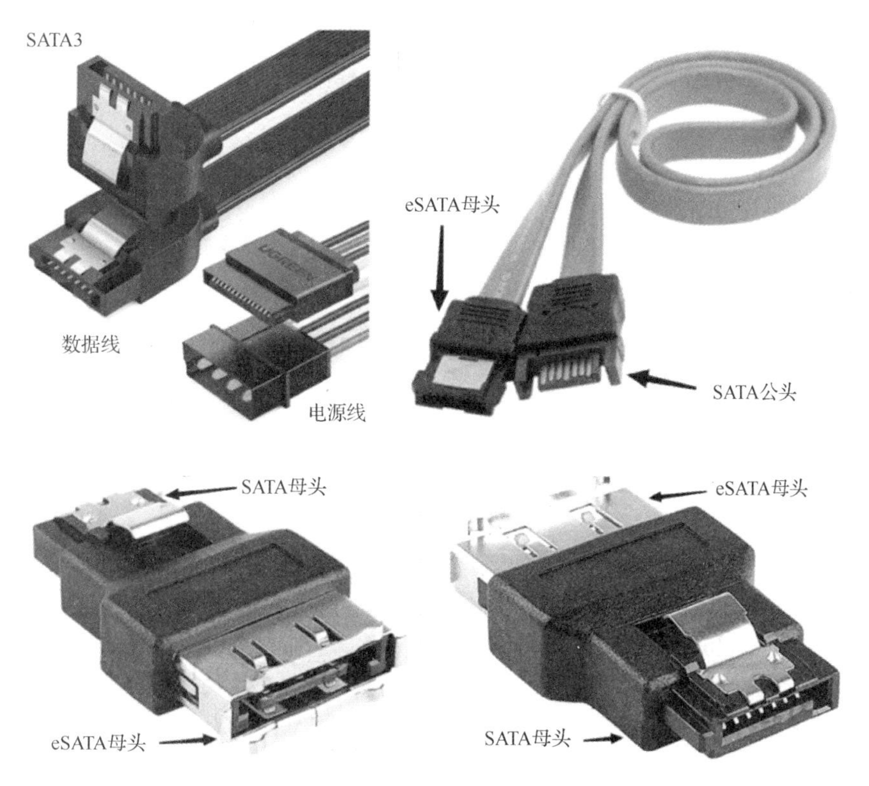

图 3-6　eSATA 接口和连接线结构

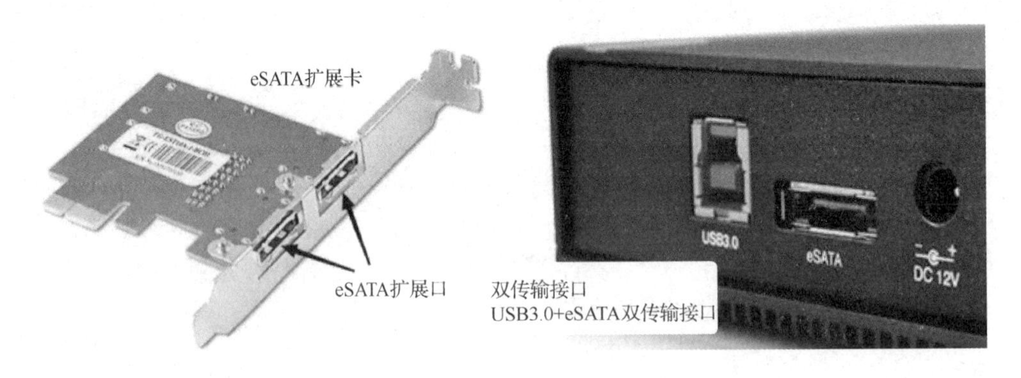

图 3-7　eSATA 连接扩展卡和存储设备端接口

另一种 Power over SATA 接口是 SATA 和 USB 的组合。Power over SATA 组成逻辑图如图 3-8 所示。

2）mSATA

mSATA（mini-SATA）是针对移动应用和小型固态电子存储设备（如 SSD）提供的小型化 SATA 方案，与 SATA 接口标准具有一样的速度和可靠性，它有类似 mini-PCIe 卡的外形尺寸，面向便携式计算机。某品牌 mSATA 硬盘插入便携式计算机 mSATA 总线接口的实物图如图 3-9 所示。需要说明的是，由于该接口没有从根本上提升 SATA3.0 的传输速度，所以很快被 M.2 接口代替。

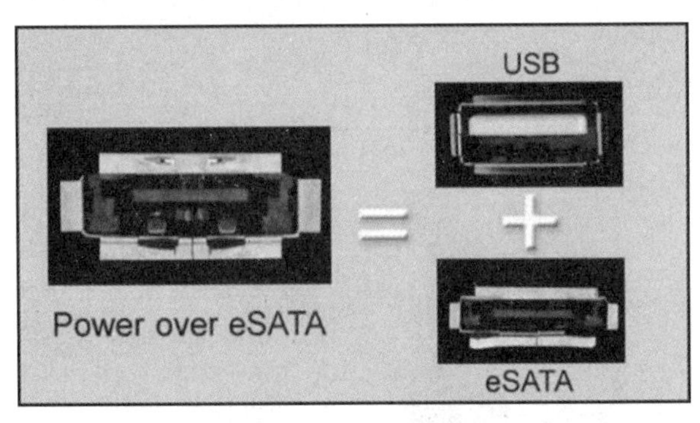

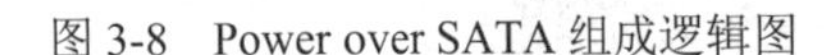

图 3-8　Power over SATA 组成逻辑图

图 3-9　某品牌 mSATA 硬盘插入便携式计算机 mSATA 总线接口的实物图

3）SATA Express

SATA Express 又称 SATA 3.2 标准，带宽高达 16Gbps，它是将 SATA 协议和 PCIe 接口结合在一起的新协议。SATA Express 连接器可以接插一个×2 版本的 PCIe 设备或两个 SATA 设备。

4）M.2

M.2 是英特尔（Intel）推出的一种替代 mSATA 的新接口规范，速度更快，体积更小，有 B 和 M 两种类型（见图 3-10）。大多数的 M.2 固态硬盘是两种插槽都兼容的，细节上 B 型有 6 个金手指，M 型有 5 个金手指；M 型支持更高的总线标准，常见于中高端的计算机上。可以匹配 SATA 和 PCle 两种总线标准。其中使用 SATA 总线、支持 AHCI 协议的 SSD 和使用普通 SATA 接口的 SSD 速度和性能差不多，而使用 PCIe 总线、支持 NVMe 协议的高速 SSD 具有更高的速度和性能。M.2 固态硬盘的安装过程示意图如图 3-11 所示。

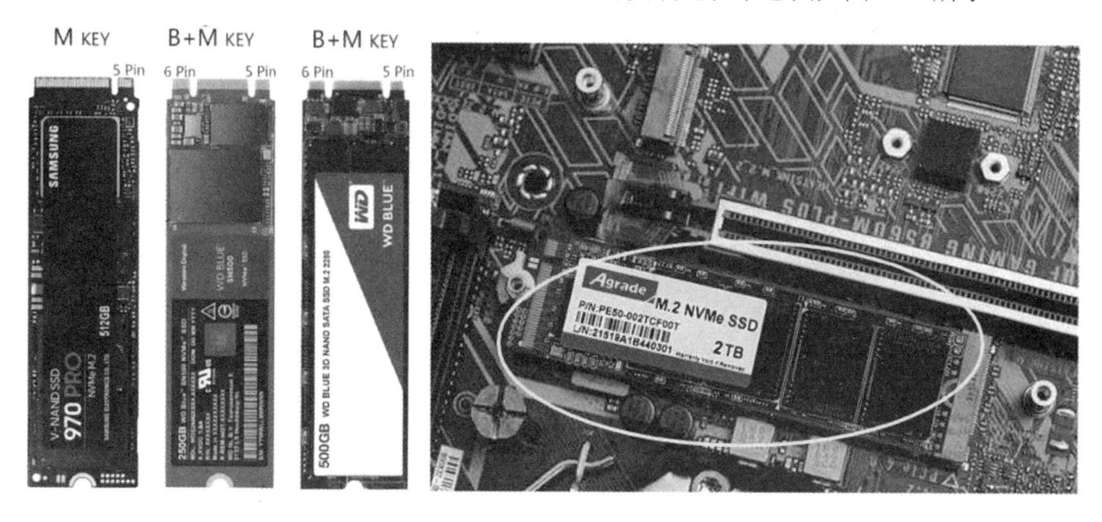

图 3-10　M.2 固态硬盘的结构及其安装在主板上的示意图

1 把准备好的M.2固态硬盘对准M.2接口。
2 固定好固态硬盘尾部螺丝孔位。
3 将转换卡插入主机主板PCIe接口，再用螺丝固定到机箱挡片位置。

图 3-11　M.2 固态硬盘的安装过程示意图

5）U.2

U.2 又称 SFF-8639，Intel 称为 U.2，其接口的要素情况示意图如图 3-12 所示。U.2 支持 SATA Express 规范，还能兼容 SAS、SATA 等规范，可以把它当作是四通道版本的 SATA Express 接口，理论带宽已经达到了 32Gbps，与 M.2 接口相同。需要注意的是，U.2 与 M.2 的定位完全不一样，未来 U.2 主要面向云计算、互联网等主机市场，而 M.2 主要面向消费级与工业级市场。

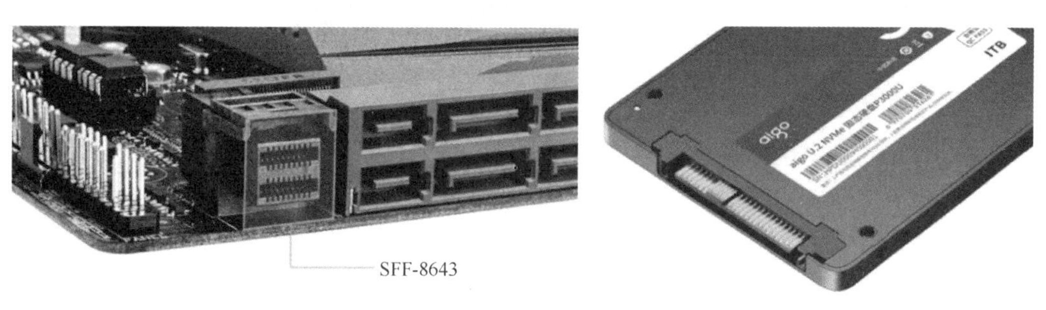

图 3-12　U.2 接口的要素情况示意图

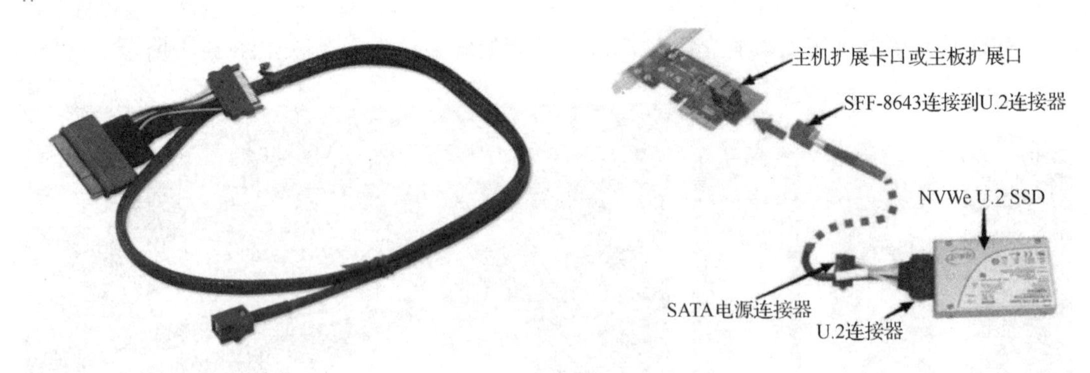

图 3-12　U.2 接口的要素情况示意图（续）

6）SAS

SAS 是串行连接 SCSI（Serial Attached SCSI）接口，SAS 的接口技术可以向下兼容 SATA，二者在物理层和协议层互相兼容。

SAS 接口和 SATA 接口完全兼容，SAS 接口看起来和 SATA 接口类似。SAS 系统的背板既可以连接具有双端口、高性能的 SAS 驱动器，也可以连接高容量、低成本的 SATA 驱动器。SAS 驱动器和 SATA 驱动器可以同时存在于一个存储系统之中；SAS 控制器可以直接操控 SATA 硬盘，SATA 硬盘可以直接在 SAS 的环境中使用，反之则不能。在系统中，每一个 SAS 端口可以最多连接 16 256 个外部设备，采取直接的点到点的串行传输方式，传输的速度高达 3Gbps（未来会有 6Gbps 乃至 12Gbps 的高速接口出现）。SAS 依靠 SAS 扩展器来连接更多的设备，目前的扩展器以 12 端口居多，未来会有 28、36 端口的扩展器引入，来连接 SAS 设备、主机设备或其他的 SAS 扩展器（SAS 的内容会在后面详细介绍）。图 3-13 给出了一个 24 口 SAS/SATA 直通背板扩展卡（Linkreal 24 口 SAS /SATA 直通卡背板扩展卡，6Gbps SAS 2X36 主控芯片，最大支持 24 盘阵列方案），还给出了卡的整体结构和接口功能布局。

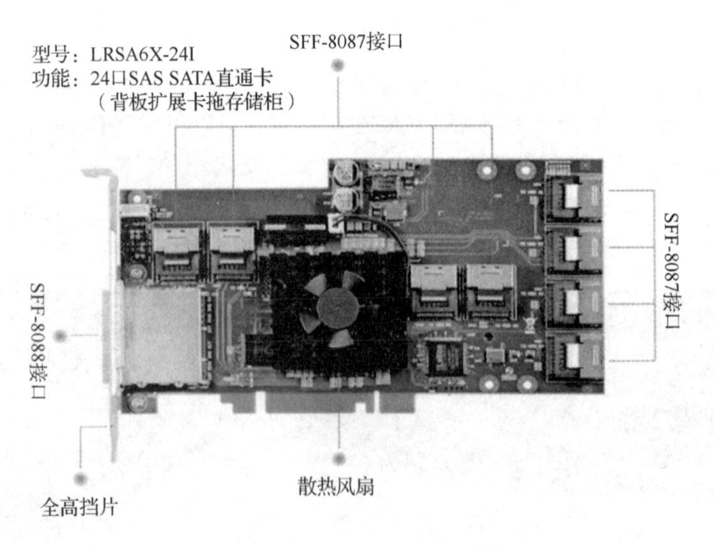

图 3-13　典型的 SAS 接口（扩展）卡、连接线和连接方式

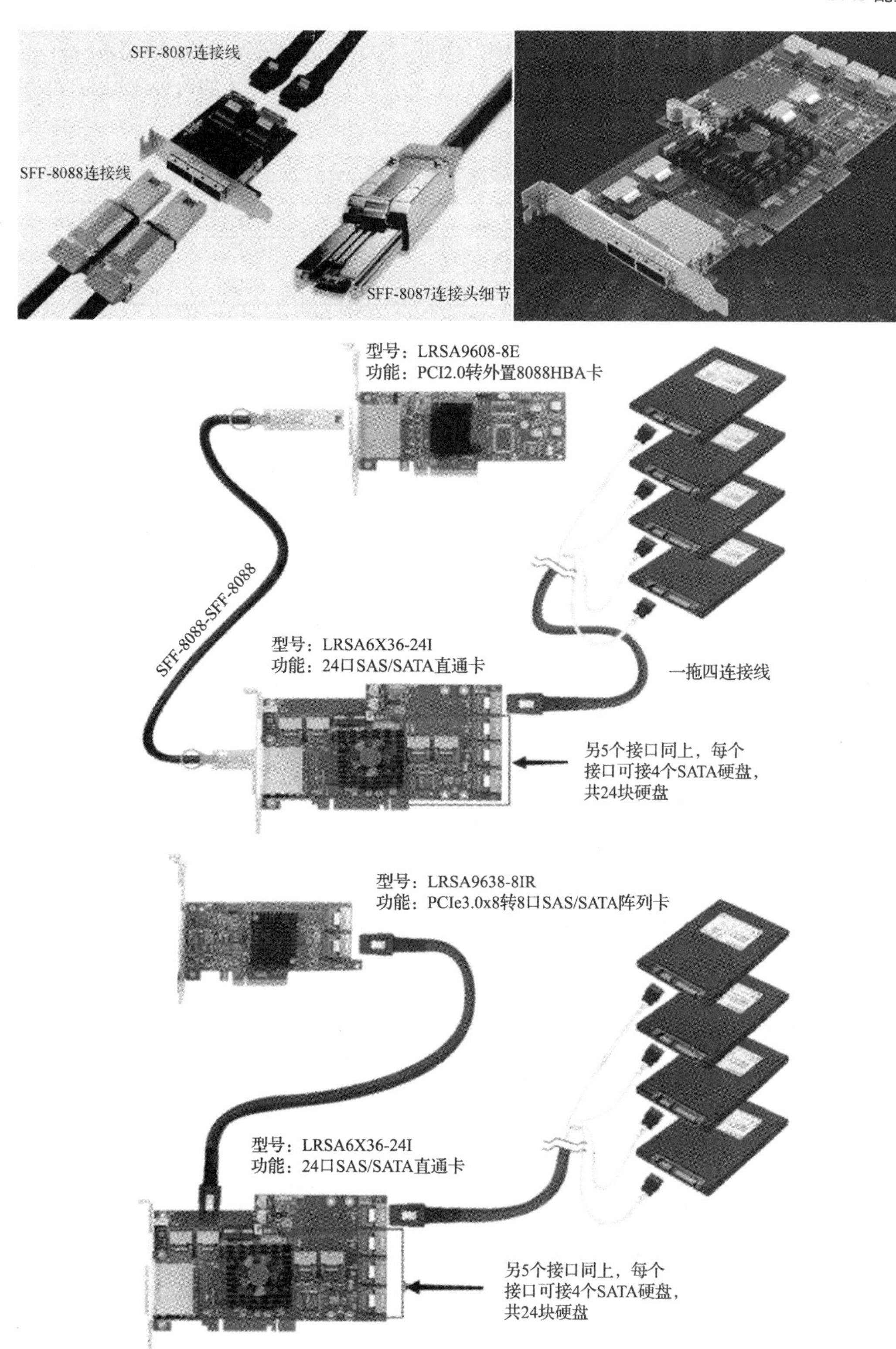

图 3-13　典型的 SAS 接口（扩展）卡、连接线和连接方式（续）

至此，我们共介绍了与SATA总线适配的六种接口，目前比较主流的还是SATA Express、M.2、U.2 等，它们之间的参数和性能异同可以参考表 3-1（表中 PCI 的内容在后面有详细介绍）。

表 3-1　SATA 总线的各种适配接口比较表

接　口	SATA 3	mSATA	SATA Express	M.2	U.2/SFF-8639	PCIe（HHHL）
速　度	6Gbps	6Gbps	10/16Gbps	10/32Gbps	32Gbps	20/32Gbps
规格/长度	2.5/3.5 英寸	51mm	2.5/3.5 英寸	30～110mm	2.5 英寸	167mm
界　面	SATA	SATA	PCIe ×2	PCIe ×2、×4 SATA	PCIe ×2、×4 SATA	PCIe ×2、×4
工作电压	5V	3.3V	5V	3.3V	3.3V/12V	12V
体　积	大	小	大	小	大	大

3.1.4.2　PCIe

PCIe 是 Intel 公司在 2001 年推出，由 PCI 特殊兴趣小组（PCI SIG）认证发布的 3GIO（第三代 I/O）高速连接标准，用于连接显卡、加速器、网卡、固态硬盘等周边设备。

1. PCIe 总线拓扑结构

PCIe 采用的是树形拓扑结构，一般由根桥设备（Root Complex）、交换设备（Switch）、终端设备（Endpoint）等类型的 PCIe 设备组成（见图 3-14）。

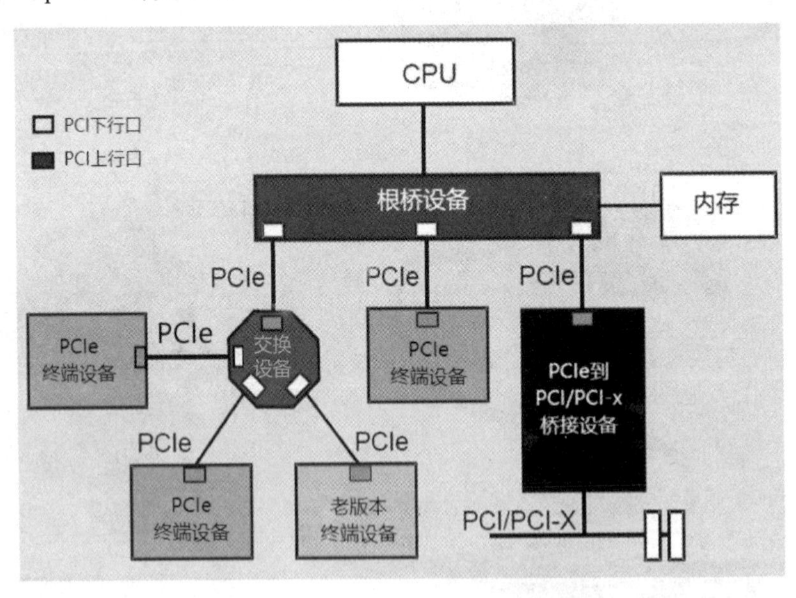

图 3-14　PCIe 总线点到点拓扑结构示意图

（1）根桥设备是 PCIe 最重要的一个组成部件，主要负责 PCIe 报文的解析和生成。根桥设备接收来自 CPU 的 I/O 指令，生成对应的 PCIe 报文，或者接收来自设备的 PCIe TLP 报文，解析数据传输给 CPU 或内存。

（2）交换设备扩展了 PCIe 总线，与 PCI 并行总线不同的是，PCIe 的总线采用了高速差分总线，并采用端到端的连接方式，因此在每一条 PCIe 链路中两端只能各连接一个设备，如果需要挂载更多的 PCIe 设备，那就需要用到交换机。交换机在 linux 下不可见，在软件层面可以看到的是 switch 的上行口（Upstream Port，靠近根桥设备的那一侧）和下行口（Downstream Port）。一般而言，一个交换机只有一个上行口，可以有多个下行口。

（3）终端设备是 PCIe 树形结构的叶子节点，如网卡、NVMe 卡、显卡等。它使用数据包（Packet）进行数据传输，工作原理更像一个网络而不是总线，不同于一条总线处理多个源传输的数据，PCIe 有一个交换机来控制点对点连接。这些连接和交换机配合得很好，直接把数据传输到了需要送到的设备上。因为每个设备都有它自己专用的连接，所以多个设备就像普通的总线那样共享带宽。

PCIe 的连线是由不同的通道（Lane）来完成的，这些通道可以合在一起提供更高的带宽。例如，两个 1 通道可以合成 2 通道的连接，写作×2，两个×2 可以变成×4，最大直到×32。

2. PCIe 总线规格与版本

PCIe 总线的规格通常由通道的数量表示。一般来说，PCIe 卡有五种物理规格：×1、×4、×8、×16 和×32。“×”后面的数字是指 PCIe 插槽内的通道数，如 PCIe ×4 卡表示该卡有四个通道。PCIe 连接中的每个通道由两对数据导线组成，其中一对用来发送，另一对用来接收。数据包以每个时钟一 bit 的速度通过通道来传输。一个×1 的连接，即最小的 PCIe 连接只有一个通道（4 根数据导线），一个×4 的连接有 16 根数据导线，以此类推。

PCIe 主流的四种规格引脚数和外形长度对照表如表 3-2 所示。PCIe 卡规格对比和主板插槽如图 3-15 所示。PCIe 插槽有大有小，最小的是×1，最大的是×16，防呆口靠下。

表 3-2　PCIe 主流的四种规格引脚数和外形长度对照表

通 道 规 格	引 脚 数	数据线数量	长度（mm）
PCIe ×1	18	4	25
PCIe ×4	21	16	39
PCIe ×8	49	32	56
PCIe ×16	82	64	89

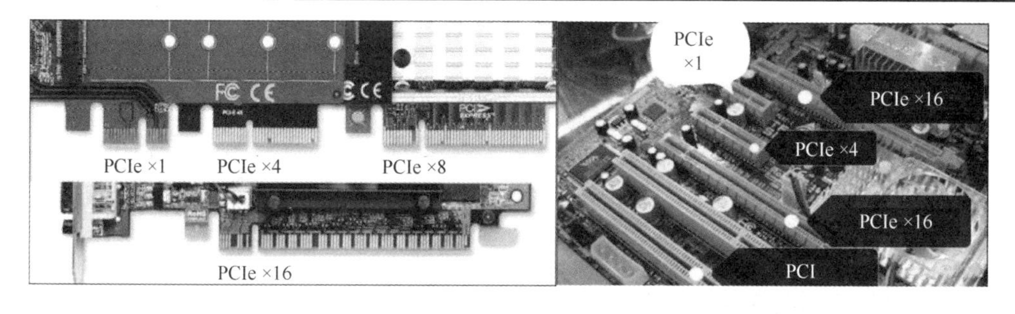

图 3-15　PCIe 卡规格对比和主板插槽

在实际应用中，需要将 PCIe 卡插入主机或主机的 PCIe 插槽中，从理论上讲，插槽的规格和配置应该与卡型号相同。然而，当出现插槽短缺情况时，PCIe 卡也可以安装到一个更宽的插槽中。这是因为所有的 PCIe 卡的版本都是向后兼容的，即任何版本的 PCIe 卡和主板都可以以较低版本的模式工作。比如在 PCIe ×8 插槽已被占用的情况下，可以将 PCIe ×8 卡放入 PCIe ×16 插槽中，但该卡将始终以 PCIe ×8 模式运行。PCIe ×4 卡可以插在 PCIe ×16 插槽中，然而一个 PCIe ×16 插槽相对于 PCIe ×4 卡来说太大了。

PCIe 吞吐量（实际使用带宽）计算方法：吞吐量=传输速度×编码方案。

例如，PCIe 3.0 的信号传输速度为 8GT/s，编码方式是 128b/130b 模式，即每传输 128 个 bit，需要发送 130 个 bit。因此，PCIe 3.0 协议的每一条通道支持 8 × 128 / 130 =7.877Gbps = 984.6MB/s 的速度；一条 PCIe 3.0 ×16 的通道的可用带宽为 7.877×16 = 126.031Gbps = 15.754GB/s，双向带宽高达 31.5GB/s。

又例如，PCIe 5.0 的信号传输速度为 32GT/s，编码方式是 128b/130b 模式，每一条通道支持 32 × 128 / 130 = 31.5077Gbps = 3.94GB/s 的速度；一条 PCIe 5.0 ×8 的通道的可用带宽为 31.5077 × 8 = 252.06Gbps = 31.51GB/s，双向带宽高达 63.02GB/s。

表 3-3 所示为 PCIe 不同版本和通道规格的带宽对照表。它们均以原始版本*.0 为例。

表 3-3　PCIe 不同版本和通道规格的带宽对照表

PCIe 版本（发布时间）	编码方案	传输速度（时钟）	吞吐量（单工状态，GB/s）				
			×1	×2	×4	×8	×16
PCIe 1.0（2003 年）	8b/10b	2.5GT/s	0.25	0.50	1.00	2.00	4.00
PCIe 2.0（2007 年）	8b/10b	5GT/s	0.50	1.00	2.00	4.00	8.00
PCIe 3.0（2010 年）	128b/130b	8GT/s	0.99	1.97	3.94	7.88	15.75
PCIe 4.0（2017 年）	128b/130b	16GT/s	1.97	3.94	7.88	15.75	31.51
PCIe 5.0（2019 年）	128b/130b	32GT/s	3.94	7.88	15.75	31.51	63.02
PCIe 6.0（2022 年）	128b/130b	64GT/s	7.88	15.75	31.51	63.02	126.03

3. PCIe 适配接口

与 PCIe 总线标准适配的接口有 PCIe、SATA Express、M.2、U.2、SAS 等。Linkreal LRSA9638-8IR 单卡产品如图 3-16 所示，该卡可以实现 PCIe3.0×8 转两个 SFF-8087 口，最大可以支持 8 块 SAS/SATA 硬盘，也支持 RAID0、RAID1、RAID10、JBOD 等（见图 3-17）。SFF-8087 是专为实现 mini SAS 内部互连解决方案而设计的，对应的外部互连采用 SFF-8088 连接器。

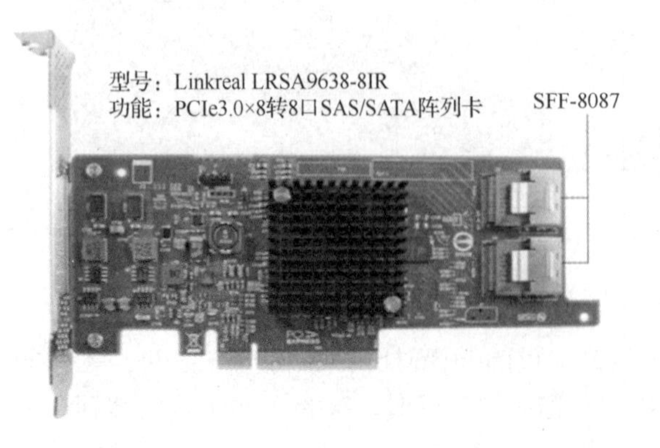

图 3-16　Linkreal LRSA9638-8IR 单卡产品

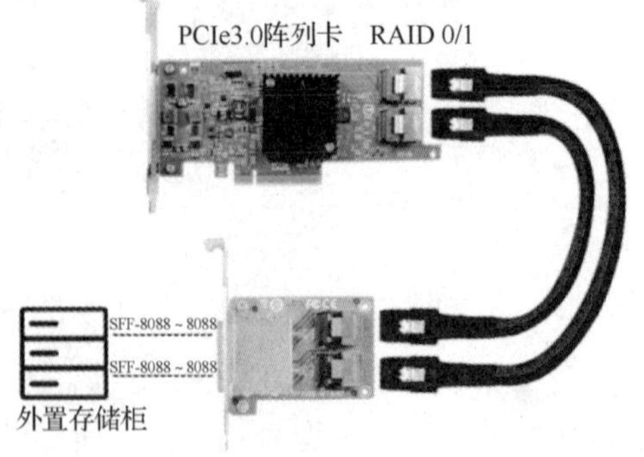

图 3-17　Linkreal LRSA9638-8IR 存储阵列连接图

图 3-18 所示为 Linkreal 的 LRNV9324-4I 扩展卡和与 U.2 SSD 设备连接实物图，遵守 NVMe 协议，提供 4 个 SFF-8643（U.2）接口，支持 PCIe3.0 ×8 转接 U.2 SSD。或通过 Linkreal LRSA9C08-8E 的 SFF-8644 连接外置 U.2 SSD 存储阵列（见图 3-19）。同时支持内/外置的产品有 Linkreal 的 LRNV 9324-2E2I 扩展卡（见图 3-20），它提供了 2 口 SFF-8643 和 2 口 SFF-8644，支持 PCI3.0 ×8 协议，可接 4 个 NVMe SSD 或 4 个 PCI ×4 或 2 个 PCI ×8 其他设备。

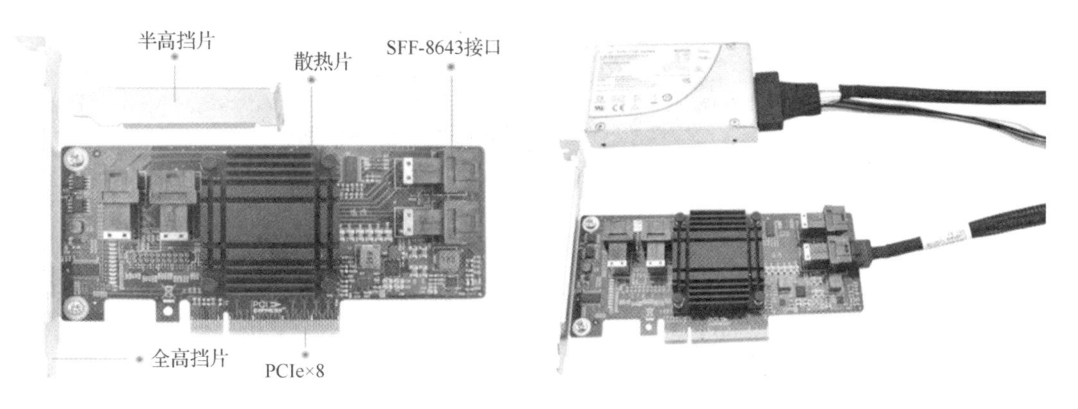

图 3-18 Linkreal 的 LRNV9324-4I 扩展卡和与 U.2 SSD 设备连接实物图

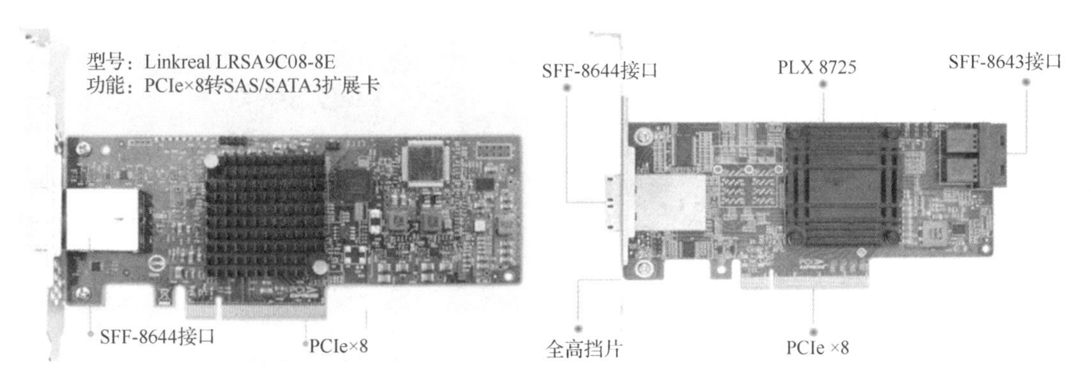

图 3-19 Linkreal 的 LRSA9C08-8E 扩展卡　　图 3-20 Linkreal 的 LRNV9324-2E2I 扩展卡

亮腾 PCENGFF-N04 是 PCIe ×4 转 M.2 转接卡（见图 3-21），M-Key 和 B-Key 可以同时工作（当使用 B-Key 时 SATA 数据线必须连接上）。

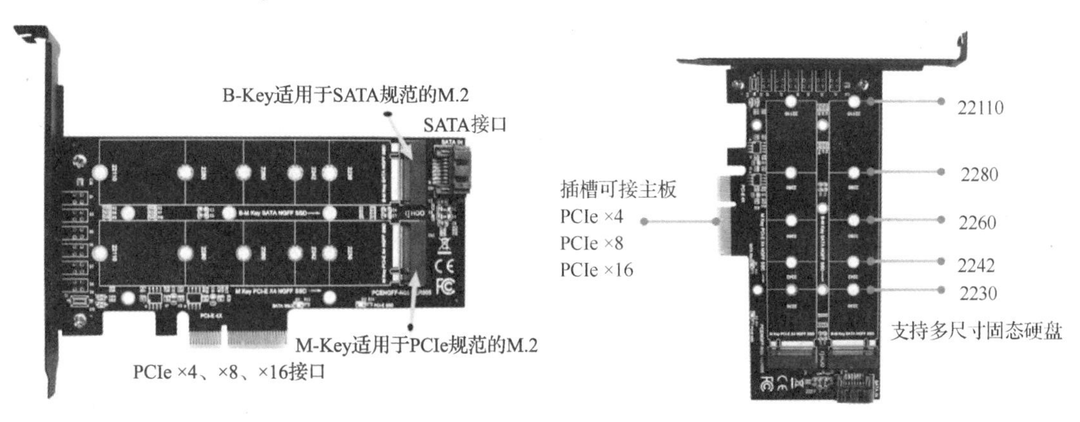

图 3-21 亮腾 PCENGFF-N04 是 PCIe ×4 转 M.2 转接卡

图 3-21　亮腾 PCENGFF-N04 是 PCIe ×4 转 M.2 转接卡（续）

Linkreal LRNV95-N8 扩展卡如图 3-22 所示，遵守 NVMe 协议，可以实现 PCIe4.0 ×8 转 2 个 M.2 SSD。Linkreal LRNV94 -NF 扩展卡如图 3-23 所示，可以实现 PCIe ×16 转接 4 口 U.2 NVMe SSD。

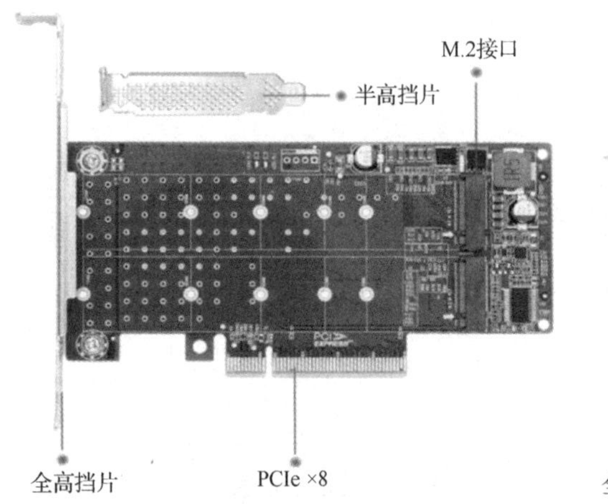

图 3-22　Linkreal LRNV95-N8 扩展卡

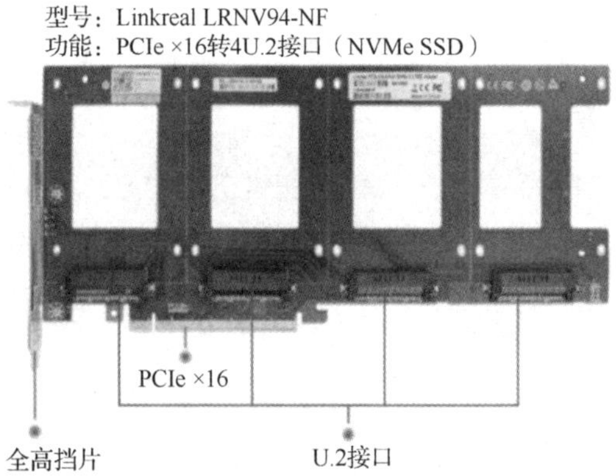

图 3-23　Linkreal LRNV94 -NF 扩展卡

4. PCIe 6.0 的应用前景

作为数码设备的互连标准，PCIe 已经由 PCIe1.0 升级到 PCIe 6.0，每通道数据传输速度可达 64GT/s。PCIe 6.0 保留了对前几代 PCIe 技术的向后兼容性，具有高带宽与低延迟优势，极具成本效益，是一种可扩展的互连解决方案，可为性能密集型计算提供良好的带宽支撑。PCIe 6.0 将对数据密集型市场继续产生重要的影响，广泛应用于数据中心、人工智能（AI）/机器学习（ML）、高性能计算（HPC）、车载、物联网（IoT）、军事/航空航天等领域。

3.1.4.3　SAS

SAS 是一种基于交换的磁盘连接技术，SAS 的版本从 SAS-1、SAS-1.1、SAS-2、SAS-2.1，进化为今天的 SAS-3。它综合了并行 SCSI 和串行连接技术（如 FC、SSA、IEEE1394 等）的优势，以串行通信协议为协议基础架构，采用 SCSI-3 扩展指令集，兼容 SATA 设备，是多层次的存储设备连接协议栈。与并行方式相比，串行方式提供更快速的通信传输速度及更简易的配置，可用于内部和外部 DAS 的连接。在企业级存储领域，SAS 已逐步取代了 SCSI，为企业级数据中心提供了一种高效、高可靠性、可扩展而又容易操作的解决方案。

1. SAS 协议层次

SAS 是一个全交换架构，SAS 网络中的控制器（Initiator）和多块作为网络节点的硬盘（Target）都是全双工线速无阻塞交换的，控制器可以直接向任何一块硬盘收发数据；同样，每块磁盘也可以在任何时刻直接向控制器发送数据。

SAS 的数据交换体系分为六层（见图 3-24），各层的关系和功能如下：

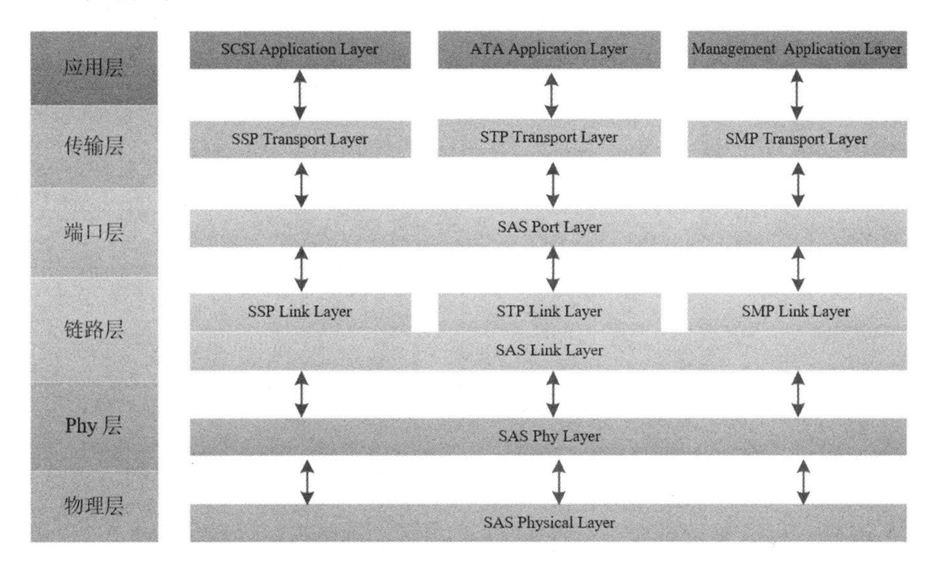

图 3-24　SAS 标准的协议层次模型

（1）物理层主要包括连接线缆、接头、收发器等硬件。

（2）Phy 层包括编码方案、供电/复位序列等低级的协议。

（3）链路层描述的是如何控制 Phy 层，包括连接管理和原语、CRC 检验和、速率匹配处理等。

（4）端口层描述的是链路层和传输层的接口，包括请求、中断、建立连接等。

（5）传输层定义了如何将传输的命令、状态、数据封装在 SAS 帧中，以及如何分拆 SAS 帧。

（6）应用层描述了如何在不同类型的应用下使用 SAS 的技术细节等。

在该体系结构中有三个重要的协议，分别是支持串行 SCSI 协议（Serial SCSI Protocol，SSP）和串行 ATA 隧道协议（SATA Tunneled Protocol，STP），以及串行链路管理协议（Serial Management Protocol，SMP）。

（1）SSP 是 Initiator 和 Target 之间传输 SCSI 指令的传输协议，它保障 SCSI 指令、数据及对指令的响应信息等都能够传输成功。

（2）STP 是一套用于在 Initiator 和 Target 之间传送 SATA 指令的传输保障协议。由于 SATA 协议与 SCSI 协议是完全不同的两套上层协议，不仅指令描述方式和结构不同，而且在底层传输的控制上也不同，因此 STP 就是将 SATA 协议的底层传输逻辑拿了过来，并将其放在 SAS 底层进行传输。SAS Initiator 和 Target 都需要支持 SMP 协议。

SMP 协议允许主机系统与 SAS 扩展器进行配置、监控和管理。它可以用于添加或删除设备，设置设备的属性以及执行其他管理操作。

如果主机背板接的是 SAS 硬盘，链路走的是 SCSI Application Layer 这条链路，则运行的是 SAS 协议中的 SSP 子协议（见图 3-24）。如果主机背板接的是 SATA 硬盘，链路走的是 ATA Application Layer 这条链路，则运行的是 SAS 协议中的 STP 子协议（见图 3-24）。

2. SAS 的交换结构

在 SAS 的交换结构中有物理设备发起器（Initiator）、扩展器（Expander）、目标器（Target）等（见图 3-25），每个端设备（Initiator 和 Target）又包含 SAS HBA、Port、Phy 等要素（见图 3-26）。

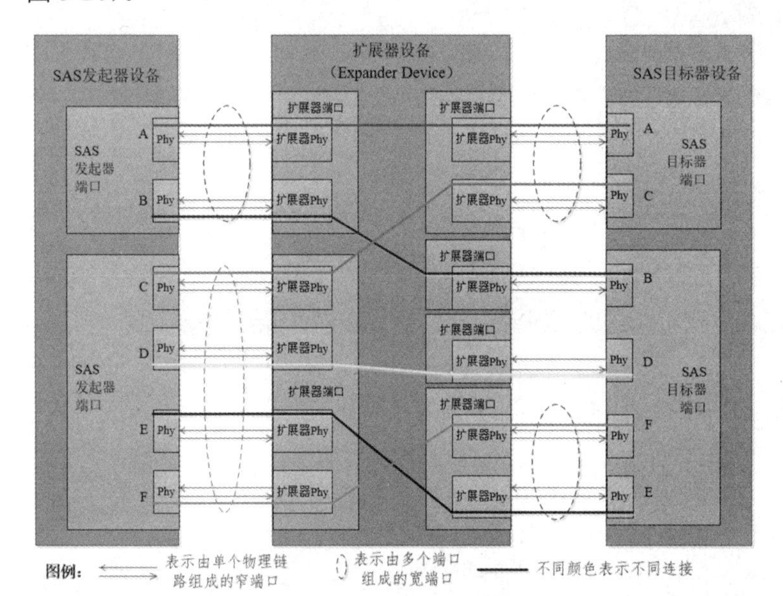

图 3-25　SAS 的交换结构

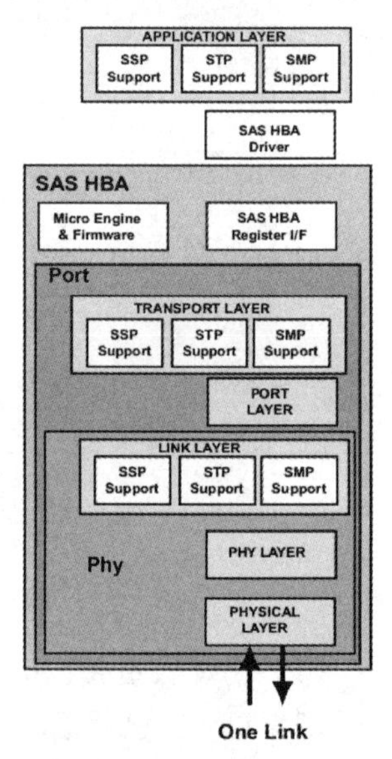

图 3-26　每个端设备的组成

（1）Phy。一个 Phy，即一个发送/接收器，每个 Phy 都有一个 SAS 地址，和一个唯一的 ID 号。

（2）端口（Port）。一个端口包含一个或一组 Phy，每个端口有一个唯一的 SAS 地址，同一个端口中的所有 Phy 共用一个 SAS 地址，每一个 SAS 设备可以包含一个或多个 SAS 端口。

（3）端口连接（Port Link）。端口连接可根据需要使用窄端口（Narrow Port）和宽端口（Wide Port）。窄端口是指只包含一个 SAS Phy 的端口；宽端口则包含 *N* 个 SAS Phy（*N* 个物理连接端口捆绑起来形成一个 N-Wide Port），这些 Phy 在电气上是完全独立的，只是将多个 Phy 封装在一个端口，共用一个 SAS 地址，*N* 取值一般在 2～8。宽端口在使用中，一般有两种方式：

① 一个 N-Wide Port 和另一个 N-Wide Port 直接连接，*N* 个 Phy 同时连接建立一个 N-

Wide Link，比如常用的两个 4*SAS（N=4）宽端口通过线缆直接对接。

② 一个 N-Wide Port 接到多个 Narrow Port 或 M-Wide Port（0≤M≤N/2），分别建立起多条连接，比如一个 4*SAS 的端口（N=4），可以分别接到 4 个窄端口（N=1），也可以接到 2 个 2*SAS（M=2）的端口，还可以接到 2 个窄端口（N=1）和一个 2*SAS（M=2）宽端口。

（4）扩展器设备（Expander Device）。其包括边缘扩展器设备（Edge Expander Device）和扇出扩展器设备（Fanout Expander Device）。一个 SAS 域只能有一个扇出扩展器，起中心交换作用，类似于连接底层交换机的路由器或有路由功能的三层交换机，既可以直接连接到 HBA 卡、磁盘驱动器等末端设备（End Device），也可以连接边缘扩展器设备（见图 3-27）。边缘扩展器设备类似于计算机网络的二层交换机，用于连接边缘扩展器设备或末端设备，且只能上联到一个扇出扩展器设备。

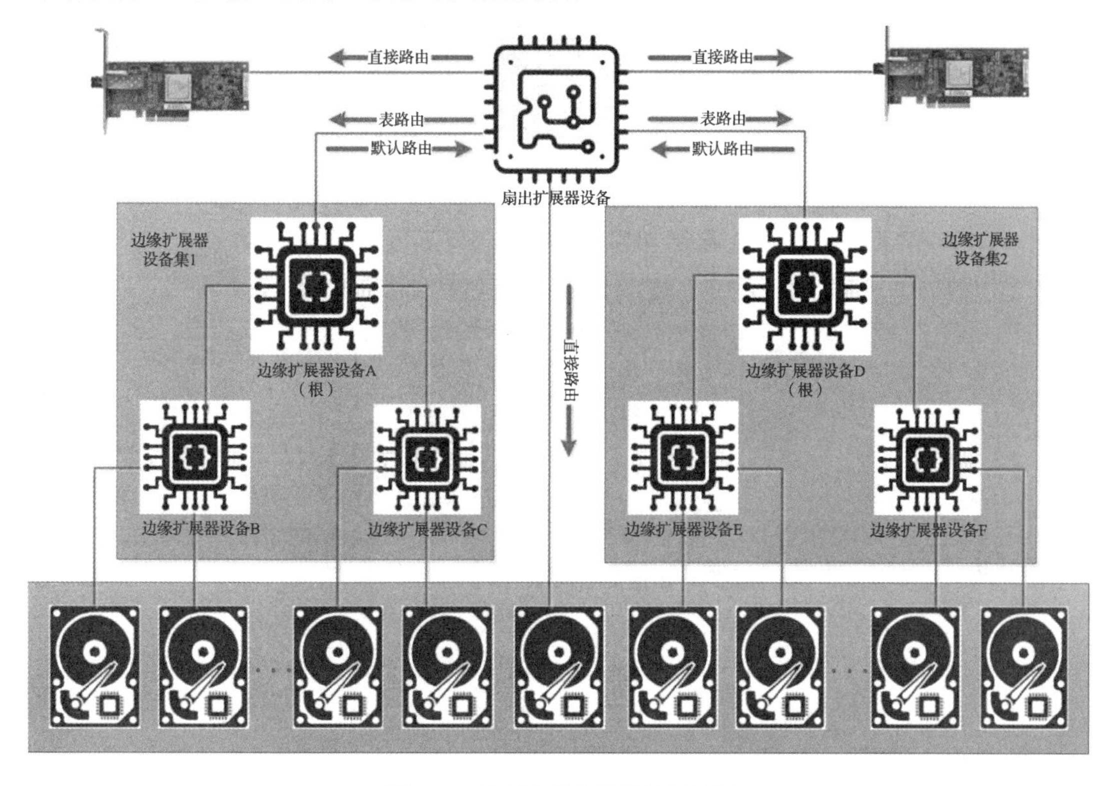

图 3-27　扩展器设备的连接结构图

在没有扇出扩展器的情况下最多仅允许两个边缘扩展器设备互连（见图 3-28），如果我们把每个边缘扩展器设备交换机连接的设备称作一个边缘扩展器设备集，那么每个边缘扩展器设备集最多包含 128 个 SAS 地址。在不超过 Phy 数目上限的前提下，扩展器可以随意连接发起者/目标设备。

扩展器一般是一个模块卡，卡上的 SAS 连接器数量有限，可能只有一个或两个接口，而且它本身最多只能支持四个或八个硬盘驱动器。但使用 SAS 扩展器机柜可以允许控制器使用远超过自身最大支持设备数量的 SAS/SATA 驱动器，通常是 128 或 256 个设备，当然具体数量取决于卡（见图 3-29）。例如，JBOD“串葫芦”的磁盘柜，JBOD 柜子不是无限级联的，约束条件就是扩展器只能容纳 128 个 SAS 地址。考虑到宽端口的优势，以及 SAS 硬盘双 Phy 连接的作用，可以充分考虑冗余特性。

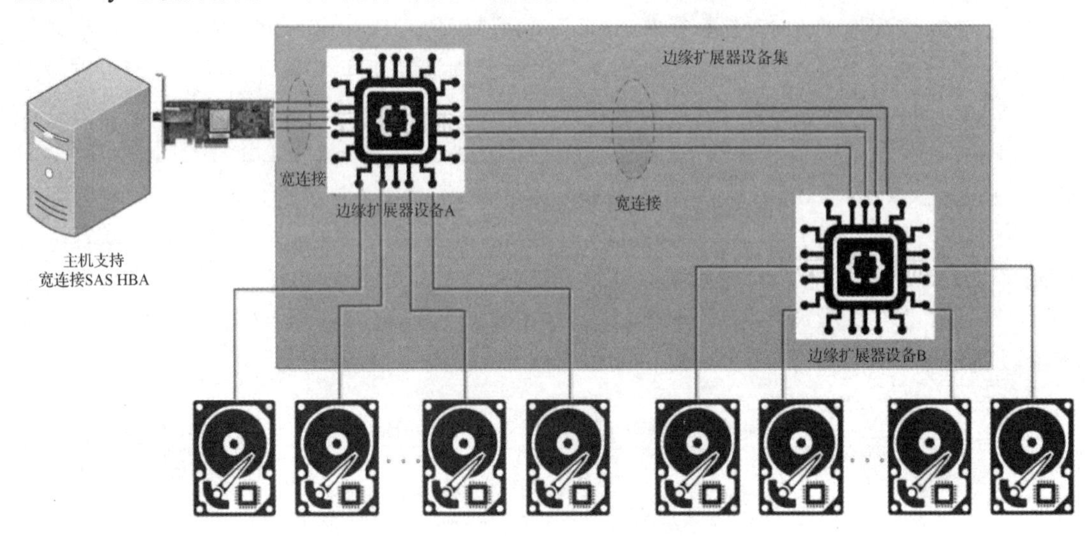

图 3-28　边缘扩展器连接结构图

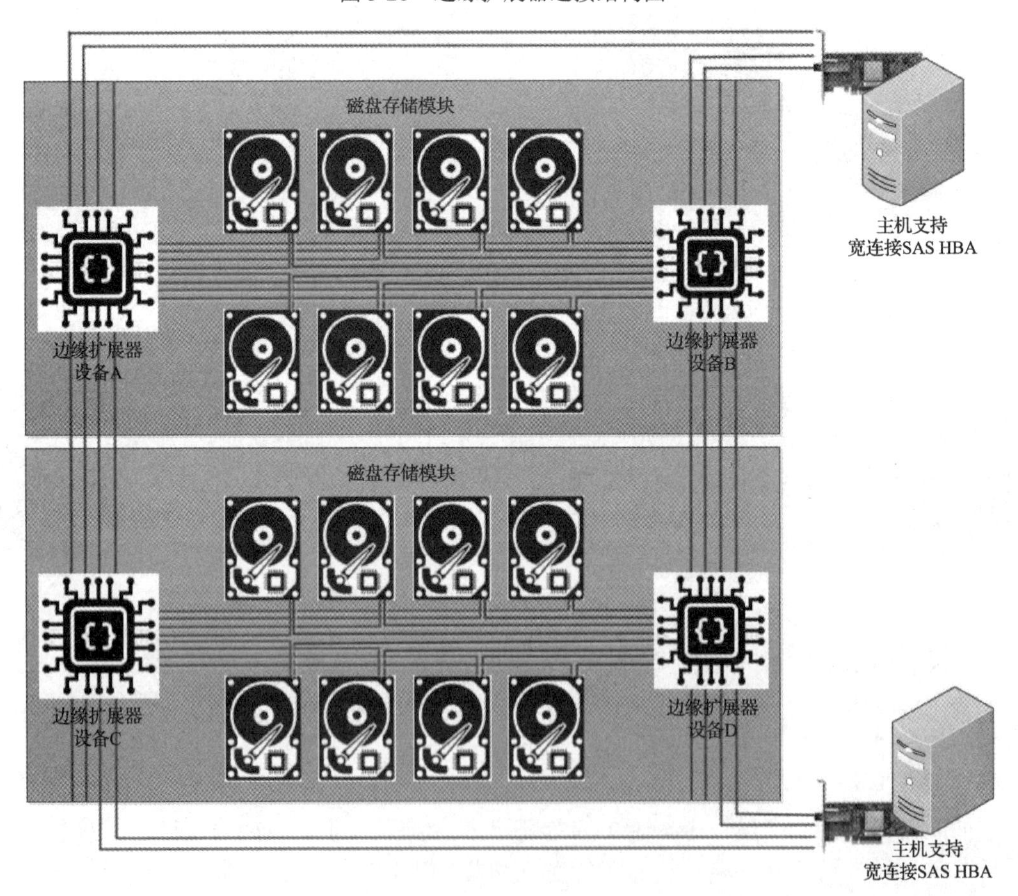

图 3-29　SAS 扩展器用于连接 JBOD 磁盘柜

（5）域（Domain）即 SAS 交换域，由 SAS 设备和 SAS 扩展器设备组成，其中，SAS

设备又分为发起器和目标器，它们可以直接对接起来，也可以经过扩展器进行连接。每一个 SAS 发起器端口和 SAS 目标器端口都有一个单独的 SAS 地址，扩展器设备也有自己单独的一个 SAS 地址。

一个 SAS 域只能有一个扇出扩展器，它可以连接 128 个边缘扩展器或 SAS 端口。SAS 的交换比较简单，直接用端口的 SAS 地址作为交换路由表的内容。在图 3-27 中，扇出扩展器或边缘扩展器使用表路由（Table Routing，T 路由）将报文转发至边缘扩展器，边缘扩展器则利用默认路由（Subtractive Routing，S 路由）把报文转发到扇出扩展器，而扇出扩展器向与其连接的边缘扩展器（如 HOST 主机上的 HBA 卡）转发报文则使用直接路由（Direct Routing，D 路由）。

我们已经知道每个边缘扩展器集可以支持 128 个端口，每个 SAS 域可以有 128 个边缘扩展器集，这样每个 SAS 域中最多可以有 128 × 128 = 16 384 个端口（见图 3-30）。当然，这并不是说每个 SAS 域都可以连接 16 384 个磁盘和 SAS 适配器，由于扇出扩展器与边缘扩展器相连接时，会占用一部分端口，所以如果 128 个边缘扩展器全部连接到扇出扩展器，内部互联至少要占用 256 个端口，也就是说，一个 SAS 域理论上可以连接 16 384 − 256 = 16 128 个 SAS 末端设备。16 128 是一个非常庞大的、极为可观的数字。

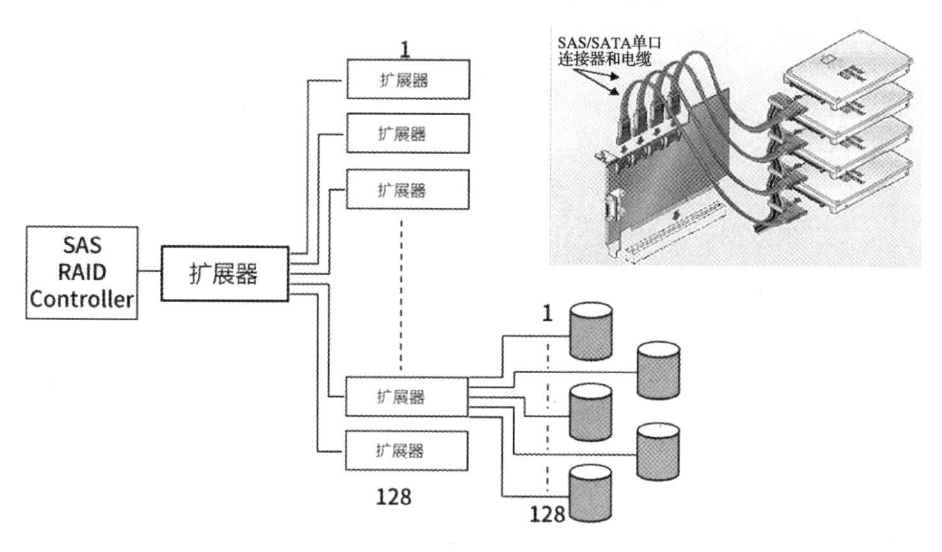

图 3-30　扩展器连接示意图

3. SAS 的连接接口

在介绍 SAS 的连接接口前，我们先区分一下端口（Port）与接口连接器（Connector）的概念。硬件设备的端口又称接口，其电气信号由接口规范定义，而数量则取决于控制芯片的设计。但不管是接口，还是端口，都必须要依托一个实体的表现形式——主要是引脚和接插件，才可以起到连接的作用，进而组成数据通路。因此，就有了接口连接器，它们总是成对使用：在硬盘驱动器、HBA 卡、RAID 卡或背板上的一方，与位于线缆（Cable）一端的另一方“咬合”在一起。至于哪一方是“插座”（Receptacle Connector，插座连接器），哪一方是“插头”（Plug Connector，插头连接器），视具体的连接器规范而定。

SATA 线缆和连接器的情况相对简单，一个端口对应一个接口连接器，线缆也就只有单路连接。SAS 则不同：一开始便支持 4 路的宽连接，允许多达 4 个窄端口聚合为一个宽端口，并编制了相应的连接器规范。这样一来，SAS 的接口连接器至少有两种了，再加上内外之别，各种可行的组合使得 SAS 线缆的类型有几十种。如果考虑各个计算机厂商为了布线的需要而作出的接口连接器形状的改变，SAS 线缆的种类就更多了。

图 3-31 所示为一种系统存储设备扩展卡（Initiator，控制器）插在主机内的 PCIe 插槽上，它与机内存储设备采用内部专用连线连接，多存储设备一般固定在一个存储阵列背板上，通过机内连接线（SATA 或 SAS）或插接头连接。如果是机外存储阵列设备，连接线要采用 4 通道外部连接专用连接线接到外部阵列设备专用连接端口，阵列内部采用 SATA 或 SAS 线缆连接。

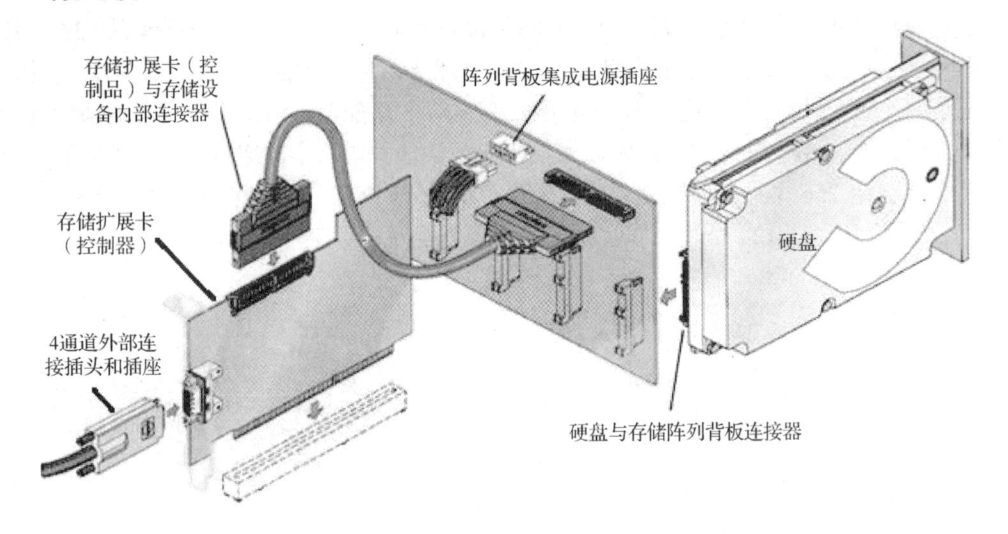

图 3-31　扩展卡连接示意图

目前 SAS 连接的接口和线缆主要有 SFF-8643/8644、SFF-8087/8088、SFF-8639、SFF-8680、SFF-8482、SFF-8087 等。

1）SFF-8643/8644

SFF-8643/8644 用于实现 HD SAS 内/外部互连解决方案。SFF-8643/8644 都是 36 针“高密度 SAS”连接器，SFF-8643 采用多用于内部连接的塑料体，SFF-8644 则采用与屏蔽外部连接兼容的金属外壳。典型应用是 SAS HBA 与 SAS 驱动器之间的 Internal SAS 链路。SFF-8643 符合最新的 SAS 3.0 规范，并支持 12Gbps 数据传输协议。SFF-8643 和 SFF-8644 都可以支持最多 4 端口（4 通道）的 SAS 数据。SFF-8643/8644 接口与连接线实物图如图 3-32 所示。

2）SFF-8087/8088

SFF-8087 是一款 36 针 mini SAS Internal 连接器（见图 3-33），采用兼容内部连接的塑料锁定接口。SFF-8088 是一款 26 针 mini SAS 连接器（见图 3-34），采用与屏蔽外部连接兼容的金属外壳。External mini SAS 4x 连接器专为实现 mini SAS 外部互连解决方案而设计，与网线口类似，典型应用是 SAS HBA 与 SAS 驱动器子系统之间的 SAS 链路，兼容 6Gbps mini SAS 2.0 规范，支持 6Gbps SAS 的数据传输速度，以及最多 4 端口（4 通道）的

SAS 数据。需要说明的是，SFF-8087/8088 已经逐渐被较新的 SFF-8643/8644 所取代。

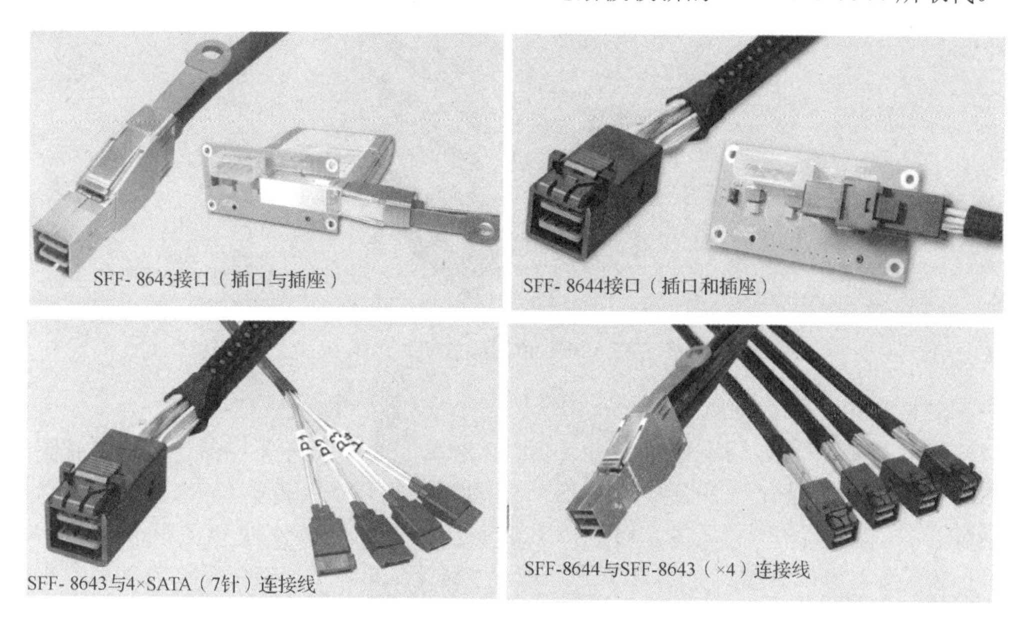

图 3-32　SFF-8643/8644 接口与连接线实物图

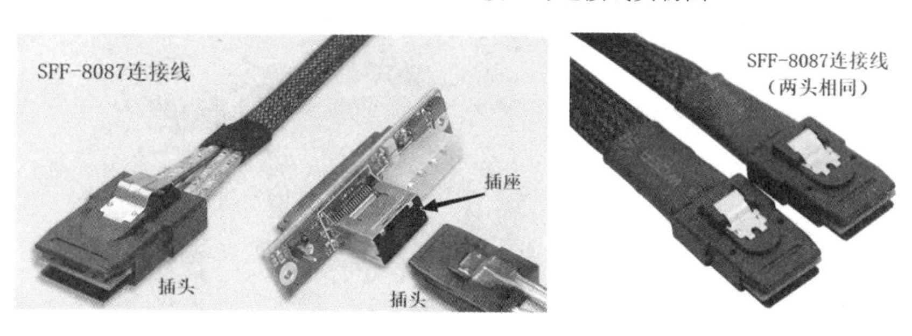

图 3-33　SFF-8087 接口连接器实物图

图 3-34　SFF-8088 接口连接器实物图

需要注意的是，SFF-8087 无法直接连接硬盘使用，要连接硬盘则需要使用转换线（见图 3-35）。

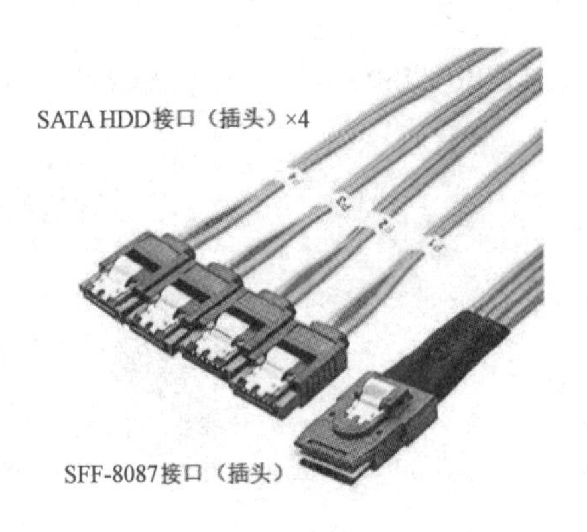

图 3-35　SFF-8087 转 SATA 线缆

3）SFF-8639

SFF-8639 现称 U.2，用于连接 Multi Link SAS 驱动器或 PCIe 驱动器（包括硬盘驱动器和 SSD 驱动器）。它是一个 29 针 2 通道 SAS 驱动器接口。SFF-8639 是一款 68 针驱动器接口连接器，具有更高的信号质量，可支持 12Gbps SAS 和 PCIe ×4 或 PCI Express NVMe。SFF-8639 连接器可以集成到多个驱动器的 PCB“对接底板”上，也可以集成到单个驱动器“T-Card”适配器上（见图 3-36）。尽管 SFF-8639 U.2 连接器共有 6 条高速信号路径，但 SAS 和 PCIe 都只能使用最多 4 条通道。

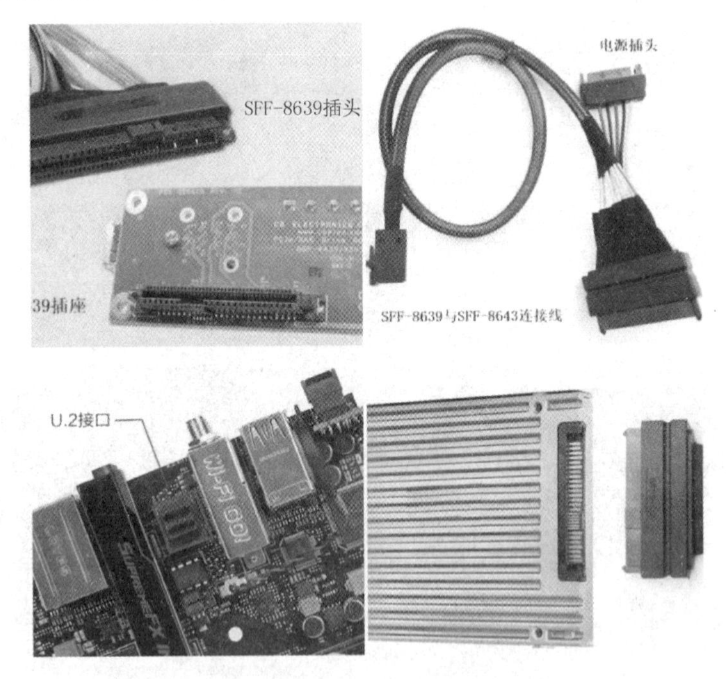

图 3-36　SFF-8639 接口、线缆和主板插口实物图

在具体应用中，控制卡插在主板 PCIe ×4/×8/×16 3.0 插槽上，控制卡上的 SFF-8643 端口可以使用 SFF-8639 转 SFF-8643 数据线，连接高性能的 2.5 英寸（1 英寸=2.54 厘米）NVMe U.2 (SFF-8639) SSD，连接图如图 3-37 所示。

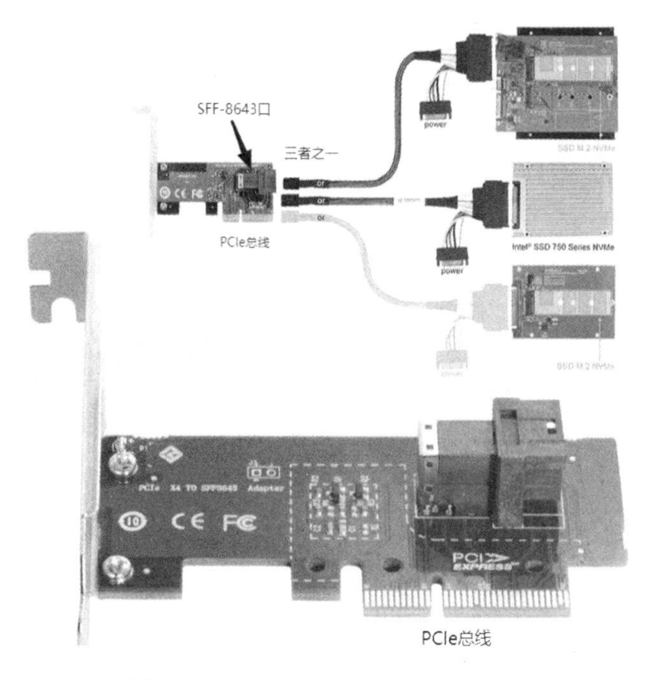

图 3-37　SFF-8639 与 8643 实际连接图

4）SFF-8680

用于连接 SAS 硬盘和 SAS SSD 驱动器，其升级版本是 SFF-8639。SFF-8680 是一个 29 针连接器（见图 3-38），带有塑料主体，配置有 15 个引脚，支持驱动器的电源要求，以及两组插头，用于传输 SAS 数据信号。SFF-8680 支持 2 个 SAS 端口（通道）与驱动器之间的连接。SFF-8680 可以集成到用于多个驱动器的 PCB“对接底板”上，也可以集成到单个驱动器的“T-Card”适配器上。SFF-8680 符合最新的 SAS 3.0 规范，并支持 12Gbps 外部硬盘 mini SAS 数据传输协议。

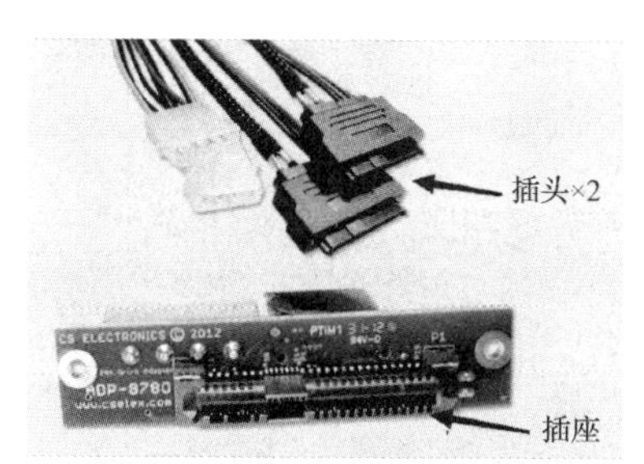

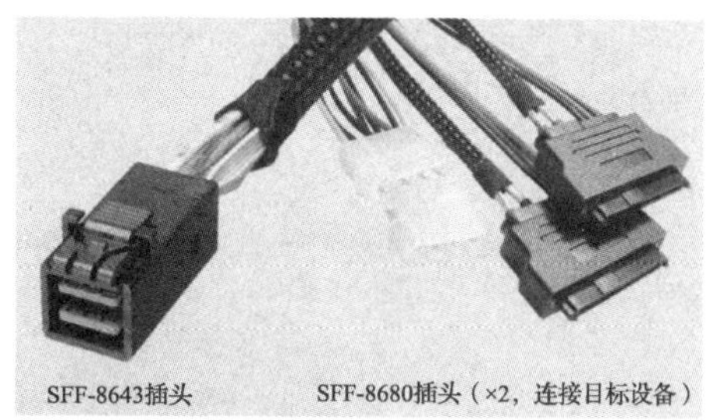

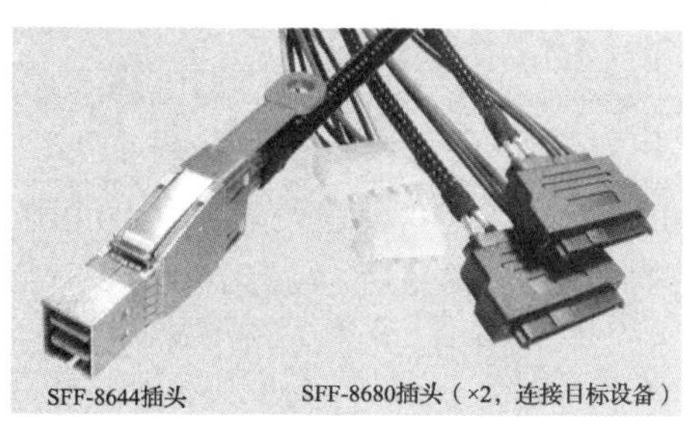

图 3-38　SFF-8680 接口和 SFF-8643/8644 连接线缆实物图

5）SFF-8482

SFF-8482 用于连接 SAS 驱动器，其升级版本是 SFF-8680。SFF-8482 是一个 29 针连接器（见图 3-39），带有塑料主体，配置有 15 个引脚，可支持驱动器的电源要求，两组 7 针引脚，用于传输 SAS 数据信号。SFF-8482 支持 2 个 SAS 端口（通道）与驱动器之间的连接。SFF-8482 可以集成到多个驱动器的 PCB“对接背板”上，安装在单驱动器“T-Card”适配器上。SFF-8484 接口主要用于 SAS 阵列卡，作为内部 SAS 连接线用，支持 12Gbps 带宽。

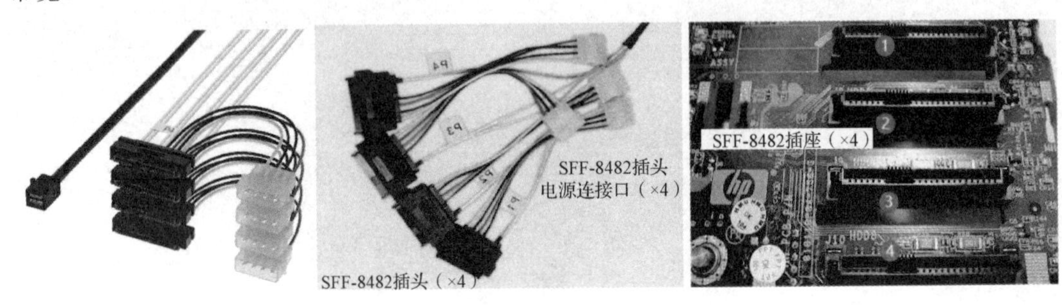

图 3-39　SFF-8482 插头和 PCB 插座实物图

4. SAS 与 SATA 关系

1）都采用串行化的技术

SAS 和 SATA 都是采用串行技术以获得更高的传输速度，并都通过缩短连接线改善内部空间等。

SAS 是并行 SCSI 接口之后开发出的全新接口。此接口的设计是为了改善存储系统的效能、可用性和扩充性，并且提供与 SATA 硬盘的兼容性。SAS 和 SATA 一样，线缆都采用 7 针 4 线（见图 3-40）。

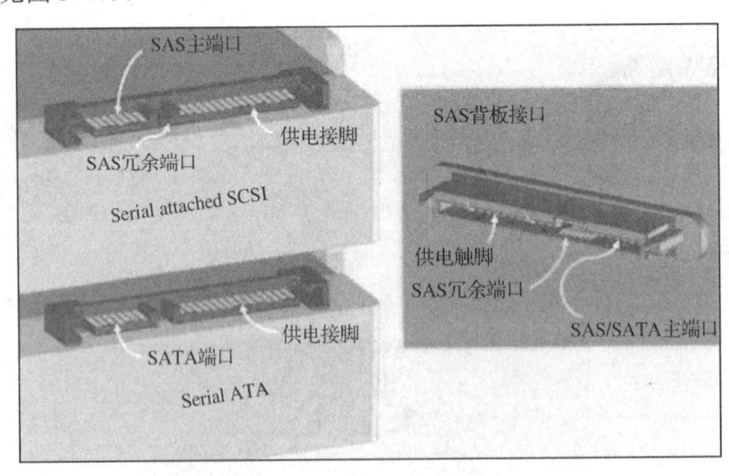

图 3-40　SAS 和 SATA 硬盘物理接口比较图

2）SAS 接口向下完全兼容 SATA

SAS 的目标是定义一个新的串行点对点的企业级存储设备接口，引入了 SAS 扩展器，使 SAS 系统可以连接更多的设备，其中每个扩展器允许连接多个端口，每个端口可以连接 SAS 设备、主机或其他 SAS 扩展器。SAS 的接口技术向下兼容 SATA，主要体现在物理层和协议层的兼容。

在物理层，SAS 接口和 SATA 接口完全兼容，SATA 硬盘可以直接在 SAS 环境中使用，从接口标准来看，SATA 是 SAS 的一个子标准，因此 SAS 控制器可以直接操控 SATA 硬盘，但是 SAS 却不能直接在 SATA 环境中使用，因为 SATA 控制器并不能对 SAS 硬盘进行控制。

在协议层，SAS 由 3 种类型的协议组成，根据连接的不同设备使用相应的协议进行数据传输。其中，串行 SCSI 协议（SSP）用于传输 SCSI 命令；SCSI 管理协议（SMP）用于对连接设备进行维护和管理；SATA 通道协议（STP）用于 SAS 和 SATA 之间数据的传输。因此在这 3 种协议的配合下，SAS 可以和 SATA 及部分 SCSI 设备无缝结合，保护了用户的投资。

SAS 的接口技术可以向下兼容 SATA。SAS 系统的背板既可以连接具有双端口、高性能的 SAS 驱动器，也可以连接高容量、低成本的 SATA 驱动器。因为 SAS 驱动器的端口与 SATA 驱动器的端口形状看上去类似，因此 SAS 驱动器和 SATA 驱动器可以同时存在于一个存储系统之中。需要注意的是，SATA 系统并不兼容 SAS，所以 SAS 驱动器不能连接到 SATA 背板上。

3）工作模式不同

SAS 可以工作在全双工模式下，提供充分的双向带宽，并且 SAS 通过建立物理连接，使用唯一设备地址，相反，SATA 只能处理端口号。SAS 可支持的线缆长度理论上可达 12 米，而 SATA 仅为 1 米。

4）连接拓扑不同

SAS 物理连接介质因应用不同而存在多种规格和标准，不仅仅把 SCSI 接口串行化，更重要的是，SAS 是点对点的结构，拓扑结构是星型，每个设备连接到指定的数据通路上提高了带宽，减少了数据在传输时产生的电磁干扰。SAS 的电缆结构还可以节省空间，从而提高使用 SAS 硬盘主机的散热、通风能力。与此对应的是，SATA 的连接介质比较单一。

3.1.4.4 FC

FC 是一种面向主机共享存储设备的连接，是存储控制器和驱动器之间的内部连接；是一种代替并行 SCSI 在主机和集群存储设备之间传输接口的方案。与 SAS 全交换式架构不一样，FC 有 FC-AL（Fiber Channel Arbitrate Loop）和 FC-SW（Fabric Channel Switch）两种架构。

（1）FC-AL 是仲裁环架构，可以实现将光纤通道直接作为硬盘连接接口。在 FC-AL 的网络中网络连接的设备是 Hub，它的工作原理与令牌环网中的 Hub 类似，所有的设备都连接到 Hub 这个中央节点，最大可以支持 127 个设备。

（2）为了克服 FC-AL 网络中的总线制约，研究人员提出了 FC-SW（Fabric Channel Switch）全交换的 SAN 架构，支持的存储设备数量大幅增加，具有强大的网络管理能力。

FC 是一种高速的网络连接技术，为主机的多硬盘系统环境而设计，通过交换机的点对点连接，进行双向、串行的数据通信，满足在高端工作站、主机、海量存储子网络、外设间进行数据传输率的要求；支持热插拔、高速带宽、远程连接、连接设备数量大、光纤和铜缆介质等。

从宏观上看，FC 实现了与主机的外置 DAS 连接，但 FC 自身拥有完备的管理规范和协议体系，已经是 SAN 的核心技术之一，因此 FC 从技术上更多地被当作网络存储的内容。关于 FC 的技术细节将在后续的 SAN 项目中进一步介绍。

3.1.5 任务小结

本任务介绍了 DAS 的结构和类别，重点分析了 DAS 连接的 AHCI、NVMe 和 SCSI 三种主要协议，通过大量实操图形（片）较为全面地介绍了主流的 SATA、PCIe、SAS 三种 DAS 总线和对应的连接接口等内容，让读者更直观地理解和使用这些总线、接口和连接使用方法。

任务 2 理解 DAS 的特点

教学目标

1. 掌握 DAS 的结构特点。
2. 理解 DAS 在类别、连接能力、兼容性等特点。

DAS 结构是一种最常见的主流存储连接结构。它依赖于服务器，其本身是硬件的堆叠，不带有任何存储操作系统。DAS 通过与其相连的主机工具进行配置，以实现对存储设备和资源的管理，也可以通过 RAID 实现磁盘阵列，提高存取性能，是数据本地化的一个理想方案。

3.2.1 DAS 的主要优势

DAS 结构简单、连接容易、读写性能高，能实现大容量存储，主要优势有以下几点。

第一，高性能。DAS 设备直接连接到主机系统，数据传输速度快、延迟低。这使得 DAS 成为处理大型文件、高速传输和实时应用程序的理想选择，如视频编辑、数据库管理和虚拟化环境等。

第二，数据安全。DAS 设备支持硬件 RAID 技术，可以提供数据冗余和容错功能，确保数据的安全性和完整性。在硬盘故障时，RAID 可以自动重建数据，降低数据丢失的风险。

第三，简单易用。DAS 设备通常易于安装和配置。用户只需将 DAS 设备通过接口连接到主机系统即可立即开始使用。没有复杂的网络设置和配置过程，使得 DAS 设备适用于个人用户和小型企业。

第四，移动性。由于 DAS 设备是直接连接到主机系统的，因此它们通常具有良好的移动性。用户可以轻松地将DAS设备连接到不同的计算机或服务器，实现数据的快速传输和共享。

第五，成本低。与其他结构的存储方案（如本教材后续项目介绍的NAS、SAN）相比，DAS设备通常具有更低的成本。

3.2.2 DAS的不足

在3.2.1节我们介绍了DAS的优势，DAS目前广泛应用于小型计算环境，从主机的角色上看，不论是内部DAS还是外部DAS，都属于本地化资源，数据的I/O都要占用主机的资源，如数据的读写和存储维护管理要依赖主机操作系统进行；数据备份和恢复要求占用主机资源（包括CPU、系统I/O等）；外部DAS存储网络上的数据须经主机的存储和转发等。显然，直连式存储的I/O数据量越大，占用存储I/O、网络I/O及CPU和内存的资源就越多，对系统的影响就越严重。主机一旦发生故障，数据服务即被中断。

（1）从设备接口上看，DAS连接到主机的端口数量有限，可寻址的硬盘设备数量有限，可扩展的能力有限，接口总线的吞吐率制约着其性能提升。

（2）从存储资源上看，资源缺乏共享能力，阵列前端端口、存储空间、DAS设备上剩余的存储空间资源都不能共享，一般也不具有快照、克隆、容灾等存储的高级功能。

（3）从设备管理上看，DAS受连接的距离限制，维护和升级都存在困难，如在维护内部DAS时，必须先下电才能进行。

（4）从存储的兼容性看，不同操作系统的DAS设备之间兼容性较差。

（5）从系统管理上看，对于存在多个服务器的系统来说，管理不便。使用DAS的多台服务器存储空间不能在服务器之间动态分配，可能造成相当的资源浪费，数据备份操作复杂。

随着云计算、大数据、人工智能等信息技术的应用需要，近年来，以华为为代表的企业推出了OceanStor V3等新一代直连存储产品，能够满足云计算、虚拟化、HPC、备份、归档等各种应用下的直连存储需求。

3.2.3 选择和配置DAS设备的注意事项

DAS有很多的优势，同时它又有很多的不足，但毕竟是存储体系结构变革中最基本的存储连接模式，相对而言，只要简单、用户访问密度不高、共享要求一般、数据量相对不大的应用和系统存在，DAS就将必然存在下去。如何选择和配置适用的DAS系统呢？可以从以下六个方面考虑。

（1）存储需求。用户根据自己的存储需求确定DAS设备的存储容量和硬盘数量。考虑到数据的增长和冗余备份需求，选择合适的存储空间配置。

（2）数据保护。用户要了解DAS设备支持的RAID级别，选择适合的RAID配置以保护数据免受硬盘故障的影响。

（3）接口类型。根据主机系统的接口类型选择适当的DAS设备，常见的接口类型包括SAS、SCSI和USB等。

（4）扩展性。选择支持硬盘热插拔和扩展槽的DAS设备，以便在需要时轻松添加更多的硬盘驱动器。

（5）品牌和可靠性。选择知名品牌的DAS设备，并查看用户评价和专业评测，确保其可靠性。

（6）数据备份策略。制定定期的数据备份策略，包括本地备份和远程备份，以保护数据安全。

DAS直连式存储依赖服务器主机操作系统进行数据的I/O读写和存储维护管理，数据备份和恢复要求占用服务器主机资源（包括CPU、系统I/O等），数据流需要先回流到主机再到服务器连接着的存储设备，数据备份通常占用服务器主机资源的20%～30%，因此许多企业用户的日常数据备份常常在深夜或业务系统不繁忙时进行，以免影响正常业务系统的运行。直连式存储的数据量越大，备份和恢复的时间就越长，对服务器硬件的依赖性和影响就越大。

3.2.4 任务小结

DAS是一种可以直接连接到计算机或服务器的存储设备，总体来讲，具有易安装和部署、使用简单、复杂度小、性能可靠稳定等特点，以及高性能、数据安全、简单易用和移动性好等优势。在选择和配置DAS设备时，用户应考虑存储需求、数据保护、接口类型、扩展性、品牌和可靠性等因素，并制定合适的数据备份策略，以确保数据的安全和完整性。

任务3 配置DAS

教学目标

1. 了解目前市场上主流的HDD扩展设备。
2. 能够阅读DAS设备技术说明书，并按照文档内容配置和使用DAS设备。对出现的安装和使用问题能够借助网络技术资源进行排除。

DAS存储是一种可以直接连接到服务器的存储设备，通常使用SAS或SCSI接口。一般适用于数据量不大，但对磁盘访问速度要求较高的个人、家庭、中小企业。存储系统被直连到应用的服务器中时，许多数据应用就安装在直连的DAS存储中。随着DAS技术的发展，新型可扩展的、能满足大容量应用的DAS设备也逐渐增多，这为DAS的应用拓展了更大的空间。

3.3.1 通过DAS扩展HDD

通过总线把存储设备（装置）和系统接入主机是常见的DAS连接方式。我们选择了一款主流的铁威马（Terra Master）DAS装置——铁威马D2-310，通过实际操作来说明通过DAS扩展HDD的方法。

3.3.1.1 铁威马 D2-310

铁威马 D2-310（以下简称 D2-310）直连式存储装置是一款双盘位 RAID 磁盘阵列硬盘盒外置柜（见图 3-41），机箱正面有两个硬盘槽位，通过 USB 线（Type-C 接口）直接与主机连接，用于主机存储扩容。支持 RAID0、RAID1、JBOD 和 Single 四种工作模式。

（1）RAID0、RAID1 模式：是传统的 RAID 磁盘阵列模式。

（2）JBOD 模式：逻辑上把几个物理磁盘一个接一个串联到一起，提供一个大的逻辑磁盘。它的读写性能完全等同于对单一磁盘的存取操作。

（3）Single 模式：各个硬盘都是以独立的盘符显示的，在使用上也是各自存储，互不影响。

D2-310 兼容 2.5 英寸和 3.5 英寸硬盘，使用的两个硬盘可以选用品牌和型号相同的产品，也可以不相同，但总容量是两个硬盘的容量之和。D2-310 支持 SATA2、SATA3 总线，以及 SSD、HHD、SSHD 多种类型的硬盘。

3.3.1.2 配置铁威马 D2-310 的过程

第一步，通过卡扣打开硬盘仓位，取出硬盘固定支架（支架上分别印着 HDD1 和 HDD2）。

第二步，按照硬盘规格把硬盘安装到支架上（见图 3-42），并通过螺丝固定在硬盘卡位上，再把支架安装回仓位。

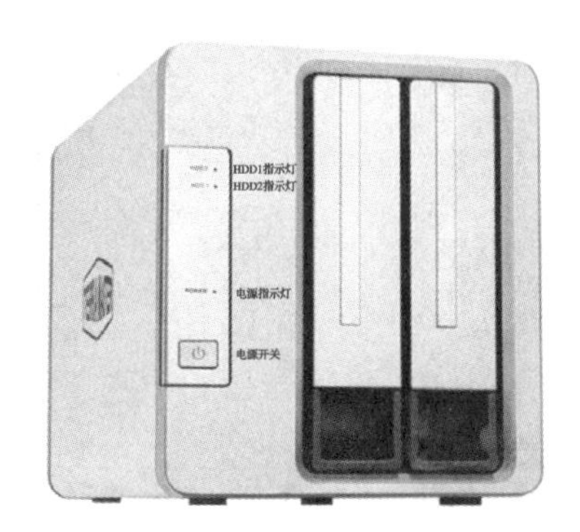

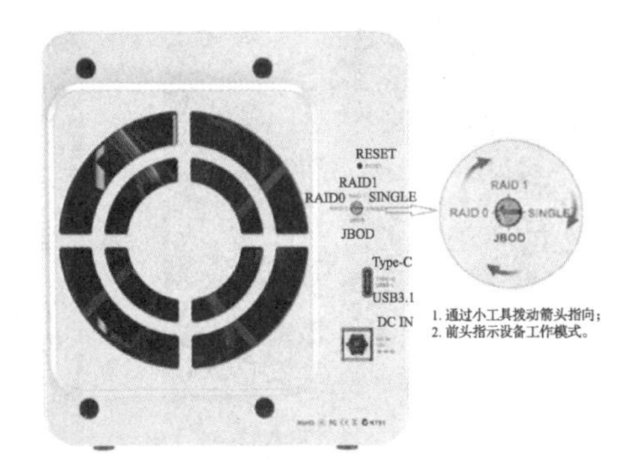

图 3-41　D2-310 设备外观图

图 3-42　D2-310 硬盘安装示意图

第三步，通过 Type-C 连接线把主机和 D2-310 连接起来，接通设备专用电源。打开 D2-310 电源开关启动设备。

第四步，先通过旋转模式设定按钮将其指向期望的工作模式，然后按住复位键 5 秒钟，D2-310 装置会自动改变主机工作模式。

第五步，根据第四步设置的工作模式，在主机上完成对应模式的设置工作。

D2-310 是一种入门级的桌面 DAS 方案，支持四种工作模式，能够满足视频编辑、照片备份、文档保存、档案备份、视频监控录像等不同应用场景的需要。用户可以使用第三方的磁盘性能测试工具（如 Disk Speed Test）来测试不同工作模式、硬盘类型等内容。需要注意的是，一旦选定了某一种工作模式就不要随意调整或转换，否则原来模式下的数据会丢失。

3.3.2 存储控制卡与外部 SAS 存储阵列的安装

3.3.2.1 MAIWO K8F SAS 磁盘阵列柜

MAIWO（麦沃）K8F SAS 是一款 8 盘位的高速存储磁盘阵列柜（见图 3-43），是 MAIWO 专为高端存储市场推出的存储产品，单盘容量最高可支持 18TB，总容量可达 144TB。在传输速度方面，MAIWO K8F SAS 选装高性能的配合 SAS 阵列卡（见图 3-44），支持 RAID0、RAID1、RAID5、RAID6、RAID10、RAID50、RAID60 等多种磁盘阵列工作模式，用户可根据实际情况进行设置，在发挥磁盘性能的同时也能保证数据的安全，不用担心数据因为磁盘损坏而丢失。这种组合是一款兼顾大容量、高性能、安全性和经济性的存储解决方案。

图 3-43 MAIWO K8F SAS 8 盘位高速存储磁盘阵列柜实物图

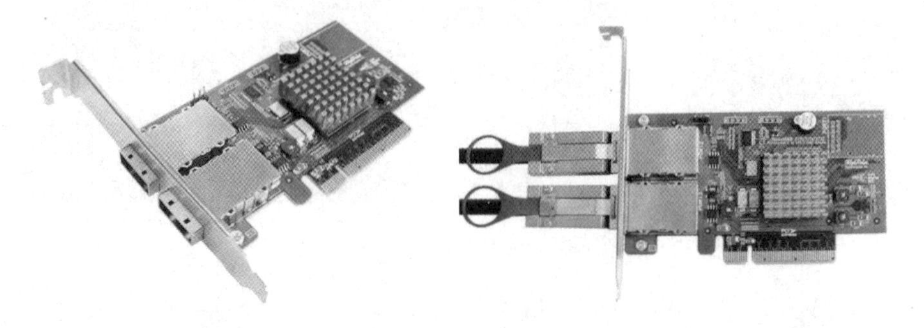

图 3-44 MAIWO K8F SAS 8 盘位高速存储磁盘阵列柜配备的 SAS 阵列卡

3.3.2.2 配置 MAIWO K8F SAS 磁盘阵列柜的过程

第一步，使用 L 形扳手将硬盘托盘取出，分别将 8 块硬盘固定在硬盘托盘内。

第二步，将装有硬盘的硬盘插槽装回阵列柜，并使用扳手加锁。

第三步，将 SAS 阵列卡安装到计算机主机的 PCIe 卡槽上，连接计算机和阵列柜的 SAS 线（4 个硬盘只需要 1 根 SFF-8644 连接线，驱动 8 块硬盘只需要 2 根 SFF-8644 连接线）。MAIWO K8F SAS 磁盘阵列柜和主机连接图如图 3-45 所示。

图 3-45　MAIWO K8F SAS 磁盘阵列柜和主机连接图

第四步，打开阵列柜电源和主机电源开关。通过“我的电脑”查阅阵列卡信息，并进行磁盘的初始化。如果想构建 RAID，可以通过安装 RAID 管理软件来创建各级 RAID。

3.3.3　任务小结

本任务以市场主流的两种 DAS 设备铁威马 D2-310 和 MAIWO K8F SAS 为例，介绍了 DAS 设备的特性、安装和配置方法。

项目小结

本项目包含 3 个任务，围绕 DAS 配置，首先介绍了 DAS 的结构和类别，分析了 DAS 连接的 AHCI、NVMe 和 SCSI 三种主要协议，展示了主流的 SATA、PCIe、SAS 三种 DAS 总线和对应的连接接口等内容；然后通过对市场主流的两种 DAS 设备的介绍，详尽给出了 DAS 设备的安装和配置方法。本项目的内容组织框架如图 3-46 所示。

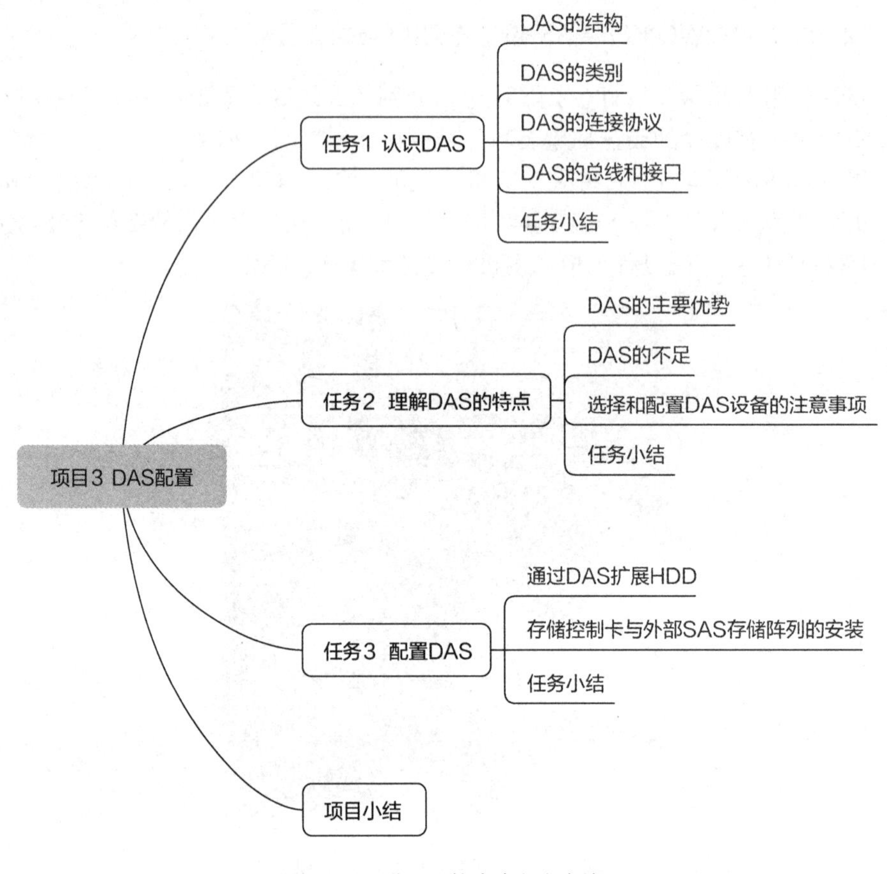

图3-46 项目3的内容组织框架

习题

1. 选择题

（1）关于DAS的表述，错误的是（ ）。

A. DAS是直接把存储设备连接到主机的总线上

B. DAS为主机提供块级的存储服务

C. DAS的存储设备只能被该主机直接访问和控制

D. DAS结构的应用价值不大

（2）DAS面向SSD介质硬盘的协议是（ ）。

A. AHCI B. NVMe C. SCSI D. PCIe

（3）AHCI是专门为（ ）接口的机械硬盘而设计的。

A. SCSI B. SAS C. SATA D. PCIe

（4）下列DAS常用的总线中，（ ）是并行总线类别。

A. SATA B. SCSI C. PCIe D. SAS

（5）PCIe 总线采用高速（　　）拓扑结构。

A．树型　　B．菊花链　　C．总线型　　D．环型

（6）在 SAS 的交换结构中，物理设备 Initiator 和 Target 不包含（　　）。

A．HBA　　B．Port　　C．应用　　D．Expander

（7）关于 DAS 的描述，错误的是（　　）。

A．DAS 通过与其相连的主机工具进行配置，实现对存储设备和资源的管理

B．DAS 安装和部署简单，但管理的复杂度很高，使用起来也不方便

C．DAS 结构可以应用于各类计算环境，是数据本地化的理想方案

D．DAS 系统可以通过 RAID 等实现磁盘阵列，提高存取性能

（8）下列选项中，（　　）是 SATA 总线不能适配的接口。

A．eSATA　　B．M.2　　C．SAS　　D．USB

2. 判断题

（1）网络存储属于外部 DAS 的范畴。（　　）

（2）SAS 是 SATA 总线的串行版本。（　　）

（3）PCIe 存储系统是由根桥设备、交换设备和终端设备等组成的一个 PCIe 网络。（　　）

（4）FC 是一种面向主机共享存储设备的连接方案，但更是一种性能和效率俱佳的网络存储技术。（　　）

（5）通过 DAS 连接到主机的端口数量尽管有限，但可寻址的硬盘设备数量是无限的。（　　）

4 项目 4 SAN 配置

存储区域网络（Storage Area Network，SAN）是一种面向网络，以数据存储为中心的存储架构。其采用可扩展的网络拓扑结构连接服务器和存储设备，将数据的存储和管理集中在相对独立的专用网络中，实现服务器和存储设备的分离。本项目主要介绍 SAN 的概念、组成、类别和特点，重点介绍主流的 FC-SAN 和 IP-SAN 相关技术，以及 IP-SAN 体系中 iSCSI 配置的方法。

任务 1　认识 SAN

教学目标

1. 理解 SAN 的组成及其与 DAS 的关系。
2. 了解 FC-SAN 和 IP-SAN 的发展，iSCSI 协议的运行方式。
3. 理解 FC-SAN、iSCSI 的协议栈、设备的命名和分区。
4. 掌握 FC-SAN 的端口类别和连接方式，以及 iSCSI 的节点管理和连接方式。

SAN 是常见的企业存储方案，是一种通过光纤交换机、光纤路由器、光纤集成器等设备将磁盘阵列等存储设备与相关服务器连接起来的高速专用子网。其优势体现在易于扩容、集中管理、性能好及备份策略灵活等方面。

4.1.1　SAN 的概念

在 DAS 存储架构中，存储通过总线连到主机系统。随着业务量和应用的迅速增长，数据的存储需求同步迅猛增加，出现存储系统扩容困难、性能降低、运维成本高、可扩展性差、业务迁移困难等情形，主机逐渐成了系统的制约因素。为此，业界提出 SAN 新型存储架构，用以缓解 DAS 架构面临的问题。

我们知道，在 DAS 结构中，存储设备可以通过 FC、SAS 等总线连入系统。这些总线采用的是不同的网络技术，如果把这些网络及其连接的存储连接成另一个新的“存储网”（见图 4-1），独立于原来的主机，且具有自己完备的管理，这就是 SAN。其被看作存储总线概念的扩展，因此业界认为“SAN 技术是 DAS 技术的替代者”，是与传统网络共存的“第二网”。

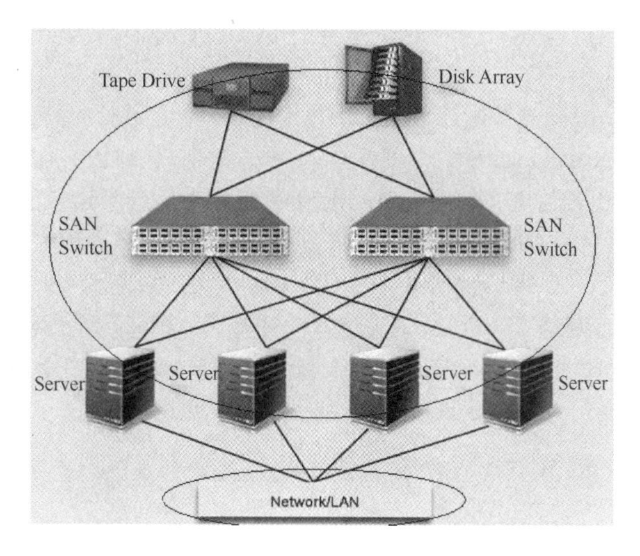

图 4-1　SAN 的概念图

那么到底怎么定义 SAN 呢？存储网络工业联盟（SNIA）给出了权威的定义：SAN 是用来在计算机系统和存储单元之间，以及存储单元之间进行数据传输的网络系统。SAN 包含一个通信系统基础结构，包括物理连接、管理层、存储单元和计算机系统，以确保数据传输的安全性和稳定性。

SAN 采用一个分离的网络连接所有的存储器和服务器，这个网络可以采用高性能的实现技术，数据是以块 I/O 的形式在光纤通道中传输的，使数据块的移动更为有效，也便于用户自由增加磁盘阵列、磁带库或服务器等设备。采用高速的 FC 作为传输媒介的 SAN 具有光纤通道在距离、性能和连接性等方面的优势，如果结合光纤通道交换机，将使独立于应用服务器网络系统之外的 SAN 几乎拥有了无限的存储能力。

4.1.2　SAN 的组成

SAN 由硬件和软件组成，硬件主要有网络服务器、网络基础设施、存储和备份设备等，软件主要有备份软件、存储资源管理软件、存储设备和网络设备管理软件、主机总线适配（Host Bus Adaptor，HBA）驱动程序等。其中硬件部分的组件内容如下。

4.1.2.1　网络服务器

网络服务器是 SAN 中最基本的组件，它用来连接 LAN 和 SAN，支持主流的操作系统 UNIX、Linux、Windows 和 Mac OS 等，运行各类应用。

网络服务器通过网卡（NIC）连接 LAN，网卡一般插在计算机总线（如 PCI、PCI-X、PCIe 等）的扩展槽上，卡上有连接计算机网络的接口。

存储系统中也有类似的用于连接计算机内部总线和存储网络的设备，这种位于服务器上与存储网络连接的设备一般称为 HBA 卡。该卡是服务器内部的 I/O 通道与存储系统的 I/O 通道之间的物理连接。

目前，主流的服务器内部的 I/O 通道主要有 PCI、PCI-X、PCIe 扩展槽，它们是连接服务器 CPU 和外围设备的接口，HBA 卡安装在插槽上就实现了内部总线协议和光纤通道协议之间的转换。HBA 卡有光纤网卡和 IP-HBA 卡两种。

光纤网卡（Fibre Channel HBA，FC-HBA）传输的是 FC 协议，这是专门用于存储网络的一种协议，通过光纤线缆与 FC 交换机（光纤存储交换机）相连，把服务器或存储设备连接到 SAN。图 4-2 所示为 Qlogic 公司的 QLE2742 HBA 卡的实物图。

IP-HBA 传输的是 iSCSI 协议，又称 iSCSI-HBA。因为 iSCSI-HBA 在传输数据的过程中是将 iSCSI 协议封装成 TCP/IP 协议来进行传输的，所以 iSCSI 网卡的接口跟千兆的以太网网卡接口相同，都使用双绞线（网线）跟传统的以太网交换机相连。有时我们把 iSCSI-HBA 当作以太网网卡使用，让它直接传输以太网的 TCP/IP 报文。

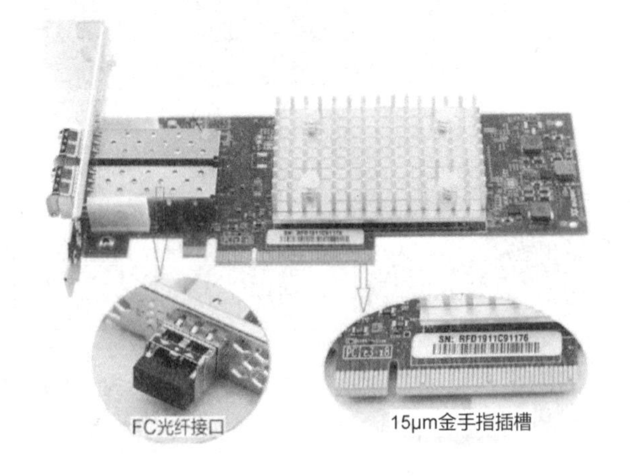

图 4-2　Qlogic 公司的 QLE2742 HBA 卡的实物图

4.1.2.2　网络基础设施

SAN 通过 FC 等通道技术实现存储和服务器的连通，所使用的组件和 LAN 与 WAN 所使用的组件类似。与 LAN 一样，除了光纤和专用的连接器，SAN 通过配置网络存储端口可实现较长距离和较大规模的存储设备互连。常见的相关设备包括以下几种。

（1）网络交换机：它是用于连接大量设备、增加带宽、减少阻塞和提供高吞吐量的一种高性能设备。

（2）网桥：网桥的作用是使 LAN/SAN 能够与使用不同协议的其他网络通信。

（3）集线器：通过集线器，一个逻辑仲裁环路上可以连接多达 127 台设备。

（4）端口：SAN 网络端口主要有三种，分别是 FC-SAN 的 FC 端口、IP-SAN 的 ETH 端口和 FCoE-SAN 的 FCoE 端口。

（5）网关：又称网间连接器、协议转换器，通常用来实现 LAN 到 WAN 的访问。通过网关，SAN 可以延伸连接。与网桥主要面向底层连接不同的是，网关连接的主要是两个或更多个与高层协议不同的网络（或设备）。

4.1.2.3 存储和备份设备

光纤接口存储设备是存储基础结构的核心，主要包括磁带（库）、磁盘（阵列）和光盘库等。SAN 为了使存储设备与服务器解耦，使其不依赖于服务器的特定总线，将存储设备直接接入网络中。从另一个角度看，存储设备做到了外置或外部化，其功能分散在整个存储系统内部。

SAN 存储基础结构能够更好地保存和保护数据，采用可扩展的网络拓扑结构连接服务器和存储设备，以提供更好的网络可用性、数据访问性和系统管理性。

4.1.3 SAN 的类别

SAN 最初是作为提高硬盘协议的传输带宽，使数据快速、高效、可靠传输的一项技术而提出的，它使用 FC 作为底层。从 20 世纪 90 年代末至今，FC-SAN 得到了大规模的应用。存储领域的技术人员一提到 SAN，常常就和 FC 对应。直到 iSCSI 协议出现后，为了区分，业界就把 SAN 分为 FC-SAN 和 IP-SAN。

4.1.3.1 FC-SAN

FC 是 SAN 部署使用的一种高速网络技术，是一种用于构造高性能信息传输的、双向的、点对点的串行数据通道。许多 SAN 系统的实施都是建立在 FC 技术基础上的，这种技术为存储领域的应用提供了高性能的块数据访问方案，是 SAN 的一种重要存在形式。FC 的链路介质可以是光纤、双绞线或同轴电缆，但由于普遍采用光纤而不是铜缆作为传输线缆，因此很多人把 FC 称为光纤通道协议。FC 是一种基于标准的交换体系结构，它提供了吉比特每秒的速度、长距离的传输，并且支持网络扩展到数百万台设备，它克服了 SCSI 的扩展和对设备数量的限制问题，如光纤通道把 SCSI 的连接距离由最大 25 米延伸到 10 千米。

1. FC-SAN 的发展

FC-SAN 的发展经历了独立 FC-SAN、互联 FC-SAN 和企业 FC-SAN 三个阶段（见图 4-3），不同阶段的 SAN 网络呈现出不同的拓扑结构。

独立 FC-SAN 有点对点（Point-to-Point）和仲裁环两种拓扑连接形式（见图 4-4 中两类拓扑连接结构）。其中，点对点连接只连接两个设备，而仲裁环连接是指所有的设备连接到一个称作 FC-AL（Arbitrated Loop，仲裁环）的共享环上，具有令牌环拓扑的特性，具体的设备是 FC 集线器。

互联 FC-SAN 采用光纤通道交换结构（FC-SW Fabric）提供互联能力、专用带宽和扩展性。FC-SW 也称作 Fabric 连接，一个 Fabric 是一个逻辑空间，这个空间通过一个交换机或多个交换机网络构建，拓扑结构图如图 4-3 所示。每个在 Fabric 中的交换机均包含一个唯一的域标识符，其同时是 Fabric 寻址机制的一部分。

一个 Fabric 拓扑可以用其包含的层数来描述，一个 Fabric 的层数取决于相距最远的两个节点所穿越的交换机数量。当 Fabric 的数量增加时，Fabric 管理信息到达每个交换机所穿越的距离也会增大。距离的增大必然会带来 Fabric 配置事务和信息的传输与完成时间的延长。FC-SAN也自然由原来的单个FC-SW Fabric结构过渡到多个FC-SW Fabric互联的企业FC-SAN阶段。

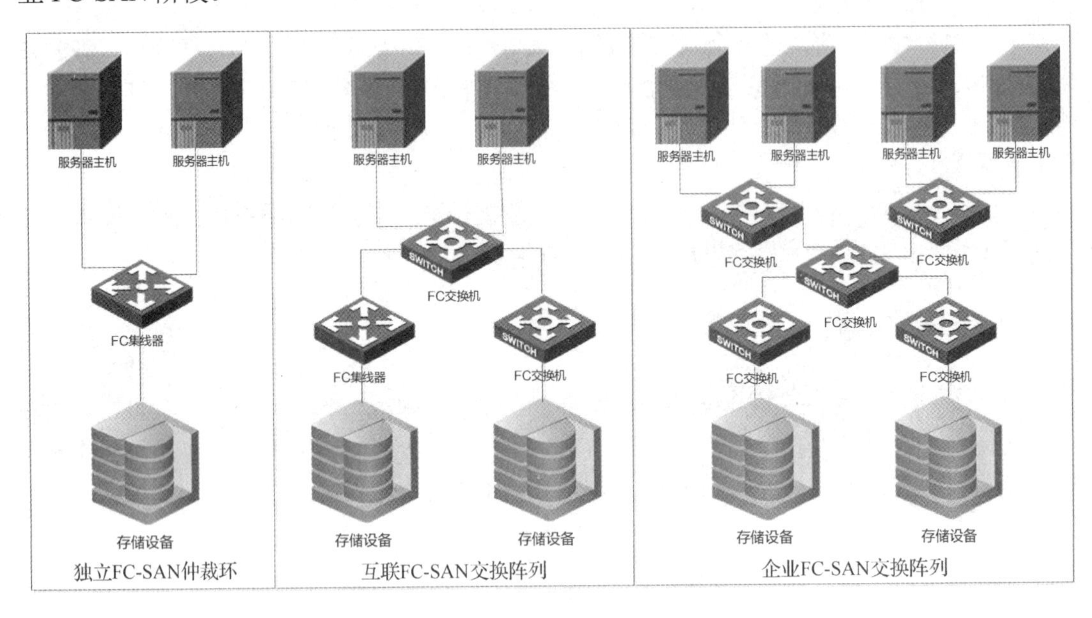

图4-3　FC-SAN发展的三个阶段拓扑结构图

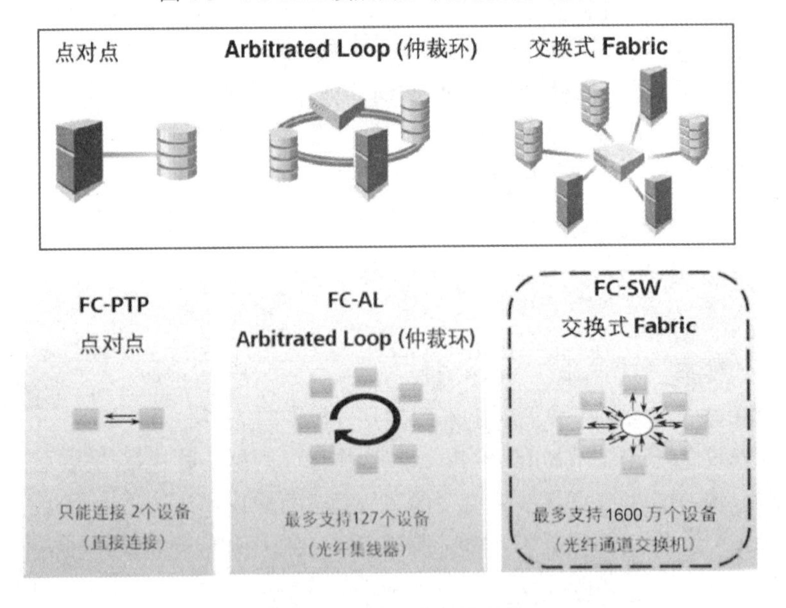

图4-4　FC的三种拓扑结构

2. FC协议栈

按照OSI模型分层思想，FC的协议栈定义了五层协议：FC-0到FC-4（其中的FC-3没有明确定义），与OSI模型对应的FC模型如图4-5所示。

（1）FC-0：连接物理介质的界面、电缆等；定义编码和解码的标准。

（2）FC-1：传输协议层或数据链路层，编码或解码信号。

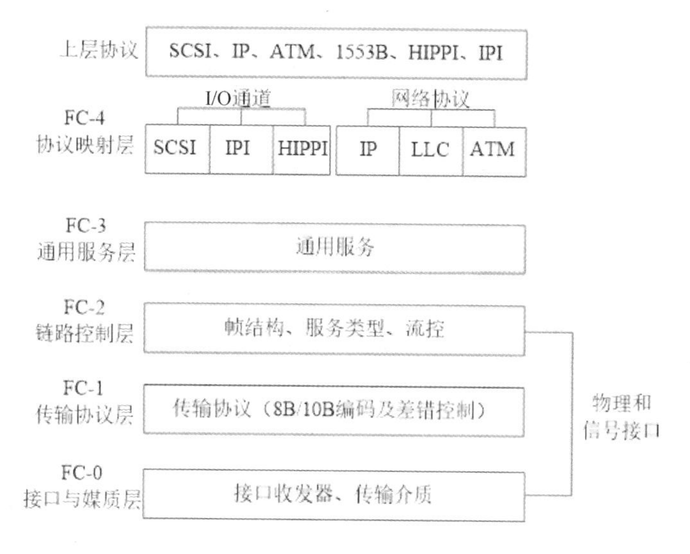

图 4-5　与 OSI 模型对应的 FC 模型

（3）FC-2：链路控制层，光纤通道的核心，定义了帧、流控和服务质量等。

（4）FC-3：定义了通用服务，是光纤通道节点的多个 N 端口所公用的，由于必要性限制，本层尚未给出明确定义，其提供的功能适用于整个体系结构未来的扩展。

（5）FC-4：协议映射层，定义了光纤通道和上层应用之间的接口。

光纤通道的主要部分实际上是 FC-2。其中，从 FC-0 到 FC-2 被称为 FC-PH，也就是“物理层”。光纤通道主要通过 FC-2 来进行传输，因此光纤通道也常被称为“二层协议”或“类以太网协议”。

3. FC 帧

上层的应用程序对数据的操作通常是基于一个个帧来操作的，一个帧操作包括双向的几个数据单元交换。当数据单元长度大于 FC 数据帧能负载的最大长度（2112 字节）时，则需要被分割成若干个数据帧。一个 FC 帧（见图 4-6）由帧起始、帧头部、数据段、帧校验 CRC 和帧尾部五部分信息组成。

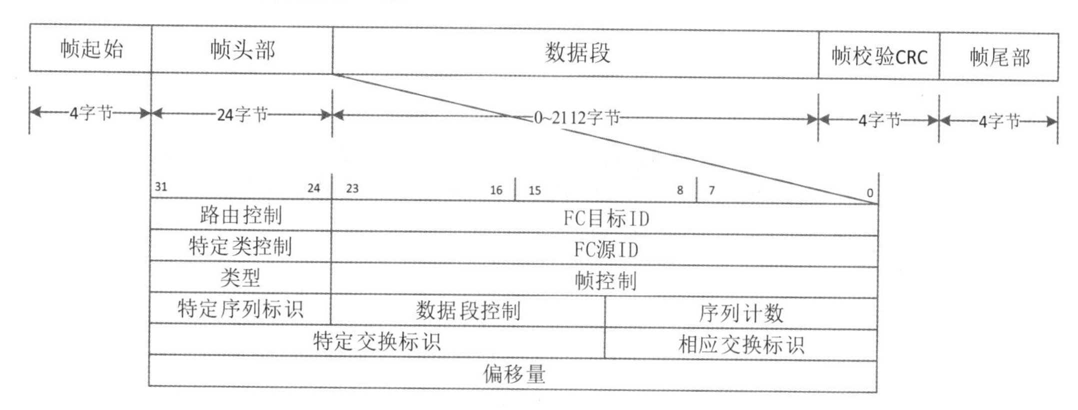

图 4-6　FC 帧组成图

（1）帧起始和帧尾部：4 字节长，是帧分隔符，表示一个独立帧的起始和结束。同时帧起始也是一个帧是否为一个帧序列的起始帧的标识。

（2）帧头部：24字节长，包括帧的控制（如路由控制、特定类控制、帧控制）、地址（如FC目标ID和FC源ID）、数据描述（如数据段控制、序列计数）等信息。

（3）数据段：包含了数据的有效载荷，最大可达2112字节。只有数据帧才携带有效载荷，控制帧的有效载荷长度为0字节。

（4）帧校验CRC：4字节长度，通过使用CRC校验，实现帧数据的差错检查。CRC校验码由源方在进入FC-1层编码前进行计算。

从帧的结构和FC协议栈层次可以看出，SCSI是FC协议的子集，FC协议通过封装SCSI指令、数据和状态信息的帧大大延伸了SCSI协议的传输距离。

4. FC的端口

端口是构建光纤网络的基本模块，在光纤网络中端口包括节点（终端）设备侧端口、交换机侧端口和配置端口。三种类型的端口介绍如下。

1）节点设备侧端口

节点设备侧端口主要指和交换机相连的节点设备的端口，端口类型包括N端口和NL端口。

（1）N端口（Node端口，N_port）：节点设备直连模式端口，一种连接Fabric交换机的末端端口，通常是主机端口（HBA）或存储阵列端口。

（2）NL端口（Node Loop端口，NL_port）：仲裁环节点模式端口，一种支持仲裁环拓扑的节点端口。

2）交换机端口

（1）F端口（Fabric端口，F_port）：一种交换机上的端口，用于连接节点设备的N端口。

（2）E端口（Expansion端口，E_port）：一种FC端口，又称扩展端口，用于两个FC交换机之间的连接。在Fabric中，一个FC交换机的E端口通过一条链路连接到另一个FC交换机的E端口。

（3）FL端口（FC-AL的Fabric端口，FL_port）：FL端口和NL端口可以建立连接。

3）配置端口

（1）U端口（Universal端口，U_port）：通用端口模式。严格来说U端口并不是一种端口模式，它只是端口空闲时的一个状态，等待端口连接设备后转变到最终的端口模式。

（2）G端口（Generic端口，G_port）：FC交换机自动配置的通用端口，G端口与U端口类似，当端口模式显示为G端口时并不是该端口的最终状态，可以配置为最终的F端口或E端口模式。

图4-7所示为FC各类端口连接图，图4-8所示为FC各类端口连接拓扑图。

5. FC的设备名称

在FC网络中，需要使用64比特的万维网名称（World Wide Name，WWN）来标识众多SAN组件中的每一个设备，具体有万维网节点名称（World Wide Node Name，WWNN）

和万维网端口名称（World Wide Port Name，WWPN）两种定义。

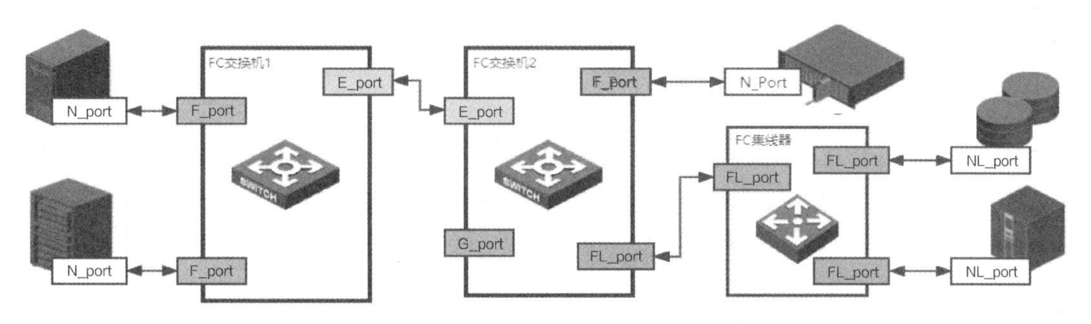

图 4-7　FC 各类端口连接图

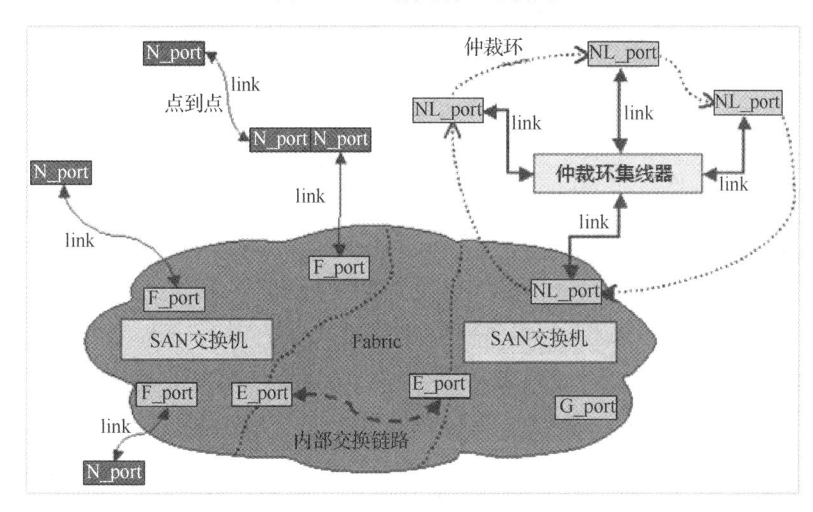

图 4-8　FC 各类端口连接拓扑图

例如，WWNN 在用于标识 SAN 交换机时，由于交换机是一个不可拆分的独立设备，故它有 1 个 WWNN；同时它又有多个端口，每个端口有 1 个 WWPN；这些所有的端口共享同一个 WWNN。

再如，标识一块 HBA 卡时，卡本身是一个独立的组件，有 1 个 WWNN，每个端口也都有 1 个独立的 WWPN。典型的单口 HBA 卡有 1 个 WWNN 和 1 个 WWPN；两口 HBA 卡有 1 个 WWNN、2 个 WWPN；在两个单口 HBA 卡的情况下有 2 个 WWNN、2 个 WWPN。

需要注意的是，主机没有 WWNN，因为卡和主机是可以分离的，单纯一个主机本身并不一定是 SAN 环境中的设备。另外，WWPN 在 SAN 中的应用与以太网的 MAC 地址的应用基本一致。有 WWNN 的好处是，即使不去看连线，也可以清楚地知道，哪些端口在一个物理设备上。

WWN 是一个符合 NAA IEEE 注册格式的 8 字节十六进制数，每字节采用冒号分割，以 NAA（第 0 字节的高四位）开头，跟着 3 字节（第 0 字节低四位至第 3 字节的高四位）的 IEEE 公司或实体的 ID 和 4.5 字节（第 3 字节的低四位至第 7 字节）的厂商特定标识符，具有唯一性（见图 4-9）。

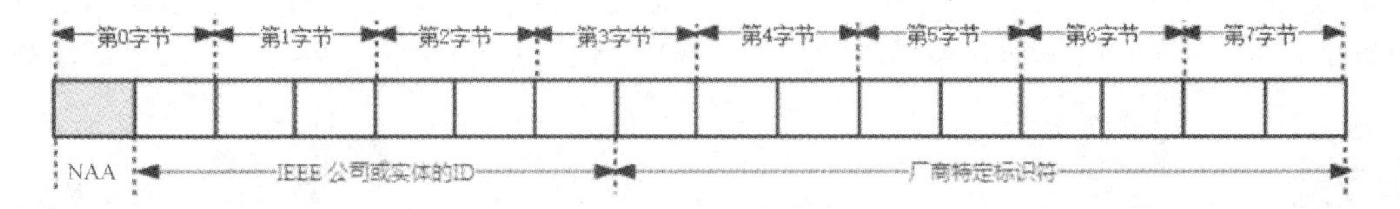

图4-9　FC WWN名称格式图

其中，第0字节的高四位是网络地址授权（Network Address Authority，NAA），决定了WWN采用的格式。NAA FC格式规范表如表4-1所示。

表4-1　NAA FC格式规范表

NAA类型	NAA编码	标识长度
IEEE 48-bit	1h	8 bytes
IEEE Extended	2h	8 bytes
IEEE Registered	5h	8 bytes
IEEE Registered Extended	6h	16 bytes
EUI-64 Mapped	Ch, Dh, Eh, Fh	8 bytes

例如，10:00:00:00:C9:B7:1B:A6、20:34:00:A0:B8:32:5D:72、50:05:07:68:02:10:36:2A和C0:50:76:00:35:B7:01:2C等都是合法的WWN名称。

在SAS总线中，每一个扩展器设备、SAS发起者设备（如HBA卡/RAID卡）、SAS目标设备（如硬盘驱动器）都包括一个上述IEEE注册格式的标识符作为其设备名。具体到HBA卡、RAID卡和硬盘驱动器，它们有的会在较为醒目的位置印上设备名，并在前面冠以“WWN”；而有的没有明确标识，其WWN的名称可以通过操作系统、卡自带的工具查看。

希捷硬盘的WWN名字标识如图4-10所示，它们的WWN分别是5000C500853FD302和5000C500B52DA879。其中，“5”代表IEEE NAA编码，“000C50”是IEEE分配给希捷公司的ID（其他公司，如日立是000CCA，西部数据是0014EE），后面的“0853FD302”和“0B52DA879”是希捷公司确定的标识。

图4-10　希捷硬盘的WWN名字标识

通过之前的学习我们已经知道，光纤交换机的WWN和WWNN是一个相同的名称，而对于光纤端口，则是有几个端口就有几个WWPN名称。不同公司的产品有不同的WWNN和WWPN编码方法。例如，IBM Storwize V7000是联想公司的一款网络存储产品，具有支持多级RAID卡、10000rpm硬盘，远程镜像和外部虚拟化，可外接FC、iSCSI主机通道，内置 SAS 硬盘接口等特点。该设备的端口有两个控制器，一个控制上部所有端口，另一个控制下部所有端口。其 WWN 编码规则如下。

WWNN 格式：50:05:07:68:02:0X:XX:XX

WWPN 格式：50:05:07:68:02:YX:XX:XX

其中，5 位（格式 X:XX:XX）唯一性编码在具体使用时往往与控制器相关，但控制器之间是连续的；Y 代表端口编号，从 1 开始顺序编号，端口编号与面板上的标识顺序一致。例如，其中的一个编码方案如下。

上控制器的端口 1～端口 4 WWPN 分别为：

端口 1：50:05:07:68:02:10:36:2A　　端口 2：50:05:07:68:02:20:36:2A

端口 3：50:05:07:68:02:30:36:2A　　端口 4：50:05:07:68:02:40:36:2A

下控制器的端口 1～端口 4 WWPN 分别为：

端口 1：50:05:07:68:02:10:36:2B　　端口 2：50:05:07:68:02:20:36:2B

端口 3：50:05:07:68:02:30:36:2B　　端口 4：50:05:07:68:02:40:36:2B

6. FC 的分区

出于安全和管理等因素的考虑，SAN 管理员常常需要对特定设备之间的访问进行限制，即利用光纤交换机的分区（Zone）方法把一个 Fabric 中的不同节点在逻辑上划分为不同的组。只有同处于一个分区中的设备，彼此才能进行通信。

当一个节点（主机或存储设备）登录到 Fabric 上时，它会先到名字服务器进行注册，然后连接这个节点的交换机会把这一事件告知其他分区的交换机。分区功能控制着该过程，只允许在同一分区的节点建立这种链路层的服务。这里的分区与以太网中的虚拟局域网技术（Virtual LAN，VLAN）非常相似。

一个节点可以在多个分区中，一个分区包含一组节点，节点之间可以相互访问。多个分区组成一个分区集，这些分区可以是活动的也可以是非活动的，都是 Fabric 中的一个个单独的实体。一个 Fabric 中可能定义多个分区，但每次只有一个分区可以被激活，处于活动状态。分区有硬分区和软分区两种类型；硬分区使用 FC 的物理端口地址来定义分区，将 WWN 和目标上的 LUN 地址绑定，这要求交换机的管理员必须精确知道哪根光纤连接到了哪个交换机的哪个端口。而软分区是将几个设备的 WWN 分配到一个分区列表项中，这个分区中的设备之间可以通信，和端口无关，不同分区之间的主机相互不能访问。

4.1.3.2　IP-SAN

采用高速的 FC 作为传输媒介的 SAN 具有在距离、性能和连接性等方面的优势，扩展性极佳，但是利用 FC 实现的造价贵得惊人，管理起来也非常困难，让一般用户难以承受。NAS 则是一种连接到 LAN 的、基于 IP 的文件服务和存储系统，数据在客户端和服务器之间以文件 I/O 的形式在 IP 网络上进行访问和共享，大多数的 NAS 设备支持多接口和网络，拥有服务器整合的优势，满足对多个文件服务器的需求。显然，SAN 的高性能和可扩展性，NAS 的高易用性和更低的总拥有成本（Total Cost of Ownership，TCO）如果能相互融合，这无疑将是一个具有很大挑战性和重大意义的工作。

IP-SAN 无疑就是这种融合的技术，它使用标准的 TCP/IP 协议，可以在主流的以太网上进行块数据传输，大大降低了 SAN 的建设成本和数据的管理成本，消除了 FC 技术距离的限制，远程备份、灾难恢复等实现将更简单。目前主导的IP-SAN技术方案是iSCSI（Internet Small Computer System Interface，Internet SCSI）协议栈。

1. iSCSI 的组件

iSCSI 是基于 IP 的协议，它通过 IP 建立和管理存储设备、主机与网络设备之间的连接，通过基于 IP 的以太网、互联网等网络进行块数据的传输。其由 iSCSI 发起器（Initiator）、iSCSI 目标器（Target）和 IP 网络三大组件组成。

iSCSI 发起器是主机设备，它发起数据块读写的 TCP 请求；iSCSI 目标器则是被请求的目标设备，如存储数据的磁盘阵列或其他具有 iSCSI 功能的设备。一个目标器主机可以映射多个目标器到网络上，即可以映射多个块设备到网络上。

目前主流的 Windows、Linux、Solaris 等都提供 iSCSI 发起器和 iSCSI 目标器组件。

2. iSCSI 协议栈

iSCSI 协议的运行采用 C/S 模型，iSCSI 协议栈如图 4-11 所示。

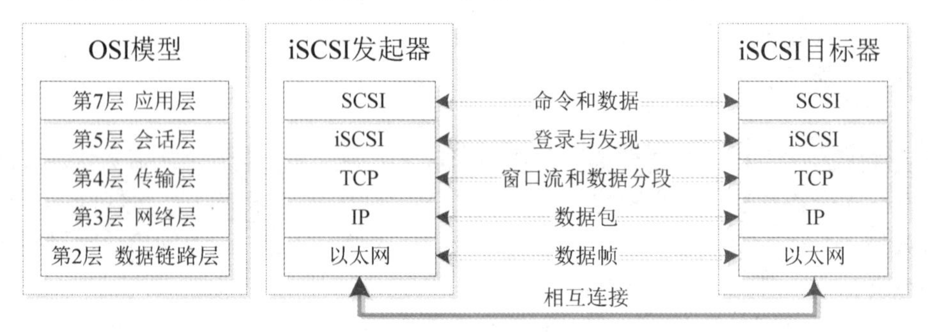

图 4-11 iSCSI 协议栈

SCSI 是工作在 OSI 模型应用层的命令型协议。发起器/主机和目标器使用 SCSI 命令和应答通信。首先 SCSI 层负责生成命令描述块（Command Descriptor Block，CDB）交给 iSCSI，iSCSI 负责生成 iSCSI PDU；然后数据和状态的信息被封装入 TCP/IP 数据包；最后通过网络在发起器/主机和目标器之间传输。目标器 iSCSI 层收到 PDU，将 CDB 传给 SCSI 层，SCSI 层负责解释 CDB 的意义，必要时发送应答。iSCSI 发起器可以是 TCP 下载引擎（TCP Offload Engine，TOE）网卡或 iSCSI HBA 卡等。而 iSCSI 目标器则是存储设备，如磁盘阵列、服务器 DAS 硬盘或磁带库等。

iSCSI 是一个会话层协议，负责处理登录、验证、目标发现和会话管理，它启动了可以识别 SCSI 命令的可靠会话。TCP 用来控制消息流、窗口、错误恢复、重发等功能，依赖于网络层提供全局地址和连接，为 iSCSI 提供可靠的传输服务。模型的第二层协议允许通过单独的物理网络提供节点到节点的通信，目前主流的第二层协议是以太网。

3. iSCSI 的 PDU

iSCSI 协议支持按层封装协议数据的网络数据通用封装技术，iSCSI 发起器是从上向下逐层封装的，iSCSI 目标器是从下向上逐层解封装的。协议数据单元（iSCSI Protocol Data

Unit，iSCSI PDU）是 iSCSI 发起器与 iSCSI 目标器通信的基本单元，其 PDU 结构图如图 4-12 所示，所有的 iSCSI PDU 都包含一个或多个报头部分，iSCSI PDU 被封装进 IP 数据包进行传输。由于 iSCSI PDU 的大小比以太网最大的传输帧尺寸大，所以需要将 iSCSI PDU 进一步拆分成更小一些的数据单元。

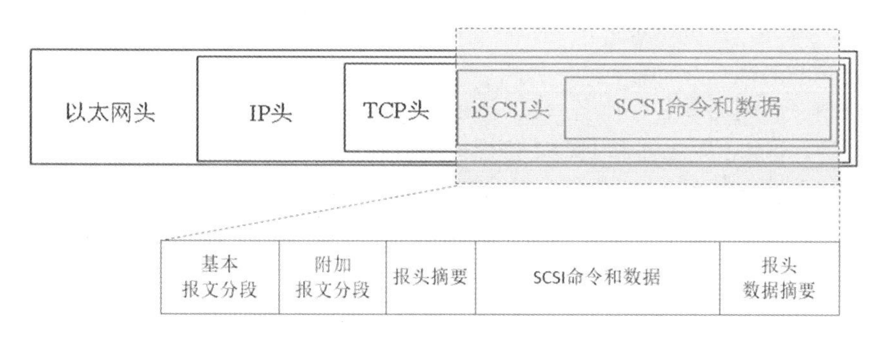

图 4-12　iSCSI PDU 结构图

在图 4-12 中，iSCSI 头描述了 iSCSI 目标器如何封装或提取 iSCSI 命令和数据，除 TCP 校验和以太网 CRC 校验，iSCSI 头还增加了一个叫作报头数据摘要的可选 CRC，以确保数据报文的完整性。

4. iSCSI 的管理

1）节点管理

每一个 iSCSI 发起器或目标器节点都分配全球唯一名字，称作 iSCSI 名称，用来识别和管理存储资源。这个名字和其 IP 地址是相互独立的，可能一个名字对应多个 IP 地址，也可能一个地址对应多个名字。目前有如下两种类型的 iSCSI 名称。

（1）iSCSI 认证名称（iSCSI Qualified Name，IQN）。

IQN 的命名格式：iqn.yyyy-mm.<reversed domain name>:[identifier]。

其中："iqn" 是保留字；"yyyy-mm" 是年份和月份；"<reversed domain name>" 是一个组织的注册域名反写；"[identifier]" 是可选的标识符，可以由序号、资产名称或任何存储设备标识符等组成。其中的日期是指该组织必须在该日期内拥有该域名，避免由于域名转让等因素而产生的 iSCSI 名称冲突，如 iqn.2010-05.com.cisco:test2。

（2）扩展的唯一标识符（Extended Unique Identifier，EUI）。

EUI 是 IEEE EUI-64 命名标准的全局唯一标识符，包括 EUI 前缀和后续的 16 个十六进制字符。16 个十六进制字符包括 6 个十六进制字符的公司名称，10 个十六进制字符的唯一 ID 号。例如，eui. 030073D289AB10C6。

通过 iSCSI 名称对节点进行管理，可以实现多个 iSCSI 发起器和 iSCSI 目标器共享一个 IP 地址，以及多个 iSCSI 发起器和 iSCSI 目标器通过多个 IP 地址被访问，同时为节点通过防火墙进行访问提供了一种方式。

iSCSI 协议除对 iSCSI 名称进行区分大小写的比较外，对 iSCSI 名称不做任何处理。iSCSI 协议遵循标准的 IP 寻址规范。域名可以使用 IPv4 或 IPv6 地址。对 iSCSI 目标器，端口号可以随地址指定，若不指定，默认为 3260。

2）连接管理

由于 iSCSI 目标器存储设备的共享连接特性，管理员可以使用以下两种方式管理连接。

（1）固定配置法。

每个 iSCSI 发起器主机可以独立配置一个授权的 iSCSI 目标器存储设备列表，并且每个存储设备配置有一个可供访问的 iSCSI 发起器主机列表及其权限控制。

（2）动态匹配法。

本方法由互联网简单名字服务（Internet Simple Name Service，iSNS）服务器提供连接动态匹配服务，iSCSI 发起器和 iSCSI 目标器可以自动登记到 iSNS 服务器数据库中，它维护了一个 iSCSI 发起器和一个 iSCSI 目标器的访问控制列表。iSNS 服务器能自动发现 IP 网络上的 iSCSI 设备，当 iSCSI 发起器主机想访问 iSCSI 目标器时，它可以通过查询 iSNS 服务器来获取可用目标列表。

5. iSCSI 的连接

支持 iSCSI 协议的主机接口一般默认都是 IP 接口，可以直接与以太网络交换机和 iSCSI 交换机连接，形成一个 SAN。目前主流的 iSCSI 设备与主机之间有三种连接方式（见图 4-13）。

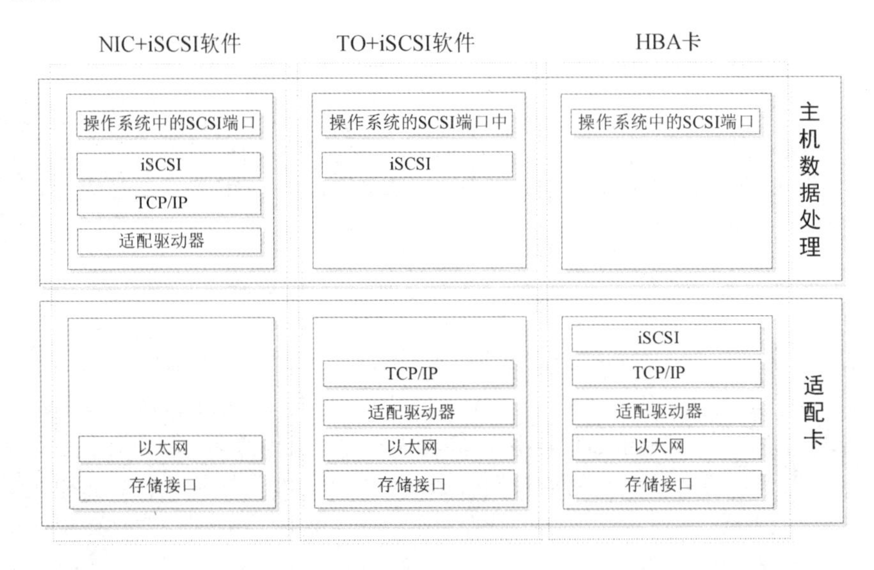

图 4-13　三种连接方式关系图

1）网卡+发起器方式

主机使用标准网卡直接与交换机连接，iSCSI 存储也连接到 iSCSI 交换机上，或直接连接到主机的网卡上。在主机上安装发起器软件，发起器软件可以将以太网网卡虚拟为 iSCSI 卡，以接收和发送 iSCSI 数据报文，从而实现主机和 iSCSI 设备之间的 iSCSI 协议与 TCP/IP 协议传输功能。

这种方式由于采用普通的网卡和交换机，无须额外配置适配器，因此硬件成本最低。其缺点是进行 TCP/IP 包的处理需要占用主机 CPU 的指令周期。不过在低 I/O 和低带宽性能要求的应用环境中完全满足数据访问要求。

2）TO 网卡+发起器方式

TCP 下载（TCP Offload，TO）网卡是把 TCP/IP 协议程序全部转移到网卡的智能芯片上去运行，这种网卡又称 TCP 下载引擎（TCP Offload Engine，TOE）卡。该方式的本质是将 TCP/IP 网络数据的处理工作全部转到网卡上的集成硬件中进行，主机 CPU 只专注于 iSCSI 层的功能和 TCP/IP 控制信息的处理，而把协议处理的繁重内核中断服务转移到网卡上进行，从而在一定程度上提高了数据的传输效率。然而，由于 iSCSI 的功能仍然由 iSCSI 发起器完成，必然要占用主机的部分 CPU 资源。

3）iSCSI HBA 卡方式

该方式可以把 TCP/IP 和 iSCSI 的整套协议程序全部下载到网卡上运行。在主机上安装 iSCSI HBA 卡能够实现主机与交换机之间、主机与存储之间的数据交换。

6. iSCSI 的运行

iSCSI 的会话是通过 iSCSI 登录建立的，同一个会话里可能有一个或多个连接。当 iSCSI 发起器通过默认端口或指定端口与 iSCSI 目标器建立连接时，登录过程就开始了，iSCSI 发起器和 iSCSI 目标器互相认证并建立安全协议。在登录阶段，iSCSI 发起器和 iSCSI 目标器会协商建立多种连接属性。在一个会话中，TCP 连接可以加入，也可以移出，所有的连接都在同一个 iSCSI 发起器和 iSCSI 目标器中。

登录成功后，就开始 iSCSI 写和读命令的执行。其中写操作执行［见图 4.14（a)］包括三个阶段：命令、数据和状态响应。

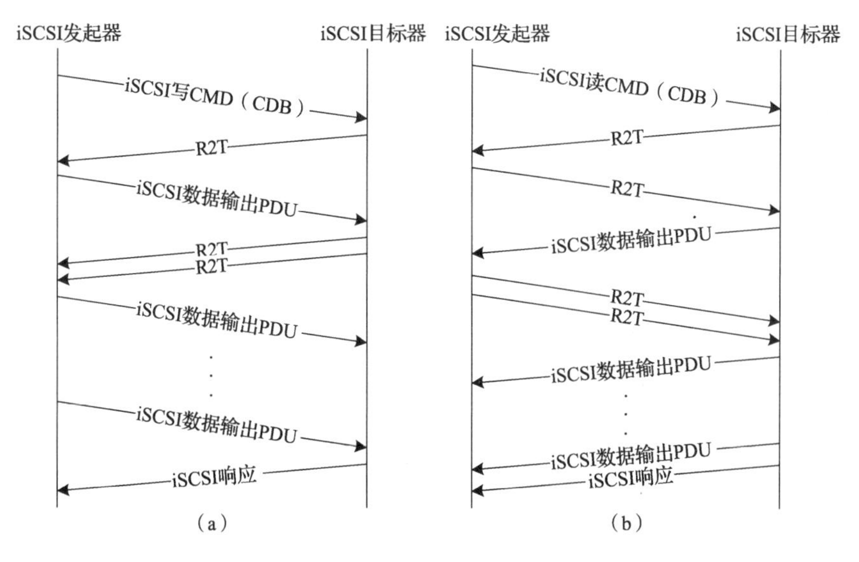

图 4-14　iSCSI 读写操作图

在命令阶段，包含在 iSCSI PDU 中的 SCSI 命令（以命令描述块 CDB 给出）CDB 描述了相关的操作和参数，如逻辑块地址和请求数据的长度。请求数据的长度受磋商参数“MaxBurstLength”限制。

在数据阶段，数据 PDU 从 iSCSI 发起器传送到 iSCSI 目标器。在正常情况下，iSCSI 发起器需要在发送数据（请求数据）前等待“Ready to Receive（R2T）”消息。为了有利于数据传输，iSCSI 发起器和 iSCSI 目标器双方可磋商一个“FirstBurstLength”参数，在不需要等待的情况下，加速数据传输。“FirstBurstLength”参数用于控制在没有接收到 R2T 的情况下，多少数据可以发送给 iSCSI 目标器。一个 R2T PDU 明确给出了期望数据的偏移量和长度。为了进一步加速数据传输，在参数磋商期间置位“ImmediateData”参数后，一个数据 PDU 可以嵌入命令 PDU 中。这一点对于数据量较小的写操作特别有益处。命令完成后返回状态 PDU。读操作执行［见图 4-14（b）］与写操作类似。

iSCSI 参数（如 MaxBurstLength、FirstBurstLength）的尺寸和 PDU 大小等都对 iSCSI 的性能有一定影响。其他的 TCP 流控、拥塞控制机制等也对 iSCSI 的性能存在影响。

iSCSI 协议在 IP 的数据传输过程中处理错误，命令编序用于流量控制，序列号用于检测丢失的命令、应答和数据块，应用 TCP 校验和 CRC 校验避免传输错误，使用可选的消息摘要可以改善通信完整性。iSCSI 的错误检测和恢复分为会话恢复（Level 0）、消息摘要故障恢复（Level 1）和连接恢复（Level 2）三个级别，具体采用哪个级别应在 iSCSI 发起器登录 iSCSI 目标器期间协商。

iSCSI 使用握手认证协议（Challenge Handshake Authentication Protocol，CHAP）来认证 iSCSI 的发起方身份，防止地址欺骗。在 IP 层，通过 IPSec 提供交换的私密性。通过 3DES 对 IPSec 隧道进行加密，保证通信的机密性。

4.1.3.3 FCoE

FCoE（Fibre Channel over Ethernet）是基于以太网的光纤通道协议，它将 FC 的内容封装在以太网帧里，实现在以太网中传输。该技术面向低延迟、高性能、二层的、无损的数据中心网络。FCoE 基于以太网的成熟、演进快优势，克服了 FC 协议兼容性问题，减少了数据中心接口卡和电缆网络设备的数量。并且 FCoE 包容 FC，保护原有投资。

FCoE 协议和标准的 FC 一样（其协议栈及与 OSI、FC 的对比情况如图 4-15 所示），要求底层的物理传输是无损的，无损的以太网保证了 FCoE 无损传输。无损客观上要求以太网在全双工、顺序投递和 Jumbo 帧（每帧最小 2.5KB 的承载数据）等方面采用更多的技术手段。当前，很多厂商都开发了针对以太网标准的扩展器，应用在无损 10Gbps 以太网的数据中心中。

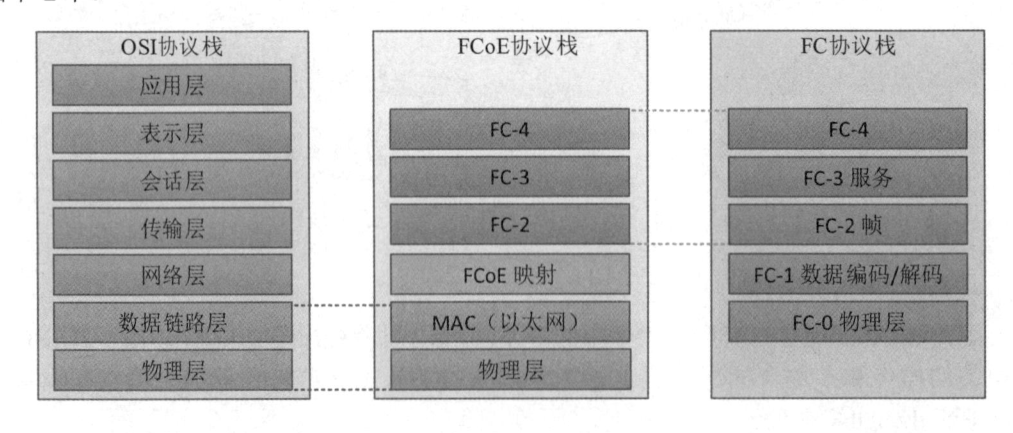

图 4-15　FCoE 的协议栈及与 OSI、FC 的对比情况

标准的以太网帧最大为 1500 字节，而一个典型的 FC 帧最大为 2112 字节，因此在以

太网传输 FC 帧时需要先进行分段，然后在接收方进行重组。显然，帧的分段重组会产生额外的处理开销，影响 FCoE 端到端的效率，为此 FCoE 引入了以太网巨型帧解决这个问题，该帧最大可以达到 9KB。FCoE 帧结构图如图 4-16 所示。

图 4-16　FCoE 帧结构图

FCoE 兼容原有网络，FC 数据流和其他数据流共享以太网链路，保留了原 FC 网络中 N_port、F_port、E_port 的结构和 FC 的管理模式，具有光纤存储和以太网共享同一个端口、使用的线缆和适配器更少、可以软件配置 I/O、与现有的 SAN 环境可以互操作等优点。

采用 FCoE 构建 SAN 具有较低的总体拥有成本、强大的投资保护、业务灵活性更强等优势，广泛应用于大中型数据中心的建设中。

4.1.4　SAN 的管理

为充分利用 SAN 在性能、可用性、成本、扩展性和互操作性方面的多种优势和功能，SAN 的 Fabric 基础结构和它所连接的存储系统必须得到有效管理。SAN 的管理一般应用简单网络管理协议（SNMP）、Web 企业管理（WBEM）及企业存储资源管理（ESRM）标准，不间断地通过中央控制台监视和管理所有 SAN 网络组件，以及 SAN 各分区的信息。其中，遇到的最大挑战是确保所有组件是可以互操作的，且要求能够和不同的管理软件包合作。具体的管理功能包括以下几种。

第一，资产管理，负责资源发现、资源认可和资源安置，其输出结果是资产的库存列表，包括生产商、型号信息、软件信息和许可证信息等。

第二，容量管理，规划 SAN 的大小，如所需交换机的大小和数量。它还负责获取未用空间/插槽、未分配卷、已分配卷的自由空间、备份数目、磁带数目、利用率、自由临时设备的百分比等信息。

第三，配置管理，根据要求提供当前逻辑和物理配置数据、端口利用数据，以及设备驱动器数据等信息，它可以根据高可用性和连接性的商业要求配置 SAN。配置管理在需要时会要求将存储资源的配置与服务器中的逻辑视图结合起来。例如，任何人配置了企业存储服务器都会影响该服务器的最终配置。

第四，性能管理，性能管理在需要时会要求改进 SAN 的性能，而且会在所有级别（设备硬件和软件接口级、应用程序级、文件级）上执行问题解决方案。这种方式要求所有 SAN 解决方案都遵守公共的、不依赖于平台的访问标准。

第五，可用性管理，可用性管理负责预防故障、在问题发生时对其加以纠正、对可能的事故或灾难在其爆发前提出告警。例如，如果发生了路径错误，可用性管理功能会先确定它是一个连接故障还是部件故障，然后分配另一条路径，通知工程师修复故障，并在整个过程中维持系统的运行。

4.1.5 任务小结

本任务以 SAN 如何从 DAS 演化而来开始，介绍了 SAN 的“第二网”含义、组成和两大类别。其中，FC-SAN 是传统的 SAN，主要介绍了 FC-SAN 的技术发展、协议栈、帧、端口、设备名称和分区；IP-SAN 是随着 IP 快速成长的技术，核心协议是 iSCSI，主要介绍 iSCSI 的组件、协议栈、PDU、iSCSI 的管理、iSCSI 的连接、iSCSI 的运行等内容。本任务最后还简要介绍了一种特殊的使用以太网封装 FC 的 FCoE 协议。

任务 2 理解 SAN 的特点

教学目标

1. 理解 SAN 的技术特点及其与 DAS 的技术关系。
2. 理解 SAN 的两种类型（FC-SAN 和 IP-SAN）的异同。

SAN 存储方式创造了存储网络化，存储网络化顺应了计算机服务器体系结构网络化的趋势，是企业常用的存储网络架构，目前关键型业务往往采用这类架构运行。

4.2.1 SAN 的技术特点

SAN 主要有以下技术特点。

第一，SAN 是一种将存储设备、连接设备和接口集成在一个高速网络中的技术。该网络独立于 LAN，存储被外部化，解放了存储设备，不依赖于特定的服务器总线，是一个具有完整体系的、专用的、高性能的、可扩展的网络系统。SAN 网络与 LAN 业务相互隔离，存储数据流不会占用业务带宽。

第二，主机服务器通过专用端口接入 SAN（主机不仅要配置高性能网卡，还要配置专用的 HBA 卡）。SAN 中的每个存储设备不隶属于任何一台服务器，所有的存储设备都可以在全部的网络服务器之间作为对等资源共享。

第三，SAN 支持块的存储访问。SAN 利用高速架构将服务器与其存储设备甚至逻辑磁盘单元（LUN）相连，实现对物理存储的块级存储单元直接进行访问，支持存储设备的集中化和服务器群集，具有良好的存储性能和升级能力。LUN 是一系列通过共享存储池配置的块，以逻辑磁盘的形式呈现给服务器。服务器会对这些块进行分区和格式化，通常使用文件系统，可以像在本地磁盘上存储一样在 LUN 上存储数据。

第四，SAN 提供了一种与现有 LAN 连接的简易方法，通过同一物理通道支持广泛使用的 SCSI、IP 协议。例如，FC-SAN 就支持 SCSI、IP 等多种高级协议，将网络和设备的通信协议与传输物理介质隔离开，这样多种协议可在同一个物理连接上同时传送。

第五，SAN 通过服务器到存储设备、服务器到服务器、存储设备到存储设备三种方式支持服务器和存储设备之间的直接高速数据传输。

第六，SAN 将数据存储在集中式共享存储中，使企业能够运用一致的方法和工具来实施安全防护、数据保护和灾难恢复。SAN 的设计可消除单点故障，因此具有极高的可用性和故障恢复能力，设计完善的 SAN 可以轻松承受多个组件或设备的故障。

第七，IP-SAN 作为 SAN 未来十分有潜力的发展方向，使用 IP 网络基础设施承载块 I/O 的传输，继承了成熟的 TCP/IP 架构、协议、标准、基础设施及管理工具，大大降低了 SAN 的建设成本和数据的管理成本，消除了 FC 技术距离的限制，远程备份、灾难恢复等实现更简单。这主要得益于下面五个方面的因素。

（1）IP 设施设备已经被广泛部署，认可度高，可以充分利用现有的网络基础设施；

（2）IP 的管理标准化程度高，更加简单；

（3）IP 的产品与 SAN 和 NAS 产品相比具有更好的互操作性（不同厂商之间）；

（4）已有很多成熟的基于 IP 网络的远距离灾难恢复解决方案；

（5）IP 网络有完备的安全机制。

可以说，iSCSI 协议的出现，标志着低价化 SAN 方案问世。

随着存储设备、存储网络等技术的发展，SAN 约占网络存储市场总额的 2/3。传统的旋转磁盘 SAN 的总拥有成本改善不显著，而对应的全闪存存储 SAN 部署迅猛增加，可提供更出色的性能、稳定一致的低延迟及更低的总成本。

4.2.2 FC-SAN 与 IP-SAN 的对比

FC-SAN 和 IP-SAN 是两种主流的 SAN 技术，两者在网络速度、网络架构、兼容性等方面有明显不同。FC-SAN 与 IP-SAN 主要技术指标对比表如表 4-2 所示。

表 4-2 FC-SAN 与 IP-SAN 主要技术指标对比表

技术指标	FC-SAN	IP-SAN
网络速度	1Gbps、2Gbps、4Gbps、8Gbps、16Gbps、32Gbps、64Gbps 和 128Gbps	1Gbps、10Gbps、40Gbps
网络架构	单独建设的光纤网络和 HBA	使用现有的 IP 网络
传输距离	受光纤传输距离的限制	理论上没有距离限制
管理维护	技术和管理体系复杂	与现有的 IP 网络运维基本相同
兼容性	几乎所有的服务器（不论档次）和独立存储系统都完全支持 FC	使用 Windows、Linux 的 PC 服务器和低端 UNIX 服务器明确支持，部分高端服务器还不支持；在中、低端存储应用领域应用较为广泛，不同产品之间存在兼容性的问题
协议效率	将 SCSI 指令在 FC 包中进行封装，包头和包尾及校验码所占比例非常低，因此其效率非常高	IP 封装的开销大、效率低（每一个 IP 包都要附加包头和包尾，以及校验码）
性能	非常高的传输和读写性能	目前以 1Gbps、10Gbps 为主
成本	SAN 的建设（包括 FC 交换机和 HBA 卡购买、组网等）、运维（系统设置、运行和检测、网络管理、人员培训等）成本较高	购买和运维的成本相对较低，有更高的投资收益比
容灾	增加必要的硬件和软件，成本较高	本身可以实现本地和异地容灾，且成本较低
安全性	专网技术，安全性很高	较低

4.2.3 DAS与SAN的对比

SAN网络和DAS直连一样，都以SCSI块的方式传送数据，将数据从存储设备传送到服务器上。在一个基于SAN网络架构的解决方案中，SAN需要将SCSI协议块封装到一个数据包或数据帧中，利用网络将数据包延伸到更远的距离。

现在有多种方法将SCSI块发送到跨SAN的连接中，每个协议都有不同的方法来描述处理SCSI块的传输方式。如上所述，FC、iSCSI和FCoE是SAN网络架构中的三种常用协议，FC协议通常和iSCSI协议用于现代的SAN架构中，而FCoE协议主要用于SAN和LAN业务融合场景，表4-3所示为DAS和SAN两种存储架构对比表，从数据传输速度、可扩展性、服务器访问存储方式等九个方面对DAS和SAN两种存储架构进行了对比。

表4-3 DAS和SAN两种存储架构对比表

比较内容	DAS	SAN	
		FC-SAN	IP-SAN
数据传输速度	低	极快	较快
可扩展性	无	易于扩展	最易扩展
服务器访问存储方式	直接访问存储数据块		
服务器性能开销	低	低	较高
安全性	高	高	低
是否集中管理存储	否	是	是
备份效率	低	高	较高
网络传输协议	无	FC	TCP/IP
成本	低	高	较高

从连接方式上对比，DAS采用了直接连接，即存储设备直接连接应用服务器，但是扩展性较差；SAN网络则是通过多种技术来连接存储设备和应用服务器，具有很好的数据传输速度和扩展性。SAN不受现今主流的、基于SCSI存储结构的布局限制。特别重要的是，随着存储容量的爆炸性增长，SAN允许独立地增加它们的存储容量。SAN网络的结构允许任何服务器连接到任何存储阵列，这样不管数据放置在哪里，服务器都可以直接存取所需的数据。因为采用了光纤接口，SAN还具有更高的带宽。

当然，SAN网络和DAS直连有一些显著的区别，如造价，用户建设SAN网络所需的成本远远高于DAS，再如连接距离，DAS缆线的连接范围在25米以内，而SAN网络连接可以长达数百或数千千米，等等。

DAS存储一般应用在中小企业中，与计算机采用直连方式；SAN网络则使用光纤接口提供高性能、高扩展性的存储，其应用场景包括：第一，对数据安全性要求很高的企业，如金融、证券和电信；第二，对数据存储性能要求高的企业，如电视台、测绘部门和交通运输部门；第三，具有本质上物理集中、逻辑上彼此独立的数据管理特点的企业，如银行、证券和电信等行业。

4.2.4 任务小结

本任务主要介绍了 SAN 的七个特点，为了加深理解，与项目 3 的 DAS 技术进行了较为详细的对比；同时与前一个任务介绍的 FC-SAN 和 IP-SAN 两种主流的 SAN 技术进行了对比分析。

任务 3 配置 SAN 的 iSCSI 设备

教学目标

1. 了解不同形态和方式的 iSCSI 发起器。
2. 了解不同操作系统下 iSCSI 发起器设备的配置思路和方法。
3. 能够对主流的使用 Windows、Linux 操作系统的 iSCSI 发起器设备进行正确配置。

构建一个 SAN 系统，不仅需要配置服务器、网络基础设施、存储和备份设备等硬件，还需要配置专项应用的备份软件、存储资源管理软件等软件。其中，存储设备的配置和登录是访问存储设备的关键之一，本任务主要以 IP-SAN 为例，详细介绍了 iSCSI 设备的配置和登录过程。

4.3.1 Windows 操作系统中 iSCSI 设备的配置

本任务介绍了 Windows 操作系统中的 iSCSI 发起器和 iSCSI 目标器两端的配置和操作，下面按照配置环境和配置步骤分别介绍。

4.3.1.1 配置环境

配置 iSCSI 设备需要经过启动 iSCSI 服务器功能、在 iSCSI 管理界面创建 iSCSI 网盘、在服务器节点使用发起程序连接到设置好的服务器上的磁盘三个环节。本配置实例假定由 1 个 iSCSI 目标器（虚拟磁盘）、2 个 iSCSI 发起器节点组成。配置网络拓扑结构如图 4-17 所示。

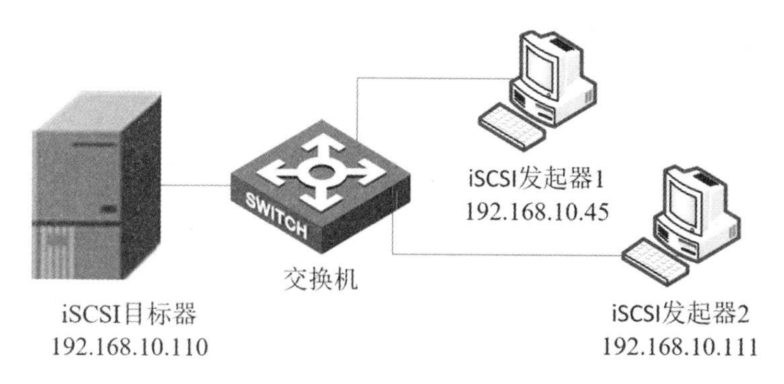

图 4-17 配置网络拓扑结构

4.3.1.2 配置步骤

对于 iSCSI 目标器和 iSCSI 发起器两端，我们分别进行配置操作。

1. Windows Server 2012 安装

Windows Server 2012 集成了 iSCSI 功能，是 Windows Server 2008 R2 的继任者，在虚拟化、管理、存储、网络、虚拟桌面基础结构、访问和信息保护、Web 和应用程序平台等方面具备新功能和特点。系统安装过程与 Windows 系列软件安装类似，但需注意下述三个细节。

（1）选择“Windows Server 2012 R2 Datacenter 评估版(带有 GUI 的服务器)”安装；

（2）安装类型选择全新安装；

（3）一个完整的安装过程还包括对存储服务器的地址、子网掩码、默认网关和 DNS 服务器地址的设置。

2. iSCSI 服务器功能启动

选择“本地服务器”→“管理”→“添加角色和功能”。iSCSI 服务器功能启动 1 如图 4-18 所示。

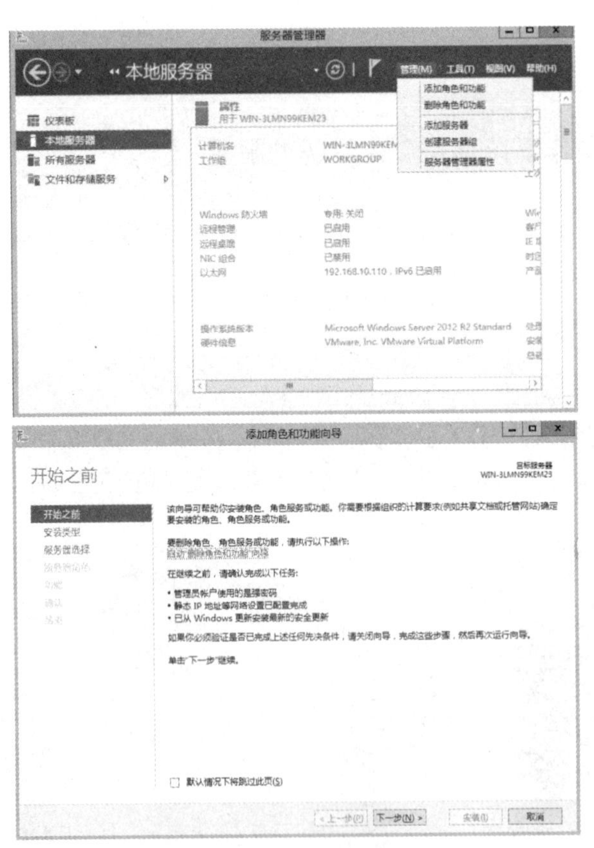

图 4-18 iSCSI 服务器功能启动 1

在“选择目标服务器”时保持默认。由于当前服务器池中只有一台服务器，所以在“服务器选择”时直接单击服务器池内的本台服务器，启用该服务器的 iSCSI 功能，iSCSI 服务器功能启动 2 如图 4-19 所示。

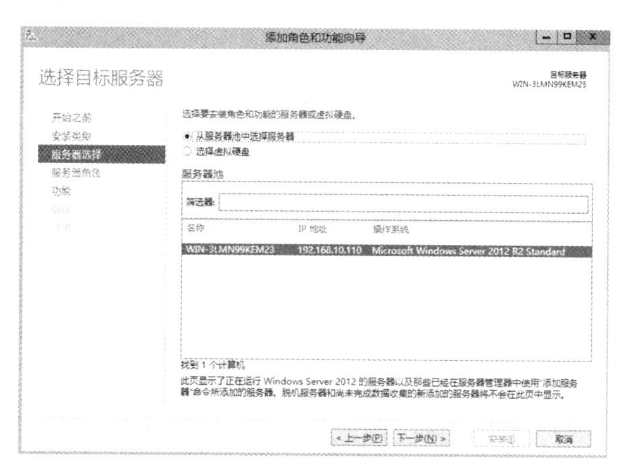

图 4-19　iSCSI 服务器功能启动 2

选择“服务器角色”，展开“文件和 iSCSI 服务”列表，勾选“iSCSI 目标服务器”复选框，如图 4-20 所示。单击“安装”按钮，进入安装过程，如图 4-21 所示。

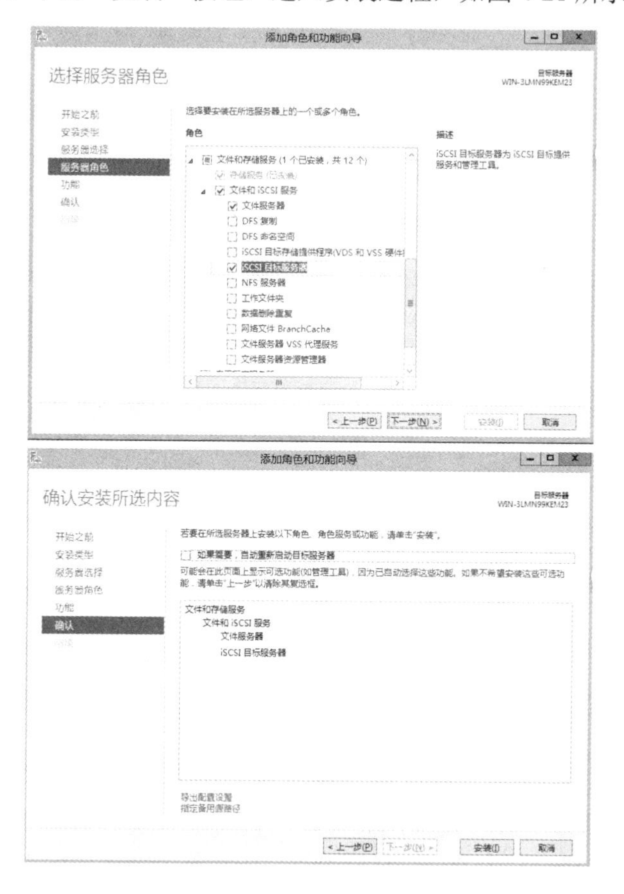

图 4-20　iSCSI 服务器功能启动 3

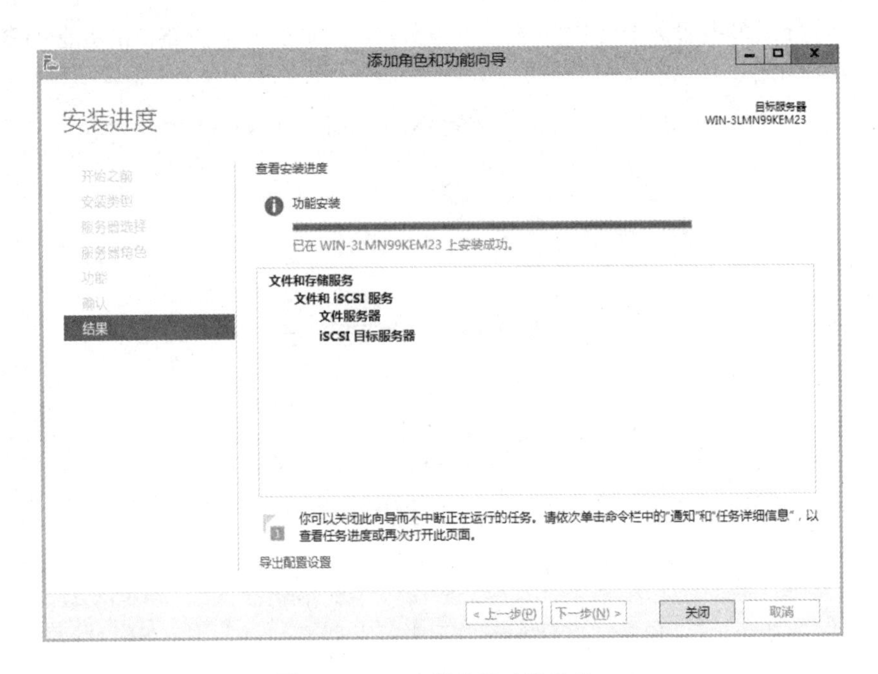

图 4-21　iSCSI 服务器功能启动 4

3. iSCSI 虚拟磁盘创建

启动 iSCSI 虚拟磁盘新建任务，如图 4-22 所示。打开新建 iSCSI 虚拟磁盘的向导，这里选择将虚拟磁盘保存在 E 盘上，如图 4-23 所示。为虚拟磁盘设置一个名称，指定虚拟磁盘的大小为 59GB。

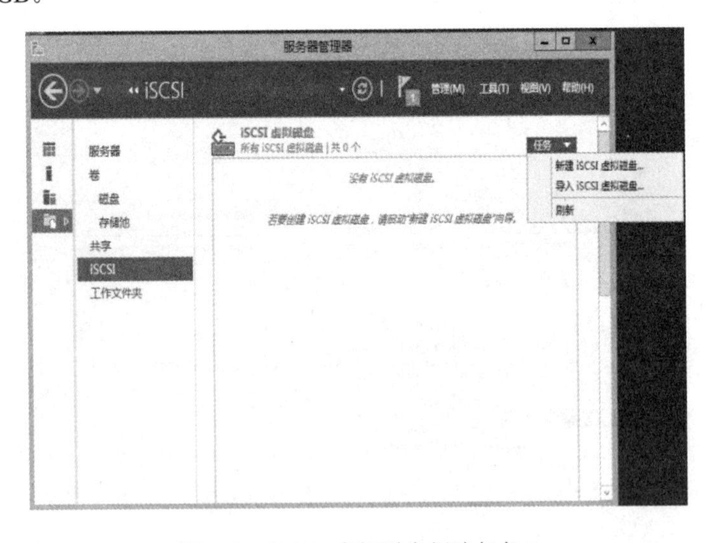

图 4-22　iSCSI 虚拟磁盘新建任务 1

在分配 iSCSI 目标页面时，由于目前还没有已经存在的 iSCSI 目标，所以这里选择第二项“新建 iSCSI 目标”，并为 iSCSI 目标设置一个名称，如图 4-24 所示。

指定访问服务器，单击“添加”按钮，如图 4-25 所示。

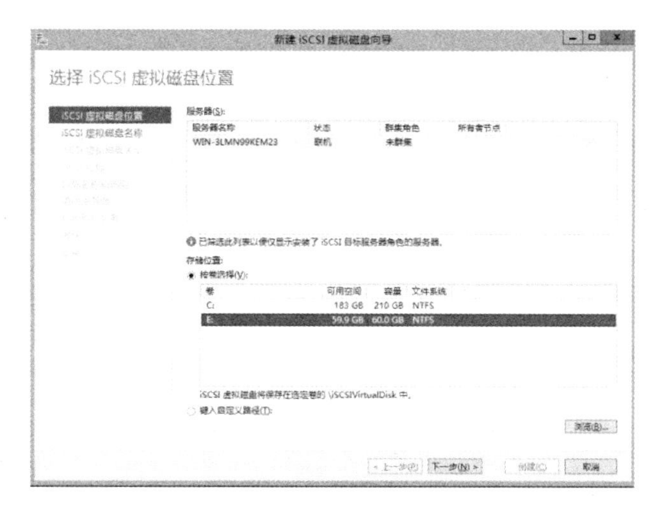

图 4-23　iSCSI 虚拟磁盘新建任务 2

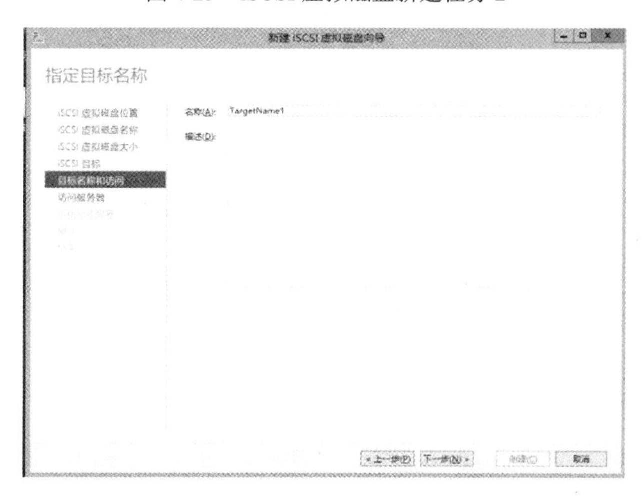

图 4-24　iSCSI 虚拟磁盘新建任务 3

图 4-25　iSCSI 虚拟磁盘新建任务 4

这里设置的用于标识发起程序的方法是使用 IP 地址，在这里面被指定的访问服务器都将有权限访问创建的虚拟磁盘，如图 4-26 所示。

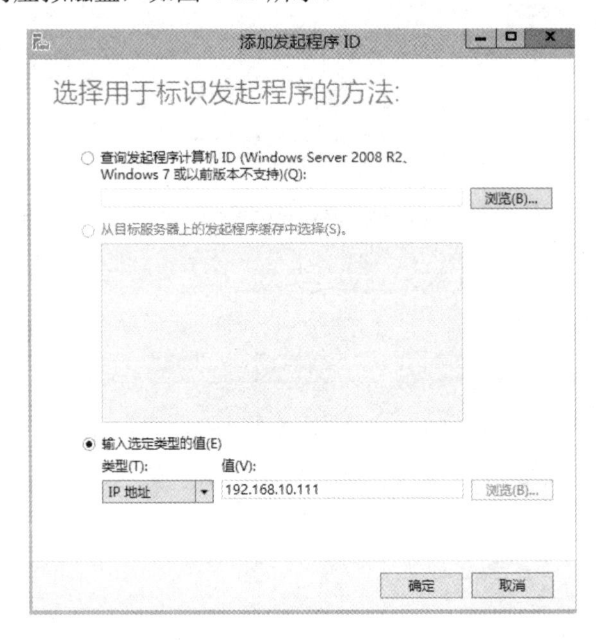

图 4-26　iSCSI 虚拟磁盘新建任务 5

连续添加了两台访问服务器，这两台被添加的访问服务器都将有权限使用本地的 iSCSI 发起程序连接到此次创建的 iSCSI 虚拟磁盘，如图 4-27 所示。接着进入身份验证页面，各参数保持默认。确认配置无误后，单击“创建”按钮，如图 4-28 所示。虚拟磁盘创建成功后，显示的创建结果如图 4-29 和图 4-30 所示。

图 4-27　iSCSI 虚拟磁盘新建任务 6

图 4-28 iSCSI 虚拟磁盘新建任务 7

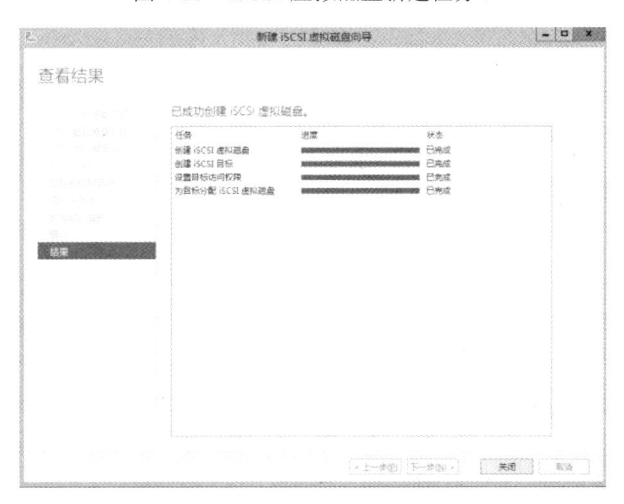

图 4-29 iSCSI 虚拟磁盘新建任务 8

图 4-30 iSCSI 虚拟磁盘新建任务 9

4. iSCSI 虚拟磁盘的连接

从控制面板中单击“iSCSI 发起程序”，如图 4-31 所示。在“目标”文本框中输入“192.168.10.110”，即要连接的目标为我们的 iSCSI 目标服务器，单击“快速连接”按钮，如图 4-32 所示。

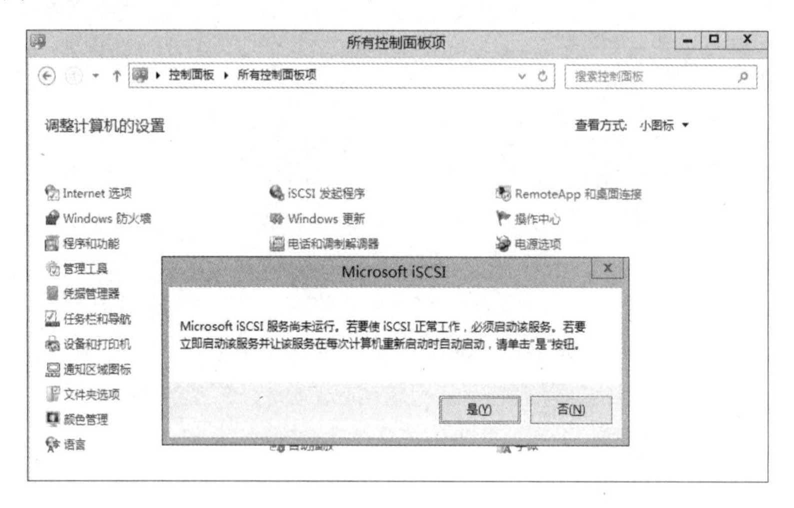

图 4-31　iSCSI 虚拟磁盘的连接 1

切换到“卷和设备”选项卡，单击“自动配置”按钮，如图 4-33 所示。打开这台服务器的本地磁盘管理工具，查看一下当前是否已连接到该虚拟磁盘，结果如图 4-34 所示。

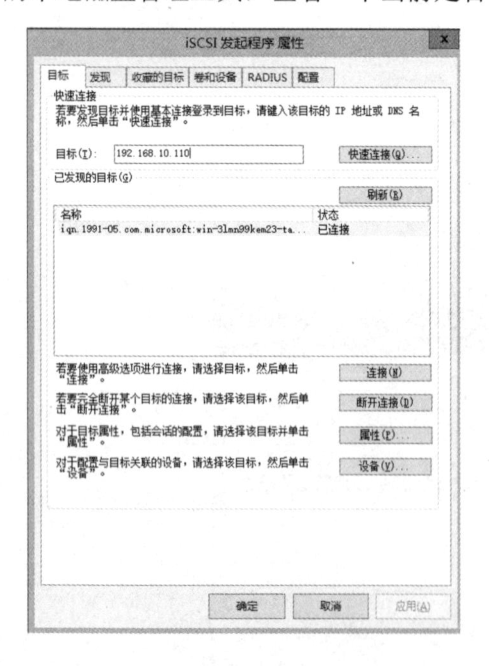

图 4-32　iSCSI 虚拟磁盘的连接 2

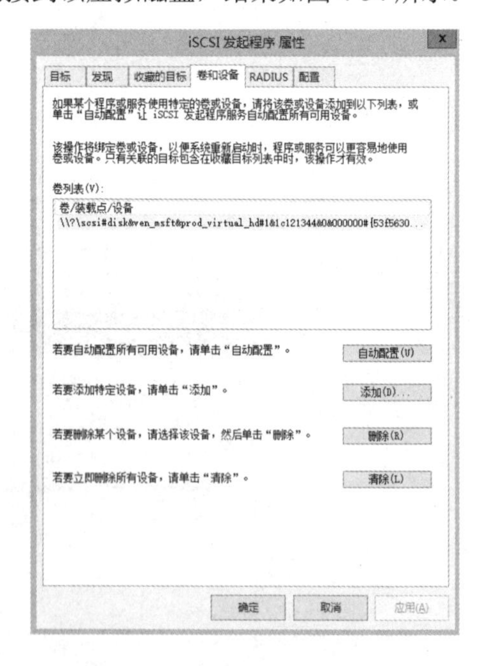

图 4-33　iSCSI 虚拟磁盘的连接 3

对连接的磁盘进行联机/初始化操作后，再打开资源管理器就可以看到我们添加的虚拟磁盘了。

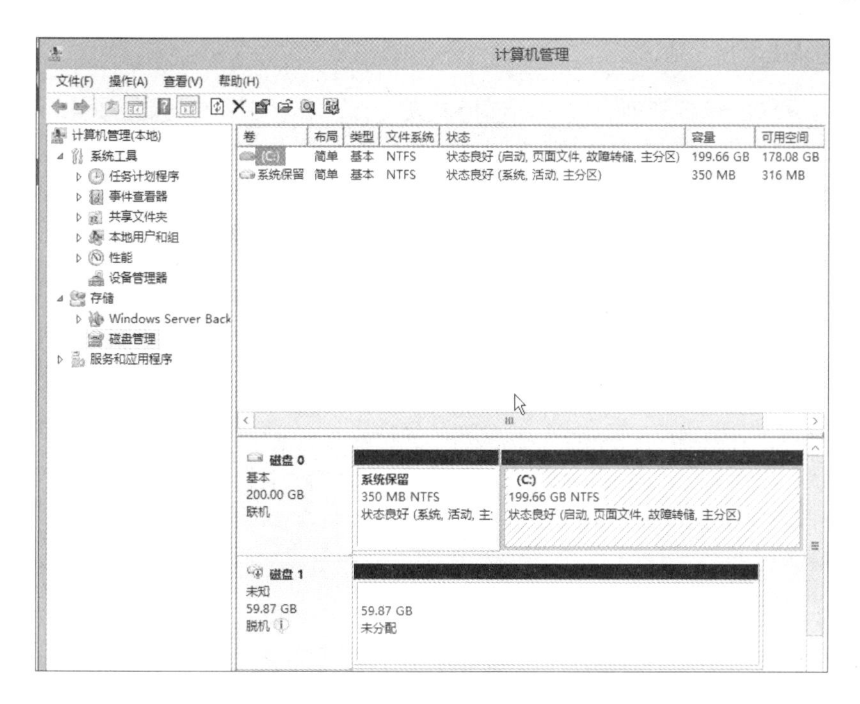

图 4-34 iSCSI 虚拟磁盘的连接 4

完成上述操作后，再回到 iSCSI 的管理界面通过右击“iSCSI 目标”查看一下，在“连接”选项卡中可以看到有两台访问服务器已经连接到这个 iSCSI 目标。

4.3.2 Linux 操作系统中 iSCSI 设备的配置

本任务介绍 Linux 操作系统中 iSCSI 发起器和 iSCSI 目标器两端的配置和操作，下面同样按照配置环境和配置步骤分别介绍。

4.3.2.1 配置环境

Linux 从 RHEL（Red Hat Enterprise Linux）4.0 起开始支持 iSCSI 设备，在 RHEL 5.0 内核中加入了对 iSCSI 设备的支持。社区企业操作系统（Community Enterprise Operating System，CentOS）是 RHEL 的再编译版本。iSCSI 设备的安装方式有很多，如可以通过源代码编译安装，也可以直接使用现有的 rpm 二进制包来完成。在安装前需要先确认上传的版本和当前内核相匹配，然后把 iscsi-target 主包和一个内核模块上传到服务器。本配置使用的软件包信息如下。

操作系统：CentOS release 6.3 (Final)。

iSCSI 目标器：192.168.1.21 / scsi-target-utils-1.0.24-12.el6_5.i686。

iSCSI 发起器：192.168.1.22 / iscsi-initiator-utils-6.2.0.873-10.el6.i686。

4.3.2.2 配置步骤

配置自 iSCSI 发起器和 iSCSI 目标器两端分别进行，具体步骤如下。

1. 配置准备

iSCSI可分享的设备类型有很多，包括镜像文件、分区、物理硬盘、RAID设备、逻辑卷等，下面我们先设定用于测试的共享内容。

1）镜像文件

在iSCSI目标器的/srv目录下创建一个200MB大小的镜像文件，过程如下：

```
[root@iscsi-target ~ ]#mkdir /srv/iscsi
[root@iscsi-target ~ ]#dd if=/dev/zero of=/srv/iscsi/disk1.img bs=1M count=200
200+0 records in
200+0 records out
209715200 bytes(210 MB) copied, 3.45409 s,60.7 MB/s
[root@iscsi-target ~ ]# ll -lh /srv/iscsi/disk1.img
-rw-r--r-- 1 root root 200M Jul 4 15:02 /srv/iscsi/disk1.img
[root@iscsi-target ~ ]#
```

2）分区

创建一个500MB大小的分区“/dev/sdb1”，过程如下：

```
[root@iscsi-target ~ ]#fdisk -l /dev/sdb1
Disk /dev/sdb1: 534 MB, 534610944 bytes
255 heads,63 sectors/track, 64 cylinders
Units = cylinders of 16065 * 512 = 8225280 bytes
sector size(logical/physical): 512 bytes / 512 bytes
I/O size(minimum/optimal): 512 bytes / 512 bytes
Disk identifier:0x00000000
[root@iscsi-target ~]#
```

3）逻辑卷

创建一个800MB大小的逻辑卷，过程如下：

```
[root@iscsi-target ~ ]# pvcreate /dev/sds
  Physical volume "/dev/sdc" successfully created
[root@iscsi-target ~ ]# vgcreate vg0 /dev/sdc
  Volume group "vgo" sugcessfully created
[root@iscsi-target ~ ]# lvcreate -L 800M -n lv1 vgo
  Logical volume "lv1" created
[root@iscsi-target ~ ]# lvs
  LV   VG   Attr     LSize  Pool Origin Data% Move Log cpy%Sync Convert
  lv1  vg0  -wi-a----- 800.00m
[root@iscsi-target ~ ]#
```

2. 配置iSCSI目标器

1）安装tgt

```
# yum -y install scsi-target-utils
```

2）配置 tgt

tgt 的主配置文件为“/etc/tgt/targets.conf”，在该文件最后新增以下配置。

```
<target iqn.2014-07.dev.iscsi-target:iscsidisk>
   backing-store /srv/iscsi/disk1.img
   backing-store /dev/sdb1
   backing-store /dev/vg0/lv1
   backing-store /dev/sdd
</target>
```

说明：每个在同一个 target 上的 backing-store 称为逻辑单元号（LUN），这个过程需要 4 个逻辑单元号。

3）启动 iSCSI 目标器

```
[root@iscsi-target tgt]# /etc/init.d/tgtd start
Starting SCSI target daemon:                    [OK]
[root@iscsi-target tgt]# chkconfig tgtd on
[root@iscsi-target tgt]#
[root@iscsi-target tgt]# netstat -tulnp|grep tgt
tcp        0    0 0.0.0.0:3260          0.0.0.0:*        LISTEN      9586/tgtd
tcp        0    0 :::3260               :::*           LISTEN      9586/tgtd
[root@iscsi-target tgt]#
```

4）查看 iSCSI 目标器

```
[root@iscsi-target tgt]#tgt-admin --show
Target 1:iqn.2614-07.dev.iscsi-target:iscsidisk
   System information:
      Driver: iscsi
      State: ready
   I_T nexus information:
   LUN information:
      LUN:0
         Type: controller
         SCSI ID: IET    00010000
         SCSI SN: beaf10
         Size: 0 MB,  Block size:  1
         online: Yes
         Removable media: No
         Prevent removal: No
         Readonly: No
         Backing store type: null
         Backing store path: None
         Backing store flags:
      LUN:1
```

```
        Type: disk
        SCSI ID: IET    00010001
        SCSI SN: beaf11
        Size: 535 MB, Block size: 512
        Online: Yes
        Removable media: No
        Prevent removal: No
        Readonly: No
        Backing store type: rdwr
        Backing store path: /dev/sdb1
        Backing store flags:
    LUN:2
        Type: disk
        SCSI ID: IET    00010002
        SCSI SN: beaf12
        Size: 1074 MB, Block size: 512
        Online: Yes
        Removable media: No
        Prevent removal: No
        Readonly: No
        Backing store type: rdwr
        Backing store path: /dev/sdd
        Backing store flags:
    LUN:3
        Type: disk
        SCSI ID: IET    00010003
        SCSI SN: beaf13
        Size: 839 MB, Block size: 512
        Online: Yes
        Removable media: No
        Prevent removal: No
        Readonly: No
        Backing store type: rdwr
        Backing store path: /dev/vgo/1v1
        Backing store flags:
    LUN:4
        Type: disk
        SCSI ID: IET    00010004
        SCSI SN: beaf14
        Size: 210 MB, Block size: 512
        Online: Yes
        Removable media: No
        Prevent removal: No
```

```
        Readonly: No
        Backing store type: rdwr
        Backing store path: /srv/iscsi/disk1.img
        Backing store flags:
    Account information:
    ACL information:
      ALL
[root@iscsi-target tgt]#
```

从上述内容可以看出，LUN0是控制器，各个LUN的大小和磁盘路径都会显示出来。至此，iSCSI目标器配置完毕。

3. 配置iSCSI发起器

1）安装iSCSI发起器

```
# yum -y install iscsi-initiator-utils
```

2）设置开机启动

```
# chkconfig iscsid on
# chkconfig iscsi on
```

3）配置文档

iSCSI发起器的配置文档位于“/etc/iscsi/”，该目录下有两个文件：iscsid.conf 和 initiatorname. iscsi。其中iscsid.conf是其配置文件，initiatorname.iscsi标记了iSCSI发起器的名称，它的默认名称是InitiatorName=iqn.1994-05.com.redhat:b45be5af6021，为了便于区分，可以将其修改为InitiatorName=iqn.2014-07.dev.iscsi-initiator:initiator。

```
[root@iscsi-initiator ~ ]# cat /etc/iscsi/initiatorname.iscsi
InitiatorName=iqn.2014-07.dev.iscsi-initiator:initiator
[root@iscsi-initiator ~ ] #
```

由于我们并没有对iSCSI目标器设置访问限制，所以iscsid.conf 文件并不需要修改。

4）侦测iSCSI目标器

如果不知道iSCSI目标器的名称，就需要进行侦测，命令行如下：

```
[root@iscsi-initiator ~ ] # iscsiadm -m discovery -t sendtargets -p 192.168.1.21
192.168.1.21:3260, 1  iqn:2014-07.dev.iscsi-target:iscsidisk
[root@iscsi-initiator ~ ] #
```

其中：-m discovery 为侦测iSCSI目标器；
-t sendtargets 为通过iSCSI协议；
-p IP:port 为指定iSCSI目标器的IP地址和端口号，不写端口号的话，默认为3260。

5）查看节点

侦测结果会写入“/var/lib/iscsi/nodes/”中，因此只需启动“/etc/init.d/iscsi”就能够在下

次开机时，自动连接到正确的目标器了。

```
[root@iscsi-initiator ~ ]# ll -R /var/lib/iscsi/nodes/var/lib/iscsi/nodes/:total 4
drw------. 3 root root 4096 Jul 4 15:59 iqn.2014-07.dev.iscsi-target:iscsidisk
/var/lib/iscsi/nodes/iqn.2014-07.dev.iscsi-target:iscsidisk:
total 4
drw-----.2 root root 4096 Jul 4 15:59 192.168.1.21,3260,1
/var/lib/iscsi/nodes/iqn.2014-07.dev.iscsi-target:iscsidisk/192.168.1.21,3260,1:
total 4
-rw-------. 1 root root 1823 Jul 4 15:59 default
[root@iscsi-initiator ~ ] #
```

iSCSI 目标器的侦测结果都写入"/var/lib/iscsi/nodes/iqn.2014-07.dev.iscsi-target:iscsidisk/192.168.1.21,3260,1/default"文件中。

4. 连接 iSCSI 目标器

1）查看目前系统上面所有的 iSCSI 目标器

```
# iscsiadm -m node
```

2）登录 iSCSI 目标器

```
[root@iscsi-initiator ~ ]#iscsiadm -m node -T iqn.2014-07.dev.iscsi-
target:iscsidisk  -login
Logging in to [iface: default, target:iqn.2014-07.dev.iscsi-
target:iscsidisk,portal:192.168.1.21:3260] (multiple)
Login to [iface:default, target:iqn.2014-07.dev.iscsi-target:iscsidisk,
portal:192.168.1.21,3260] successful.
[root@iscsi-initiator ~ ] #
```

3）查看磁盘情况

```
[root@iscsi-initiator ~ ]# fdisk -l
Disk /dev/sda: 21.5 GB, 21474836480 bytes
255 heads, 63 sectors/track, 2610 cylinders
Units = cylinders of 16065 * 512 = 8225280 bytes
Sector size (logical/physical) : 512 bytes / 512 bytes
I/O size(minimum/optimal) : 512 bytes / 512 bytes
Disk identifier: 0x00033014
   Device    Boot   Start   End     Blocks      ID  System
   /dev/sda1   *    1       2295    18432000    83  Linux
   /dev/sda2        2295    2487    1536000     82  Linux swap /solaris
   /dev/sda3        2487    2611    1002496     83  Linux
Disk /dev/sdb: 534 MB, 534610944 bytes
17 heads, 60 sectors/track, 1023 cylinders
```

```
Units = cylinders of 1020 * 512 = 522240 bytes
Sector size(logical/physical): 512 bytes / 512 bytes
I/O size(minimum/optimal): 512 bytes / 512 bytes
Disk identifier: 0x00000000
Disk /dev/sdc: 1073 MB, 1073741824 bytes
34 heads, 61 sectors/track, 1011 cylinders
Units = cylinders of 2074 * 512 = 1061888 bytes
Sector size(logical/physical): 512 bytes / 512 bytes
I/O size(minimum/optimal): 512 bytes / 512 bytes
Disk identifier: 0x00000000
Disk /dev/sde: 209 MB, 209715200 bytes
7 heads, 58 sectors / track, 1008 cylinders
Units = cylinders of 406 * 512 = 207872 bytes
Sector size (logical/physical): 512 bytes / 512 bytes
I/O size(minimum/optimal): 512 bytes / 512 bytes
Disk identifier: 0x00000000
Disk /dev/sdd: 838 MB, 838860800 bytes
26 heads, 62 sectors/track, 1016 cylinders
Units = cylinders of 1612 * 512 =825344 bytes
Sector size(logical/physical); 512 bytes / 512 bytes
I/O size(minimum/optimal): 512 bytes / 512 bytes
Disk identifier: 0x00000000
[root@iscsi-initiator ~ ] #
```

可以看到，iSCSI 发起器上面多了四块硬盘，大小和 iSCSI 目标器上的 LUN 一致。这时就可以像使用本地磁盘一样使用这些 iSCSI 设备了。

5. 挂载使用

1）创建逻辑虚拟盘

将“/dev/sdb”和“/dev/sdc”创建成逻辑虚拟盘（LV），为后续的挂载和使用做准备。

```
[root@iscsi-initiator ~ ]# pvcreate /dev/sdb /dev/sdc
  Physical volume "/dev/sdb" successfully created
  Physical volume "/dev/sdc" successfully created
[root@iscsi-initiator ~ ]# vgcreate iscsi /dev/sdb  /dev/sdc
  Volume group "iscsi" successfully created
[root@iscsi-initiator ~ ]#
[root@iscsi-initiator ~ ]# vgs
  VG        #PV     #LV     #SN     Attr    VSize   VFree
  Iscsi     2       0       0       wz--n-  1.49g   1.49g
[root@iscsi-initiator ~ ]# lvcreate -L 1G -n iscsilv iscsi
  Logical volume "iscsilv" created
[root@iscsi-initiator ~ ]#
```

```
[root@iscsi-initiator ~ ]# lvs
 LV      VG   Atti      LSize Pool origin Data%   Move Log cpy%Sync Convert
  iscsilv   iscsi   -wi-a----  1.00g
[root@iscsi-initiator ~ ] #
```

2）格式化并挂载

```
[root@iscsi-initiator ~ ]# mkfs.ext4 /dev/iscsi/iscsilv
mke2fs 1.41.12(17-May-2010)
Filesystem label =
OS type: Linux
Block size = 4096 (log=2)
Fragment size = 4096 (log=2)
Stride = 0 blocks, stripe width = 0 blocks
65536 inodes, 262144 blocks
13107 blocks(5.00%) reserved for the super user
First data block = 0
Maximum filesystem blocks = 268435456
8 block groups
32768 blocks per group, 32768 fragments per group
8192 inodes per group'
superblock_backups stored on blocks:
   32768, 98304, 163840, 229376
writing inode tables: done
Creating journal (8192 blocks): done
writing superblocks and filesystem accounting information: done
This filesystem will be automatically checked every 26 mounts or
180 days, whichever comes first. Use tune2fs -c or -i to override.
[root@iscsi-initiator ~ ]#
[root@iscsi-initiator ~ ]# mkdir /mnt/iscsi
[root@iscsi-initiator ~ ]#
[root@iscsi-initiator ~ ]# vi /etc/fstab
#
# /etc/fstab
# Created by anaconda on wed Feb 26 09:35:31 2014
#
# Accessible filesystems, by reference, are maintained under, '/dev/disk'
# See man pages fstab(5), findfs(8), mount(8) and/or blkid(8) for more info
#
UUID=a5ca416b-872b-4858-b3a7-ed9adc3ffc52 /        ext4  defaults        1  1
UUID=cdf437dc-ef4c-4fb4-ad1a-e972947e5a59 /home    ext4  defaults        1  2
UUID=e4e33ab6-a94b-4e4e-816e-f228125aaaaa swap     swap  defaults        0  0
Tmpfs                /dev/shm        tmpfs   defaults            0    0
devpts               /dev/pts        devpts  gid=5;mode=620      0    0
```

```
sysfs                /sys           sysfs    defaults              0    0
proc                 /proc          proc     defaults              0    0
/dev/iscsi/iscsilv   /mnt/iscsi     ext4     defaults, _netdev     0    0
```

3）创建测试文件

```
[root@iscsi-initiator ~ ]# mount -a
[root@iscsi-initiator ~ ]#
[root@iscsi-initiator ~ ]# df -TH
Filesystem  Type   Size   Used   Avail   use%   Mounted on
/dev/sdal   ext4   19G    1.3G   17G     8%     /
tmpfs       tmpfs  128M   0      128M    0%     /dev/shm
/dev/sda3   ext4   1.1G   19M    942M    2%     /home
/dev/mapper/iscsi-iscsilv
            ext4   1.1G   35M    969M    4%     /mnt/iscsi
[root@iscsi-initiator ~] #
[root@iscsi-initiator ~] # touch /mnt/iscsi/test_iscsi
[root@iscsi-initiator ~] # ll /mnt/iscsi/test_iscsi
-rw-r--r--. 1 root root 0 Jul 4 16:28 /mnt/iscsi/test_iscsi
[root@iscsi-initiator ~ ]#
```

挂载成功，创建测试文件成功。

4）重启测试

```
[rootCiscsi-initiator ~ ]#  df  -TH
Filesystem  Type   Size   Used   Avail   Use%   Mounted on
/dev/sdal   ext4   19G    1.3G   17G     8%     /
tmpfs       tmpfs  128M   0      128M    0%     /dev/shm
dev/sda3    ext4   1.1G   19M    942M    2%     /home
dev/mapper/iscsi - iscsilv
            ext4   1.1G   35M    969M    4%     /mt/iscsi
[root@iscsi-initiator ~ ]#  11  /mt/iscsi/
total 16
drwx------. 2 root root 16384 Jul 416:26 last found
-rw-r--r--. 1 root root  0    Jul 4 16:28 test_iscsi
[root@iscsi-initiator ~ ]#  touch /mt/iscsi/test_iscsi2
[root@iscsi-initiator ~ ]#  uptime
16:38:11 up 4 min, 1 user, load average: 0.22, 0.58, 0.31
[root@iscsi-initiator ~ ]#
```

测试结果反馈，测试成功。

5）查看 iSCSI 目标器信息

```
[root@iscsi-target tgt#tgt-admin --show
Target 1: iqn.2014-09.dev.iscsi-target:iscsidisk
```

```
System information:
    Driver:iscsi
    State:ready
I_T nexus information:
    I_T nexus:1
        Initiator: iqn.2014-07.dev.iscsi-initiator: initiator
        connection:0
            IP Address:192.168.1.22
LUN information:
    LUN:0
        Type:controller
        SCSI ID: IET    00010000
        SCSI SN: beaf10
        Size: 0 MB, Block size: 1
        online: Yes
        Removable media:  No
        Prevent removal:  No
        Readonly:  No
        Backing store type:  null
        Backing store path:  None
        Backing store flags:
```

可以看到，此时使用该 iSCSI 目标器的 iSCSI 发起器为 iqn.2014-07.dev.iscsi -initiator: initiator，也就是之前更改的 InitiatorName，IP 地址为 192.168.1.22。

经测试，iSCSI 设备工作正常，配置完毕。

4.3.3 任务小结

本任务主要介绍了 Windows、Linux 操作系统上 iSCSI 发起器和 iSCSI 目标器的配置方法与详尽配置过程。需要说明的是，iSCSI 设备的配置只是 IP-SAN 配置的基本内容，构建一个 IP-SAN 还需要配置更多的设备和系统。配置 FC-SAN 更是一个复杂的过程，不仅需要的配置更多、更复杂，还需要更多设备、系统、管理等方面的知识和技能，远远不是配置一个 iSCSI 设备可以比拟的。

项目小结

本项目设置了 3 个任务，首先围绕 SAN 配置，介绍了 SAN 的概念、技术特点、组成，重点介绍了 FC-SAN 的主要内容、端口和连接方式、FC 设备名称，以及 IP-SAN 的组件、协议栈、iSCSI 的节点管理、iSCSI 的连接和运行；然后详细分析了 FC-SAN 和 IP-SAN 的异同；最后以 iSCSI 设备为例，给出了基于主流操作系统的 iSCSI 发起器和 iSCSI 目标器配置方法。本项目内容组织框架如图 4-35 所示。

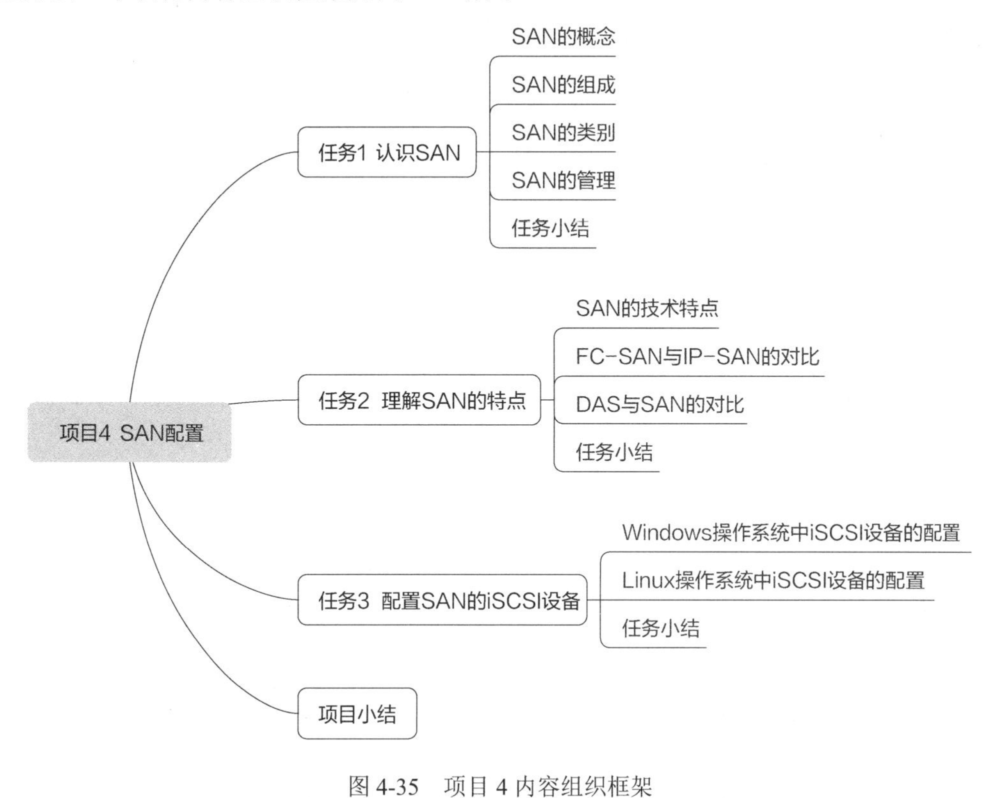

图 4-35 项目 4 内容组织框架

习题

1. 选择题

（1）下列选项中，（　　）是 IP-SAN 的带宽指标。

A．2Gbps　　B．4Gbps　　C．8Gbps　　D．10Gbps

（2）FC 的协议栈主要定义了 FC0～FC4，其中（　　）是 FC 主要内容。

A．FC0　　B．FC1　　C．FC2　　D．FC3

（3）端口接入 FC 网络中的基本模块，（　　）不是 FC 的端口之一。

A．E 端口　　B．F 端口　　C．G 端口　　D．H端口

（4）关于 FC 的万维网名称 WWN 的表述，不正确的是（　　）。

A．WWN 有节点名称 WWNN 和端口名称 WWPN 两种

B．单口的 HBA 卡有唯一的 WWNN 和唯一的 WWPN

C．WWN 的长度是 64 位二进制数，书写采用十进制，用冒号分割

D．部分 SAN 设备的 WWN 被标注在设备的铭牌上，比较醒目

（5）在 IP-SAN 技术中，核心的协议是（　　）。

A．iSCSI　　B．TCP　　C．SCSI　　D．以太网协议

（6）下列关于 FCoE 的描述，（　　）是错误的。

A．FCoE 将光纤通道信息插入以太网信息包内，无须专门的光纤通道结构实现在万兆以太网上传输 SAN 数据

B．该技术面向低延迟、高性能、二层的数据中心网络

C．FCoE 的运行对以太网没有特定的技术要求，只要是标准的以太网就可以

D．FCoE 兼容原有网络，保留了原 FC 网络中的端口和管理模式等内容

（7）下列选项中，（　　）不是以 iSCSI 块的方式传输数据的。

A．NAS　　B．DAS　　C．IP-SAN　　D．FC-SAN

（8）iSCSI 协议封装的数据是（　　）。

A．SCSI 命令和数据 CDB　　B．TCP 数据

C．IP 数据报　　D．FC 报文

（9）下列关于 SAN 特点的叙述，（　　）是错误的。

A．SAN 网络独立于 LAN，存储被外部化，不依赖于特定的服务器总线

B．尽管 SAN 网络与 LAN 业务相互隔离，但存储数据流仍会占用业务带宽

C．主机服务器不仅要配置高性能网卡，还要配置接入 SAN 的专用 HBA 卡

D．SAN 的所有存储设备都可以在全部的网络服务器之间作为对等资源共享

（10）在图 4-36 所示的 FC-SAN 端口连接 1～5 中，（　　）是连接错误的。

A．1　　B．2　　C．4　　D．5

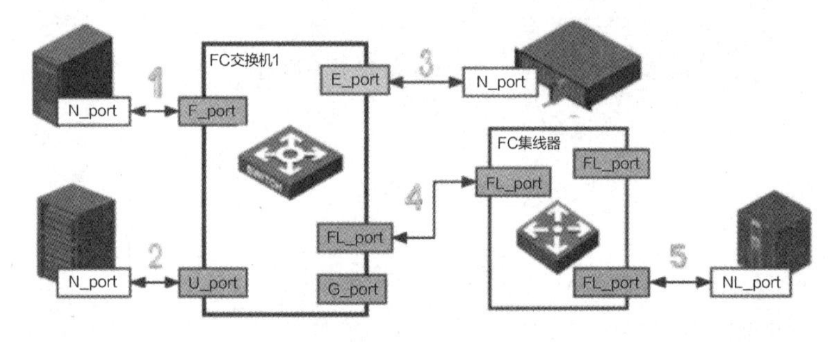

图 4-36　题（10）图

2. 判断题

（1）SAN 主机的 HBA 卡和网卡功能不同，但都插在主机的 PCI 扩展槽上。（　　）

（2）集线器是 IP-SAN 网络中的互联设备之一。（　　）

（3）FC 的帧与以太网的帧结构类似，大小相同，可以直接在以太网上传输 FC 数据。（　　）

（4）FC 的万维网名称 WWN 既可以标识设备，也可以标识设备的每一个端口。（　　）

（5）iSCSI 的协议运行采用 B/W 协议栈模型。（　　）

项目 5 NAS 配置

网络附加存储（Network Attached Storage，NAS）是利用文件共享协议向用户提供跨平台、文件级别共享的存储设备。它通过专用控制器直接与网络相连接，与服务器分离，可以为用户提供高速、高效的文件共享服务。本项目主要介绍 NAS 的概念和组成、NAS 的类别、NAS 设备的系统管理功能，以及 NAS 适合的应用领域和场景；将通过三种不同的应用场景对 NAS 的安装和配置进行介绍和操作演示。

任务 1 认识 NAS

教学目标

1. 理解 NAS 的概念、运行模型。
2. 掌握 NAS 的组成和类别。
3. 了解 NAS 的应用领域、管理功能等。

NAS 技术的初衷是解决 LAN 内部本地化存储的容量不足、文件 I/O 的效率不高等问题，基本思路是在 LAN 内部引入专门负责文件 I/O 的高效能存储设备，并且针对设备的文件 I/O 存取功能做最佳处理，使得文件存取效率较传统的文件服务器大为提升，而不一定需要其他服务程序、工具软件参与。

5.1.1 NAS 的概念

NAS 是一种特殊的专用数据存储服务器，它运行自己精简的系统软件，支持相应的网络协议，通过网络接口连入网络，由用户通过网络来访问。其作用类似于一个专用的文件服务器，以文件“分享”的形态在网络上出现，提供跨平台文件共享功能（见图 5-1）。NAS 依附于网络而运作，利用标准的网络传输协议（如 NFS、CIFS、FTP、HTTP 等）实现与网络上的服务器或工作站沟通，并将存储空间分配给网络上的服务器或客户端使用。不再像访问 DAS 存储那样，其存储资源附属于某个特定的服务器。在图 5-1 中，图中上半部分是物理设备连接图，下半部分是数据路径图。

图 5-2 所示为 NAS 的 C/S 运行模型，其显示了两个通信实体（NAS 服务器和客户端）的组成要素，以及它们之间的对应关系。

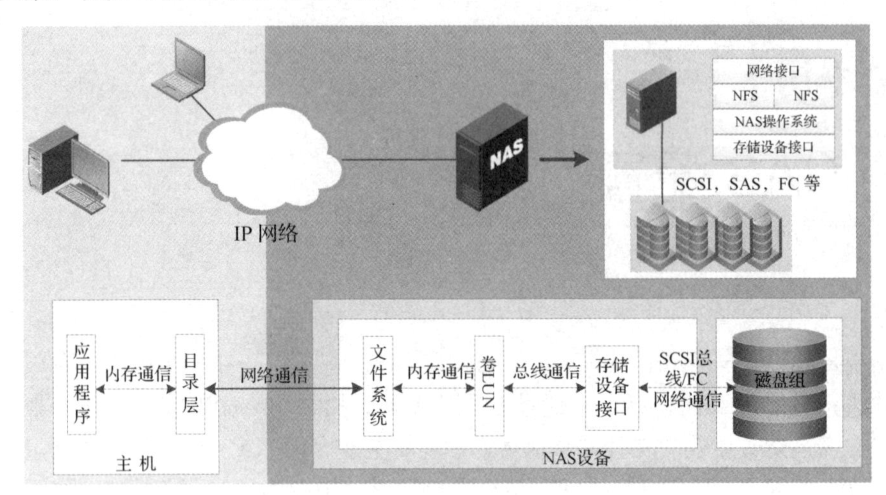

图 5-1　NAS 组成图

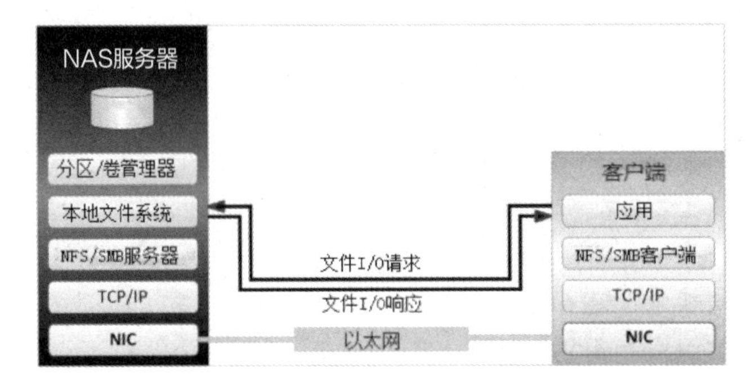

图 5-2　NAS 的 C/S 运行模型

NAS 设备主要用来实现在不同操作平台上的文件共享应用，与传统的服务器或 DAS 存储设备相比，NAS 设备经常是自包含的，NAS 设备的安装、调试、使用和管理非常简单，采用 NAS 设备可以节省一定的设备管理与维护费用。NAS 设备会提供 RJ- 45 接口和单独的 IP 地址，可以将其直接挂载在主干网的交换机上，通过简单的设置（如设置机器的 IP 地址等）就可以在网络上即插即用地使用 NAS 设备，并且在进行网络数据在线扩容时也无须停机，从而保证数据流畅存储。

5.1.2　NAS 的组成

NAS 将存储设备通过标准的网络拓扑结构连接，基于 TCP/IP 协议实现文件级数据的存取服务，其主要由网络接口、NAS 引擎、存储接口和设备三部分组成（见图 5-3）。

5.1.2.1　网络接口

NAS 常常采用千兆（或万兆）以太网网卡（NIC）接入网络接口，支持共享的网络文件系统协议 NFS 和 CIFS。NAS 支持标准的文件访问协议，不支持块级的文件访问协议。当单个网络接口带宽满足不了应用的需要时，可以使用多个网卡进行链路聚集（Trunking），还可以使用多台 NAS 设备集群等技术优化数据传输，避免网络拥塞。

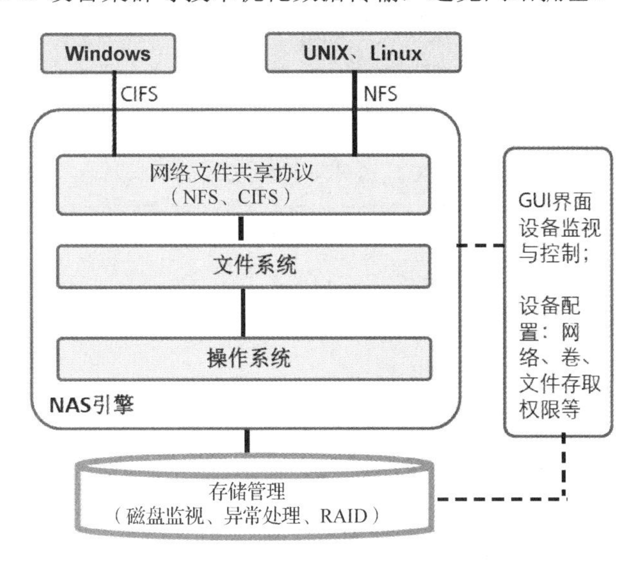

图 5-3　NAS 组成要素图

5.1.2.2　NAS 引擎

NAS 引擎又称 NAS 头，包括文件系统、网络文件共享协议和支持前端协议的、精简的操作系统。

NAS 作为一种专用的网络文件服务器，就像其他服务器或 PC 一样需要核心操作系统的支持。该操作系统是一个面向用户设计的、专门用于数据存储的简化操作系统，内置了与网络连接所需的协议，实现了 TCP/IP 驱动、网络存储设备驱动和管理，CIFS/NFS 文件共享服务和应用系统等功能。常见的 NAS 引擎主要有三类，具体如下。

（1）以 FreeBSD/Linux 等开放源码的通用网络操作系统为蓝本，优化而成的精简版操作系统引擎。因为源码开放的原因，这类引擎所需的成本较低，性能也不错，所以受到很多用户的欢迎。

（2）以 Microsoft 的 SAK（Server Appliance Kit）为基础而开发的引擎，如 Windows Storage Server 2008（WSS 2008）。SAK 是微软公司专门为存储系统进行优化的 NAS 操作系统，比普通的 Windows 操作系统简单。由于 Windows 系列是目前人们使用十分广泛的操作系统，也是各种存储管理软件和备份软件首要支持的平台之一，因此这类引擎的最大优势在于可轻易与第三方存储管理软件及备份软件集成。

（3）基于 VxWorks 嵌入式操作系统开发而成的引擎。VxWorks 支持多种文件系统，同一 VxWorks 系统下有多文件系统并存。VxWorks 遵循标准的 Internet 协议，支持对其他 VxWorks 系统和 TCP/IP 网络系统的“透明”访问，具体包括与 BSD 套接字兼容的编程接口、远程过程调用（Remote Procedure Call，RPC）、SNMP、远程文件访问、引导程序协议（Bootstrap Protocol，BOOTP）和代理 ARP/DHCP/DNS/OSPF/RIP。业界主流的 EMC DART

（Data Access in Real Time）和 NetApp 的 Data ONTAP 都是基于 VxWorks 开发的。

CIFS 和 NFS 是目前主要的两种文件系统协议。其中，CIFS 是 Windows 操作系统下通用的 Internet 文件系统协议。网络文件系统（Network File System，NFS）是 UNIX 操作系统中实现磁盘文件共享的一种方法，是支持应用程序在客户端通过网络存取位于服务器磁盘中数据的一种文件系统协议。云计算和数据库大量使用 NFS。CIFS 和 NFS 文件系统协议比较如表 5-1 所示。

表 5-1　CIFS 和 NFS 文件系统协议比较

文件系统协议	传 输 协 议	客户端要求	故 障 影 响	效　率	支持操作系统
CIFS	TCP/IP	操作系统集成，无须额外软件参与	大	高	Windows
NFS	TCP 或 UDP	需要专用的软件	小，可自恢复交互过程	低	Linux、UNIX

5.1.2.3　存储接口和设备

NAS 设备使用的存储接口有 SATA、SCSI、SAS 和 Fibre Channel 等，通过这些接口连接以磁盘阵列技术组成的存储设备。

综上，NAS 解决方案通常配置为文件服务的设备，由工作站或服务器通过网络协议（如 TCP/IP）和应用程序（如 NFS、CIFS）来进行文件访问。大多数 NAS 连接用在工作站客户端和 NAS 文件共享设备之间。这些连接依赖于企业的网络基础设施来正常运行。NAS 支持文件级别的访问协议和不同的操作系统，可供 Windows、UNIX、Linux、Mac OS 等操作系统访问。NAS 存储信息都是采用 RAID 方式进行管理的，从而有效保护了数据。

5.1.3　NAS 的类别

NAS 的分类主要有两种方式，一种是根据 NAS 的实现方式分类，另一种是根据 NAS 应用的复杂度和规模分类。

5.1.3.1　根据 NAS 的实现方式

根据 NAS 的实现方式来分，NAS 有统一式 NAS、网关式 NAS 和扩展式 NAS 三种类型。

1. 统一式 NAS

统一式 NAS 就是将 NAS 引擎和存储设备放在一个机框中（见图 5-4），使 NAS 系统具有一个独立的环境。NAS 引擎通过 IP 网络对外提供连接，支持用于文件访问的 CIFS 和 NFS 协议，响应封装 SCSI 和 FC 块级协议的文件 I/O 访问请求。存储可使用不同的磁盘类型（如 SAS、SATA、FC 和闪存盘），以满足不同的负载需求。

“统一”的另一层含义是，基于 NAS 和基于 SAN 的访问可以合并到同一个存储平台，将基于 NAS 和基于 SAN 的数据访问合并，提供了可以同时管理两种环境的统一管理界面，降低了企业的基础设施造价和管理运营成本。

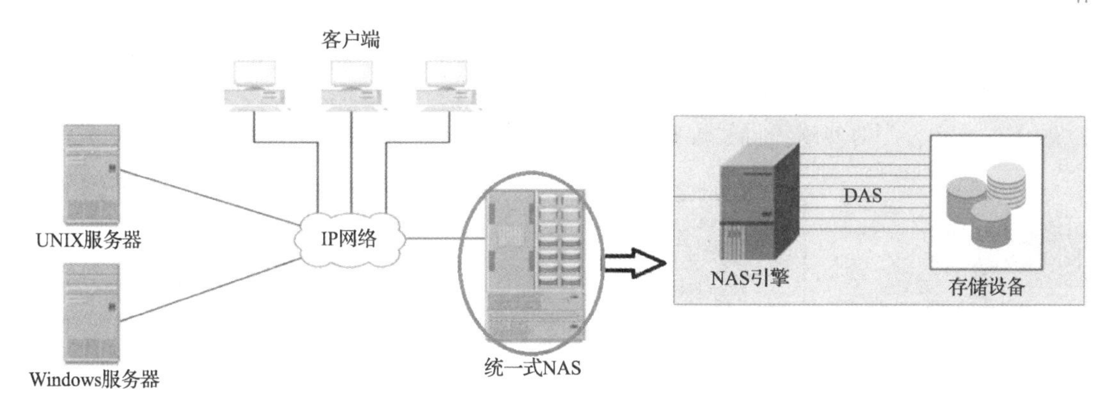

图 5-4　统一式 NAS 的拓扑图

2. 网关式 NAS

网关式 NAS 的拓扑图如图 5-5 所示，网关式 NAS 使用 FC 光纤交换机连接存储设备（SAN 存储阵列或 DAS 存储阵列），通过 NAS 网关头服务器向网络提供 NAS 服务。这种结构可以将不同类型的存储设备都连接到 NAS 网关头服务器上，能够对 NAS 引擎和存储设备单独进行管理，但同时这种类别的 NAS 管理比统一存储复杂。网关式 NAS 的扩展性比统一式 NAS 好，这是因为 NAS 引擎和存储阵列可以独立地根据需求进行扩展升级。

例如，可以通过增加 NAS 引擎的方式提升 NAS 设备的性能。当存储容量达到上限时，网关式 NAS 设备可以独立于 NAS 引擎对 SAN 进行扩展，增加存储容量。网关式 NAS 通过在 SAN 环境中进行存储共享，提高了存储资源的利用率。

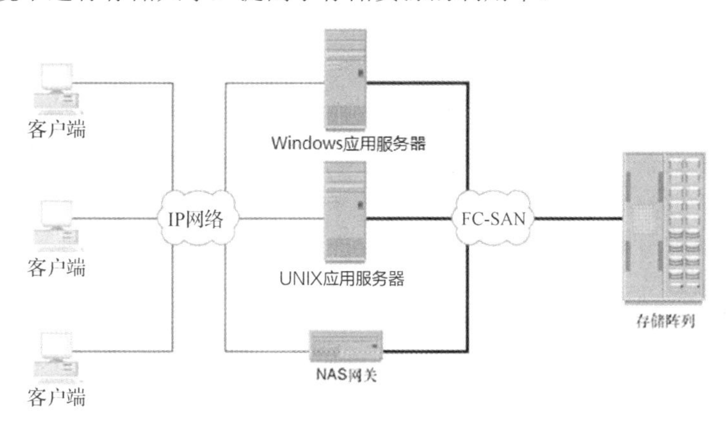

图 5-5　网关式 NAS 的拓扑图

3. 扩展式 NAS

统一式 NAS 和网关式 NAS 实现都提供了一定的扩展性，可以在数据增长和性能需求提高时对资源进行扩展。但扩展性受制于 NAS 设备对后续增加 NAS 引擎和存储容量的支持能力。扩展式 NAS 有横向扩展（Scale Out，又称水平扩展）NAS、纵向扩展（Scale Up，又称垂直扩展）NAS 和融合扩展 NAS 三种策略。

横向扩展 NAS 示意图如图 5-6 所示，NAS 系统通过增加具有完整功能的节点进行扩展。一个横向扩展 NAS 系统可以扩展很多节点，形成一个集群 NAS 系统。节点之间的内部物理互连距离没有具体限制。纵向扩展 NAS 示意图如图 5-7 所示，它利用现有的存储系统，通过不断增加存储容量来满足数据增长的需求。横向扩展 NAS 与纵向扩展 NAS 也可以融合在一起，同时实现纵向扩展和横向扩展，融合扩展 NAS 示意图如图 5-8 所示。

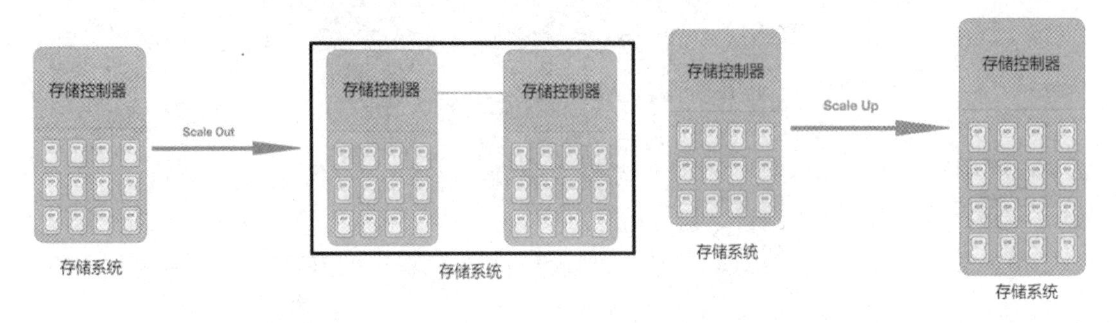

图 5-6　横向扩展 NAS 示意图　　　　图 5-7　纵向扩展 NAS 示意图

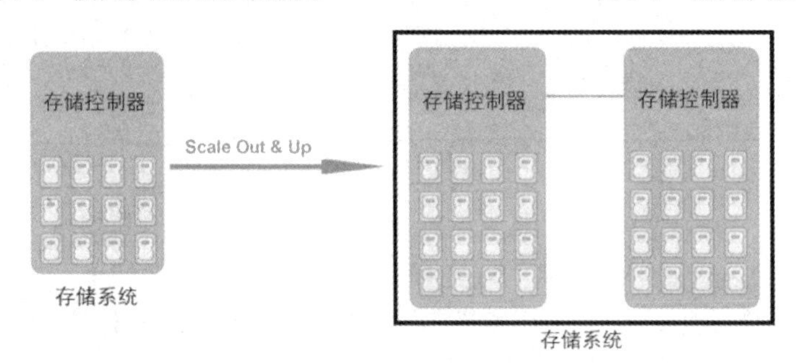

图 5-8　融合扩展 NAS 示意图

下面借助传统火车和动车组火车之间的关系类比来说明三种策略之间的关系。

纵向扩展策略类似于传统火车通过不断增加新的车厢来实现运力增加的方法，存储系统通过扩充更多的硬盘来实现容量的增加，但是由于存储控制器性能及背板带宽没有相应提升，所以传统存储在磁盘容量扩容到一定程度时，往往综合性能将会下降。横向扩展策略就好像动车组火车一样，当火车车厢增加的时候，前面的火车头动力也随之增加，因此不会产生性能瓶颈。

产生这样的不同的原因在于，传统火车的主要动力来自火车头，动车组火车则不一样，除了车头配有动力装置，每一节车厢都配有动力推动装置。集群存储大多是由一个个节点（如 x86 服务器）组成的，每一个节点添加进去后，不仅能够增加容量，还能够增加整个存储系统的整体处理能力。

横向扩展策略在需要扩大容量或提高性能的时候，会向集群添加节点，所有节点上都创建了一个单一文件系统。节点的所有信息都可以彼此共享，因此连接到任何节点的客户端都可以访问整个文件系统。随着节点的增加，文件系统实现了动态扩展，数据在节点之间均匀分布。每个增加的节点都增加了整个集群的存储、内存、CPU 和网络能力。因此，整个集群的性能都得到了提升。

究竟选择纵向扩展策略还是横向扩展策略，要考虑的因素很多，但最终的决定性因素是哪个厂商有比其他厂商更好的整体方案、实施能力和技术优势。用户在设计 NAS 方案时有一些基本的因素需要考虑，如以下几点。

1）成本

纵向扩展架构只有容量升级的成本，不会增加存储控制器或基础设施的开销。如果主要衡量每 TB 存储的单位价格，纵向扩展的扩展方式无疑更便宜一些。

2）容量

两种解决方案都可以满足容量需求，但纵向扩展架构也许会有些限制，主要取决于单个系统最多支持多少块磁盘和有多大的容量。

3）性能

横向扩展架构在性能上具有扩展潜力，在多个存储控制器下，IOPS 处理能力和吞吐带宽都可以聚合。

4）管理

纵向扩展架构本身就是以单一系统的方式来进行管理的，而横向扩展架构通常有聚合管理的能力，但每个厂商提供的产品可能会有所不同。

5）复杂性

纵向扩展架构的存储相对简单，而横向扩展架构的系统会更复杂一些，毕竟每个节点都需要管理。

6）可用性

多个节点可以提供更好的可用性，即使有一个部件故障或失效，系统也不至于整体宕机。这一点与具体的实施方案也有关系。

5.1.3.2 根据 NAS 应用的复杂度和规模

根据 NAS 应用的复杂度和规模，NAS 分为电器型服务器、工作组 NAS、中型 NAS 和大型 NAS 四种。

（1）电器型服务器是 NAS 系列产品中最低端的产品，不是专门附加的存储设备。它们为网络提供了一个存储的位置，但是由于没有冗余和高性能的组件，价格相对比较便宜。在工作组环境中，电器型服务器会起很多作用。典型的服务包括网络地址翻译（NAT）、代理、DHCP、电子邮件、Web 服务器、DNS、防火墙和 VPN。

（2）工作组 NAS 适用于存储需求相对较低的个人家庭、中小型公司，可以运行电子商务软件或大型数据库，提供文件共享、打印、备份等服务。

（3）中型 NAS 提供增强的管理功能，支持热插拔、快速恢复，具有更好的扩展性和可靠性。

（4）大型 NAS 对系统的易扩展性及高可用性和冗余性要求很高，具有高端服务器的性能、灵活的管理及与异类网络平台之间可交互等特性。

5.1.4 NAS 的管理功能

大多数 NAS 设备提供商都提供了与设备配套的管理软件，以实施对 NAS 的部署、配置、分配，维护 NAS 应用和网关等的管理。其主要功能包括以下几点。

（1）资源管理：发现 NAS 设备，包括硬件设备，以及配置、初始化参数。

（2）计划管理：数据备份和恢复计划制订。

（3）空间管理：用户及其空间使用情况管理。

（4）性能管理：CPU/Memory、Cache、NFS/CIFS 等的 I/O 性能，监控 CPU、内存的利用率和网络使用情况等。

（5）容量管理：存储的容量、RAID 的配置和调整管理。

通常来讲，统一式 NAS 系统中 NAS 引擎服务器和存储阵列都由 NAS 管理软件来管理，而网关式 NAS、扩展式 NAS 中的 NAS 引擎都由 NAS 管理软件管理，存储阵列则由其自身的阵列管理软件管理。

5.1.5 NAS 的应用领域

NAS 存储架构为访问和共享大量文件系统数据的 IT 环境提供了一个高效、性价比优异的解决方案，其一个显著的特点是存储系统不再通过 I/O 总线附属于某个特定的主机，而是直接通过网络接口与网络相连，由用户通过网络对存储设备进行访问。集中化的网络文件访问机制和共享存储环境（包括硬件和软件）确保了可靠的数据访问和数据的高可用性。与 DAS 和 SAN 比较，NAS 更适用于具有 CPU 密集或 I/O 密集特性的应用场合。

由于 NAS 只能以文件的方式访问，而不能像普通文件系统一样直接访问物理数据块，因此会在某些情况下严重影响系统效率，如大型数据库就不宜使用 NAS。

NAS 的典型应用如下。

1. 跨平台部署 NAS

目前大多数的 NAS 不仅可以支持 Windows 等主流的操作系统，还支持 Linux 等开源的操作系统。

2. 远程备份

采用 NAS 实现远程容灾只需要将两个 NAS 设备接入网络就可以实现实时的数据备份。这个方案既支持网络的两端采用不同的设备，又支持不同的接入技术，如专用光纤网络、VPN 隧道的公用网络等。

3. 支持多个应用系统

NAS 可以有效集成现有的网络环境和软、硬件资源。例如，企业现在需要部署一个文件服务器，采用 Linux 操作系统作为服务器的操作系统，因为 NAS 本身就支持跨平台的操作，所以在不更换 NAS 操作系统的情况下就可以将文件服务器上的文件备份到 NAS 设备上。在采用 NAS 方案的时候，在客户端与 NAS 存储设备之间有一个“控制器”，它会将实际的存储产品同用户隔离开来。也就是说，如果出于海量存储的需要增加硬盘或磁带等物理存储设备，对于客户端来说是透明的，不需要经过任何调整。如此，即使用户需要存储海量数据，也可以很方便地实现。

4. Web 网站的后台

NAS 实现了 Web 服务器与数据存储设备的隔离，能够满足 Web 应用的大容量存储空间、多用户和多平台的数据共享需求，实现了数据的集中管理，并拥有完善的数据保护措施。因此即使用户数量多、采用的客户端系统多种多样，NAS仍然可以应对自如。

需要说明的是，虽然NAS在跨平台性、投资成本等方面有很大的优势，但是在性能提升上没有显著的特点。因此，对于性能要求比较高的应用，还需要采用其他的技术来改善NAS网络附加存储的工作效率。例如，在NAS的存储设备上，通过采用硬件RAID磁盘阵列等技术来提高后台存储设备的工作效率等。在前台应用服务器上也可以采用服务器负载均衡等手段来对用户的访问量进行分流等。在大部分情况下，NAS都是跟其他的一些技术结合使用才能够发挥其最大的价值的。

随着新型应用对于数据的要求不断提升，NAS和SAN的融合逐渐成了新的趋势，也为企业的数字化运营带来了灵活性和性能优势。服务器环境越异构化，NAS就越重要，因为它能无缝集成服务器。而企业数据量越大，高效的SAN就越重要。NAS能简化对SAN的访问。事实上，NAS是SAN理想的网关，能帮助SAN提供的数据块以文件形式路由至适当的服务器。与此同时，SAN能通过减轻非关键数据的大容量存储负担，使NAS的工作更为有效。重要文件可以存储在本地的NAS上，不重要的可以写到SAN中。

5.1.6 任务小结

本任务主要介绍了NAS的概念、运行模型和系统组成，重点在于说清楚它与DAS、SAN的不同之处，以及为什么称为“网络存储器”，在此基础上较为细致地介绍了NAS的类别、管理功能、应用领域等内容。NAS实现了存储设备与服务器的彻底分离，可以集中管理数据，其存储成本远远低于使用服务器。

任务2 理解NAS的特点

教学目标

1. 理解NAS的特点。
2. 了解NAS与DAS结构之间的关系，以及统一存储结构的含义。

NAS被定义为一种特殊的专用数据存储服务器，可提供跨平台文件共享功能。NAS通常在一个LAN上占有自己的节点，允许用户在网络上存取数据，在这种配置中，NAS集中管理和处理网络上的所有数据，将负载从应用或企业服务器上卸载下来，有效降低了总拥有成本，保护用户投资。NAS作为一种主流的存储应用架构，与DAS和SAN相比，其主要特点有以下几点。

第一，NAS本质上是存储设备而不是服务器。NAS以数据为中心，将存储设备与服务器彻底分离，尽管常常被当作一种“跨平台文件共享服务器”，但是NAS专用于数据存储，可以提供文件集中存储和管理的功能。它与文件服务器的定位有显著区别，文件服务器可以用来承载任何应用程序，为网络上的主机提供FTP、WWW、E-mail、文件共享和处理、打印等多种服务。NAS可以看作是优化的文件服务器，能够实现对文件的服务、存储、检索和访问等，还可以通过集群等功能提升可用性和可扩展性。

第二，NAS 支持即插即用。NAS 设备都支持多计算机平台、多种客户端服务，NAS 设备无须改造即可用于 UNIX/Linux/Windows 的系统中，因此安装配置相对比较简单。然而，由于 NAS 设备通常具有独特的网络标识符，多个 NAS 设备的存储空间合并有较高难度，所以 NAS 环境中的数据备份很难实现集中化。

第三，NAS 设备的部署比较灵活。NAS 设备可放置在工作组内，靠近数据中心的应用服务器，或者也可放置在其他地点，通过物理链路与网络连接起来。无须应用服务器的干预，NAS 设备允许用户在网络上存取数据，这样既可以减小主机的资源开销，也能显著改善网络的性能。

第四，NAS 备份占用网络带宽。因为 NAS 的数据备份不是集中化的，设备上的数据通过企业或专用 LAN 进行备份，备份过程会消耗网络带宽，所以网络的性能将直接影响 NAS 的性能。另外，在 NAS 设备与客户端之间进行数据传输时，也需要占用主机或客户端 CPU 的资源来对数据包进行处理。

第五，NAS 的使用简单便捷。主流的 NAS 产品都提供了配套的专用管理软件，用户可以很简易便捷地使用产品；还有一些产品既提供了实施 NAS 管理的工具，也支持以 Web 浏览器的方式进行配置和管理。

NAS 和 DAS 的数据访问比较表如表 5-2 所示。

表 5-2　NAS 和 DAS 的数据访问比较表

访问方式	共享方式	共享权限	可靠性
NAS	通过文件系统的集中化管理能够实现网络文件的访问	用户能够共享文件系统并查看共享的数据	专业化的文件服务器与存储技术相结合，为网络访问提供高可靠性的数据
DAS	只能通过与之连接的主机进行访问	每一个主机管理它本身的文件系统，但不能实现与其他主机共享数据	只能依靠存储设备本身为主机提供高可靠性的数据

需要注意的是，传统 NAS 服务器使用的是以太网和 TCP/IP 协议，通过文件系统 NFS 或 CIFS 分别与 UNIX/Linux 或 Windows 操作系统实现通信和文件共享。NAS 拥有和 SAN 不一样的服务方式，因此应用场景也比较广泛，像是办公 OA 的信息文档共享、医疗领域的医疗影像系统数据管理的需要、校园网大量的资源信息需求，都可以利用 NAS 进行解决。

但是当面临大量存储操作时，NAS 设备与网络服务器、用户客户机等共享供业务使用的局域网络，其性能容易成为系统瓶颈，会降低其他系统的运行速度。在这一点上，NAS 的确不及 SAN。因此，为了提高存储的容量、性能、可用性和可靠性，“SAN+NAS”的统一存储组合方案越来越受到重视。该方案实现了 FC-SAN 与 IP-SAN、各类存储介质的融合，可以有效整合用户的现有存储网络架构，实现高性能 SAN 网络的统一部署和集中管理，以适应业务和应用变化的动态需求。例如，应用于 NAS&SAN 一体化网络的统一存储设备 OceanStor N8500 就是一款针对多个行业的集群化中高端 NAS 存储系统。SAN+NAS 的统一存储组合方案示意图如图 5-9 所示。

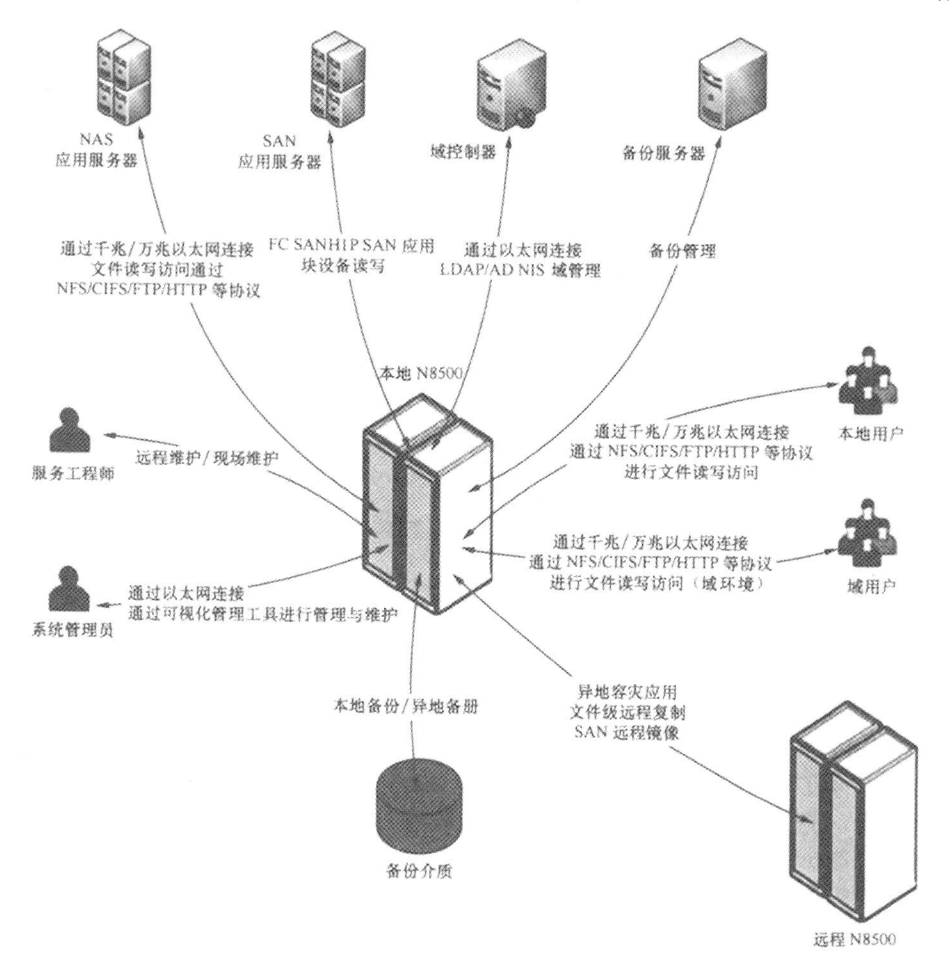

图 5-9　SAN+NAS 的统一存储组合方案示意图

这款存储设备不仅能够满足高效数据共享产品的需求，也具备灵活的横向和纵向可扩展性，能够满足电信业务、数字媒体、高性能计算、教育科研、公共事务管理等行业对存储系统高性能，高扩展性，高效数据管理和统一存储的业务需求。

任务 3　配置 NAS

教学目标

1. 掌握主流 NAS（群晖 Synology）的安装方法。
2. 掌握主流 NAS 设备应用的安装、配置、初始化方法。
3. 了解主流 NAS 设备的特点、规格、外特征等。

NAS 设备是文件服务的设备，由工作站或服务器通过网络协议和应用程序来进行文件访问。绝大多数的客户和 NAS 服务器之间的连接依赖于企业的网络基础设施。本任务中配置的 NAS 主要是主流的群晖系列 NAS 设备，介绍了设备的特点、规格、外特征，并给出了详细的安装和配置过程。

5.3.1 群晖 DS920+的配置

个人 NAS 服务于个人数据存储和应用，无须专业技术操作即可非常方便快捷地实现个人和家庭的文件共享、备份、远程访问，以及游戏、多媒体服务等数据的存储与管理，是数字家庭主要的数据存储设施。

5.3.1.1 群晖 DS920+简介

群晖 DS920+（见图 5-10）采用 Intel 64 位四核赛扬处理器、4GBDDR4 内存（可扩展至 8GB），支持 2.5"/3.5" 规格的 SATA HDD 和 2.5"规格的 SATA SSD，以及 Btrfs、EXT4、EXT3、FAT、NTFS、HFS+等文件系统，最大存储容量为 108TB，是一款理想的个人 NAS 解决方案。四盘位可组任意 RAID，从 Basic、JBOD、RAID0 到 RAID10、SHR（Synology Hybrid RAID）阵列都可选择，安全性和可用性都较高。

群晖 DS920+前面板包括状态指示灯（图 5-10 中的 1）、四个硬盘状态指示灯（图 5-10 中的 2）、四个硬盘托盘和托盘锁（图 5-10 中的 3、6，其中 6 指示的四个磁盘序号从左向右依次为 1、2、3、4）、USB 3.0 端口（图 5-10 中的 4）、带指示灯的电源按钮（图 5-10 中的 5）。背面板包括两个千兆 RJ-45 端口（图 5-10 中的 7）、reset 重置按钮（图 5-10 中的 8）、一个 eSATA 接口（图 5-10 中的 9，用于外接 SATA 硬盘或 Synology 扩展柜）、一个 DC 12V 直流插孔（图 5-10 中的 10）、两个系统风扇（图 5-10 中的 11）、Kensington 防盗锁孔（图 5-10 中的 12）和一个 USB3.0 接口（图 5-10 中的 13）。

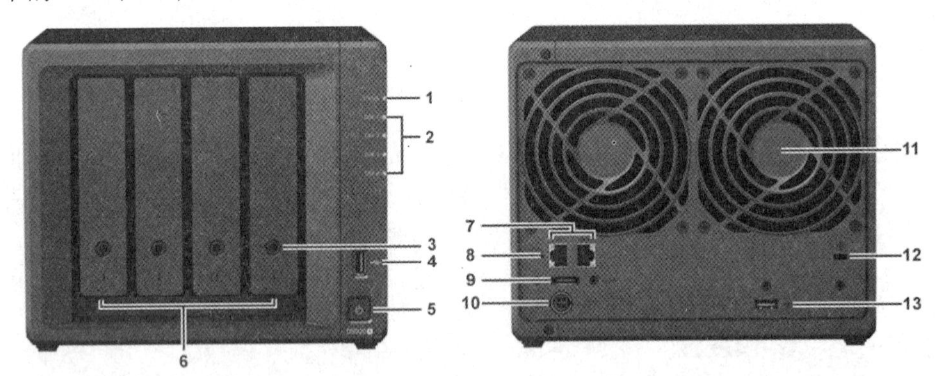

图 5-10 群晖 DS920+ NAS 前后面板功能设置

群晖 DS920+支持将 SSD 作为缓存加速，机器底部就提供了两个 M.2 2280 的卡槽（见图 5-11），同样采用卡扣式设计，无须螺丝就可以固定 M.2 固态硬盘。要注意的是两个固态硬盘一般都安装两个，因为安装一个只能够作为只读缓存加速，而安装两个则可以作为只读或是读写缓存加速。

群晖 NAS 支持多地点、多平台、多终端的数据备份和集中存储，保护数字资产，还可通过快照记录文件状态，快速还原，对数据进行二次保护。其应用连接拓扑图如图 5-12 所示。

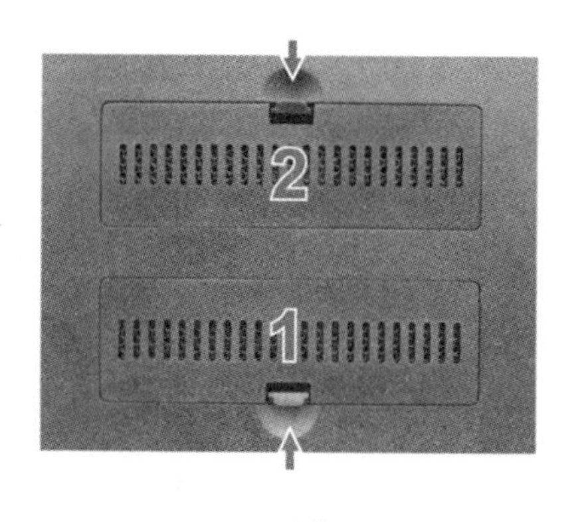

图 5-11　群晖 DS920+底部的两个内置 M.2 SSD 卡槽

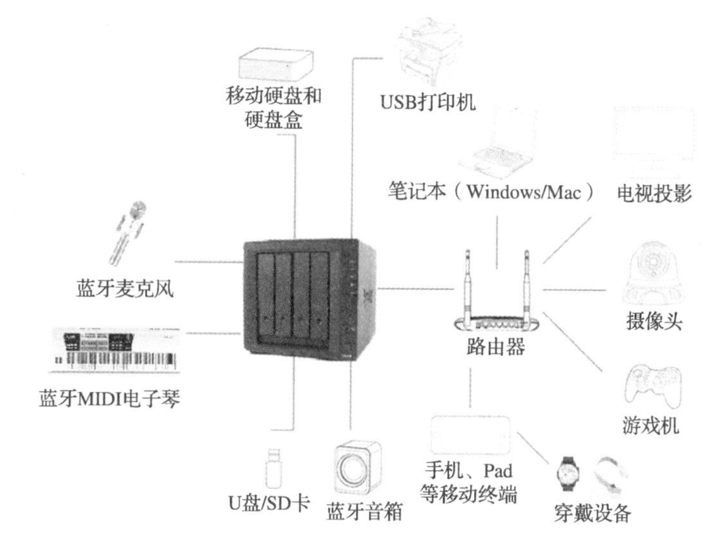

图 5-12　群晖 NASDS920+应用连接拓扑图

5.3.1.2　配置过程

设备和部件：群晖 DS920+设备 1 台，西部数据（WD）红盘 4 块（WD102KFBX Pro 、256MB 缓存、SATA3.5 英寸、7200 转、10TB），群晖 NAS M.2 卡槽专用缓存 SSD M.2 2280 NVMe 2 条（型号为 SNV3400 400G），Dell Latitude 5310 便携式计算机 1 台。

安装过程：

第一步，打开机器底部的两个 M.2 2280 的卡槽盖板，将两块 SNV3400 400G 装入群晖 DS920+底部的 M.2 NVMe 2280 SSD 卡槽，再恢复卡槽盖板。

第二步，将群晖 DS920+的四个硬盘托盘抽出，依次把四块硬盘固定在托盘上，然后分别装回盘仓；再使用硬盘托盘钥匙旋转托盘锁，固定硬盘。

第三步，连接群晖 DS920+的电源线，把群晖 DS920+通过网线接入路由器（或交换机）网口（确保登录计算机和群晖 DS920+设备在一个网络内）。

第四步，按下开机键，电源信号灯闪烁（蓝色），表示 NAS 开始启动；等待电源信号灯变为常亮或听到“哔”一声，启动完成。

说明：需要注意的是，当未安装 DSM（Disk Station Manager，是浏览器界面的 Synology

官方操作系统，用来连接、监控、管理 NAS 资源）时，群晖 DS920+的状态灯闪烁（橙色）。

第五步，打开计算机的网页浏览器，在浏览器的地址栏中输入网址 find.synology.com 搜索局域网内的 Synology NAS Server。

说明：群晖 DS920+内置了 Web Assistant 工具，主机通过浏览器访问网址 find.synology.com 启动群晖 DS920+中的 Web Assistant。Web Assistant 帮助用户搜索并找到统一局域网内的多台 DiskStation NAS 设备，下载、安装与设备匹配的 DSM（.pat 文件）。DSM 系统是一套基于 UNIX 定制的操作系统，类似于我们常用的桌面系统。由于群晖 DS920+是新的，所以计算机屏幕显示当前的 DSM 是未安装状态（见图 5-13）。

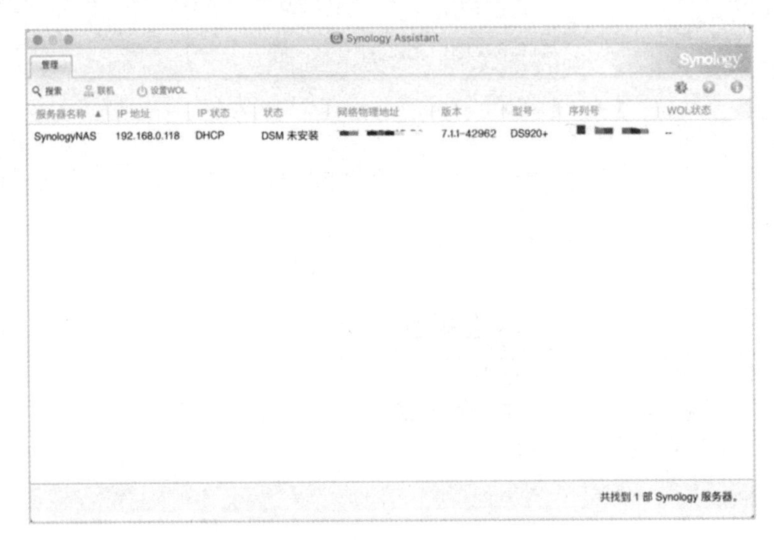

图 5-13　Web Assistant 检测到的局域网内群晖 DS920+ NAS 设备

第六步，双击图 5-13 中搜索到的条目，会弹出一个用户协议（见图 5-14），接受并单击“确定”按钮。进入设置页面，单击“设置”按钮，然后按照实际设备情况完成设置。

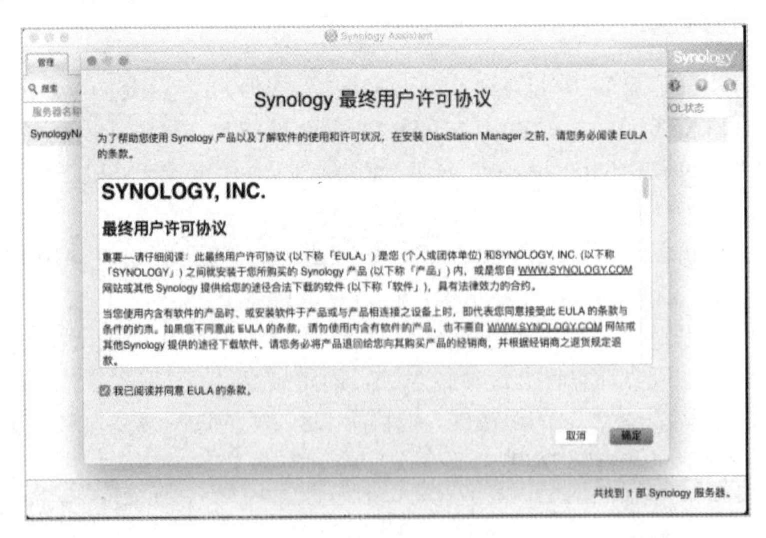

图 5-14　用户许可协议界面

第七步，安装 DSM 系统。单击“立即安装”按钮（见图 5-15，设备要保证网络连接正常），此时会弹出“数据将会被删除”提示框，勾选提示框中的“我了解这些硬盘上的所有数据将被删除”复选框后，单击“确定”按钮。根据屏幕提示（见图 5-16）进行操作，直到 DSM 安装完毕。

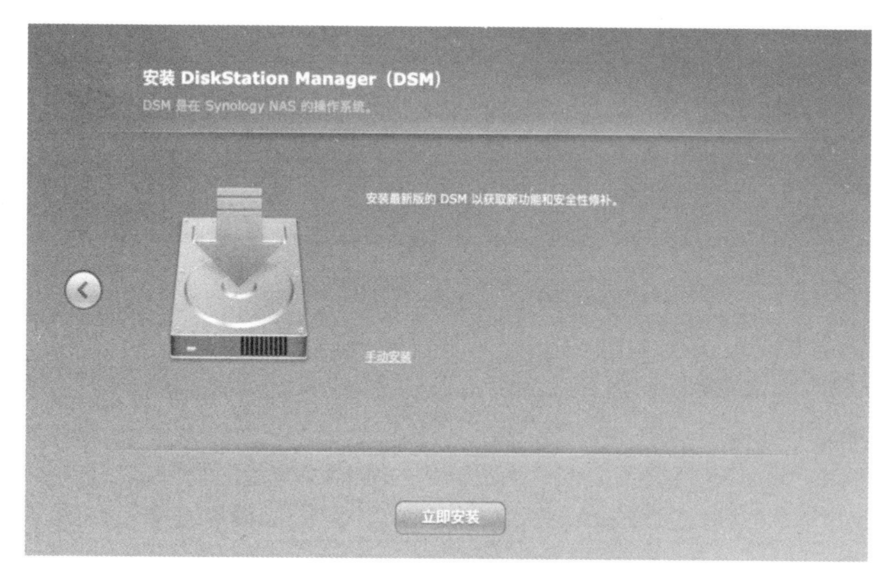

图 5-15　安装 DSM 界面

图 5-16　安装 DSM 提示信息

说明：新安装的硬盘，没有系统，全是空白，应该需要安装 DSM 系统。

第八步，系统重启。重启成功后，会听到群晖 DS920+发出“哔”的一声响，且状态指示灯（图 5-10 中的 1）也会变绿。重启过程需要等待若干分钟。

第九步，再次搜索 NAS Server。使用 find.synology.com（或使用 Synology Assistant）再次搜索 NAS Server，查找到之前安装的群晖 DS920+设备及其网络连接情况（见图 5-17）。

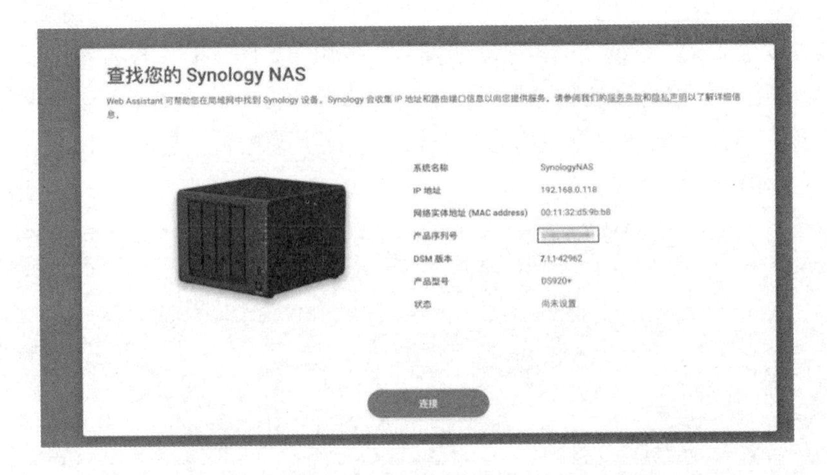

图 5-17　DSM 安装重启后搜索到的群晖 DS920+设备信息

第十步，单击“连接”按钮，然后创建管理员账户（见图 5-18）。

图 5-18　群晖 DS920+创建管理员账户界面

第十一步，设置 QuickConnect。按照对话框提示填写信息（见图 5-19），建立个人 QuickConnect ID。单击“下一步”按钮完成账户设置。如果有账户（见图 5-20），则可直接在对话框内填写登录信息，再依次单击“下一步”→“前往”按钮进入 DSM 运行界面。

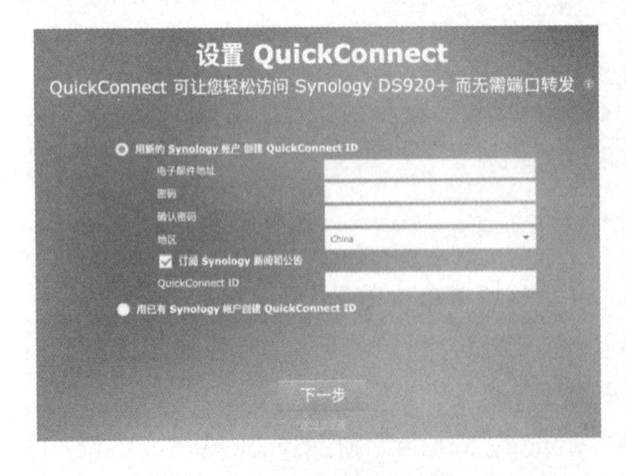

图 5-19　QuickConnect ID 创建界面

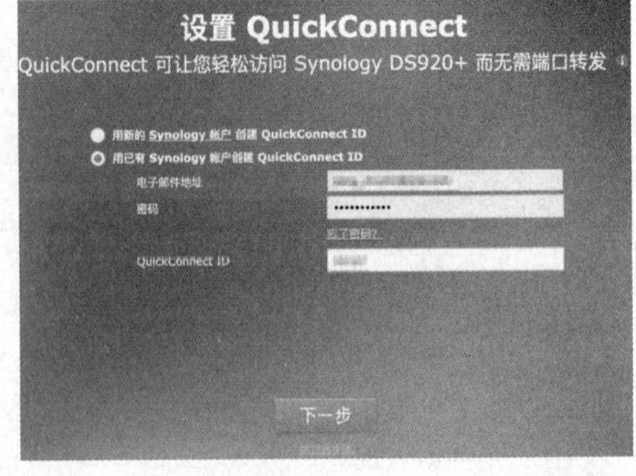

图 5-20　QuickConnect 用户登录界面

说明：QuickConnect 是群晖的一个远程访问功能，用户注册一个 QuickConnect 账号就可以远程访问了，这样既不需要宽带有公网 IP，也不需要配置路由器端口映射，就可以实现外网访问。

第十二步，进入 DSM 管理界面。单击“了解”按钮（见图 5-21），然后根据个人需要单击图 5-22 所示界面中的系统提示相关选项。

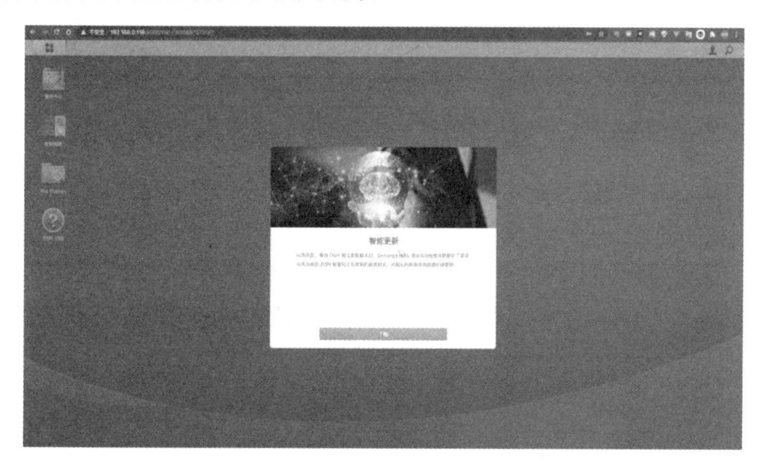

图 5-21　DSM 管理界面

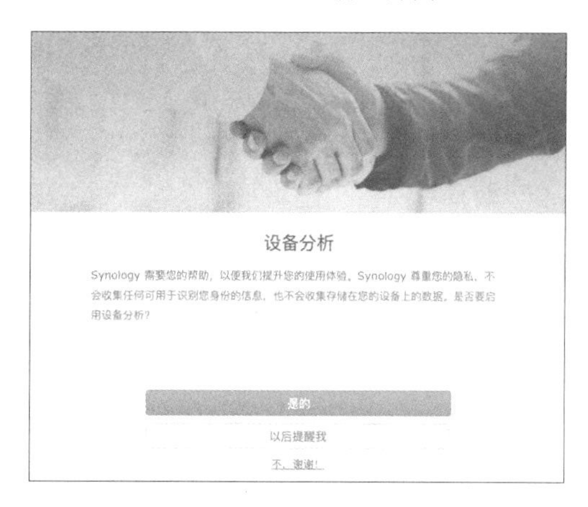

图 5-22　系统提示相关选项

第十三步，查看群晖 DS920+设备的相关配置信息。单击桌面上的“控制面板”，再单击“信息中心”，可以查看群晖 DS920+设备的相关配置信息，如产品序列号、产品型号、CPU、CPU 时钟频率及 CPU 内核数等信息（见图 5-23）。

第十四步，登录 DSM。单击“用户账号”，输入之前设置好的用户名和密码来登录 DSM，单击“存储”选项和“HDD/SSD”按钮，可以看到安装的四块硬盘和两块专用缓存 SSD。群晖 DS920+存储配置信息如图 5-24 所示。

第十五步，查看配置情况。单击左侧的“存储池”按钮，系统提示只能使用四块 HDD 来创建，可以用它们组建 RAID 5（见图 5-25）。单击“SSD 缓存”按钮，发现两个专用缓存 SSD 可以组建 RAID 1 来作为缓存（见图 5-26）。

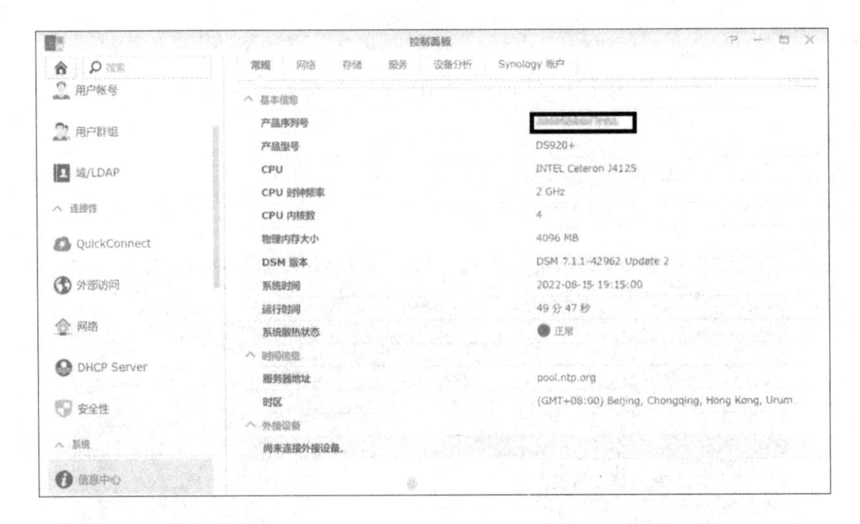

图 5-23 控制面板信息

图 5-24 群晖 DS920+存储配置信息

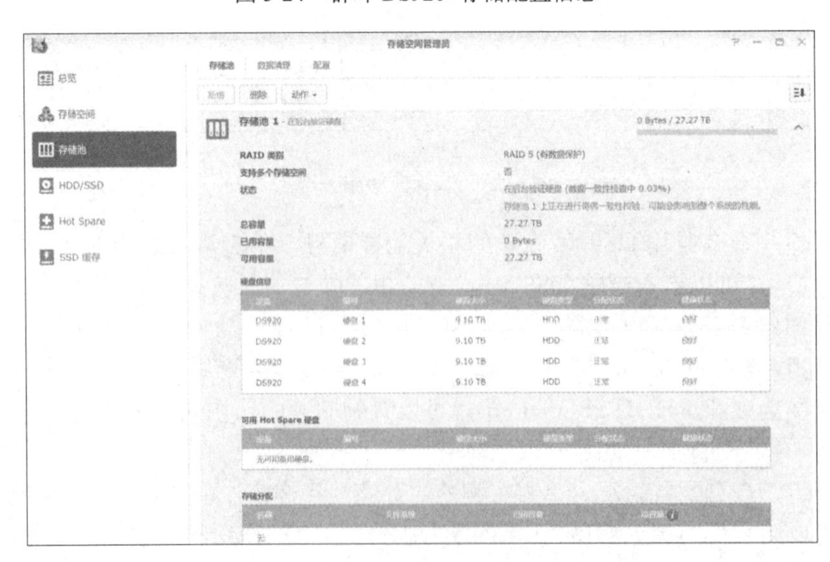

图 5-25 群晖 DS920+的 HDD 资源图

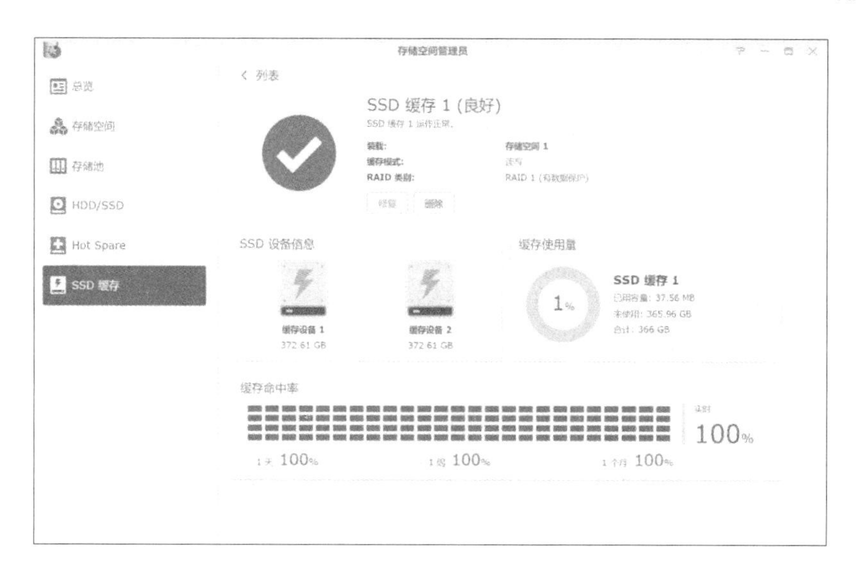

图 5-26　群晖 DS920+的 SSD 资源图

至此，配置有 4 块 HDD、2 条 SSD 的群晖 DS920+设备 NAS 服务器安装结束了，用户可以根据需要对存储空间进行进一步配置（如创建存储池、卷，网络的连接、IP 地址、DHCP 和端口信息，网络服务和防火墙等），或单击屏幕上的“套件中心”下载各类应用套件工具、桌面工具或移动端 App 工具，实现文件共享、云同步、多媒体服务、虚拟化、备份方案等。

5.3.1.3　典型应用

群晖 DS920+的“套件中心”提供了大量在 DSM 平台上可以运行的存储类、多媒体类、下载类和网络类应用程序或第三方应用程序，用户可以通过“套件中心”提供的链接下载、安装、注册、运行。套件中心的所有套件列表如图 5-27 所示。

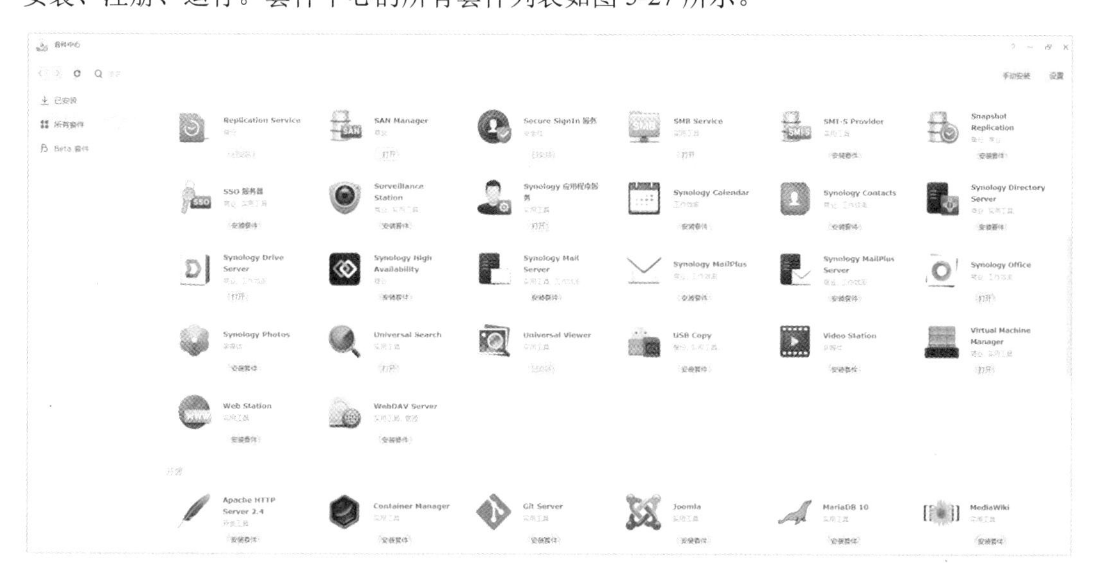

图 5-27　套件中心的所有套件列表

下面介绍三种常用的应用。

1. 备份套件（Active Backup for Business，ABB，图标为◉）

ABB 覆盖全面，能够备份用户的个人计算机、群晖 NAS、服务器、虚拟机、硬盘、网盘，还能进行版本管理，指定历史版本回退，以及使用增量备份、版本重删来节省存储空间。

举例来说，我们可以使用 ABB 为计算机创建一个自动备份任务，对计算机硬盘进行定时备份。一旦出现硬件失效、文件被锁定勒索等紧急事件，可以利用 ABB 创建的启动恢复盘（U 盘），完整还原系统和数据。

第一步，在套件中心中找到“Active Backup for Business”图标，选中套件图标，然后单击“安装套件”按钮进入安装流程。根据提示信息完成套件的安装。

第二步，激活账户（见图 5-28）。单击“激活”按钮，系统进入激活流程。激活结束后，启动 ABB，进入主界面（见图 5-29）。

图 5-28　群晖 DS920+的 ABB 激活界面

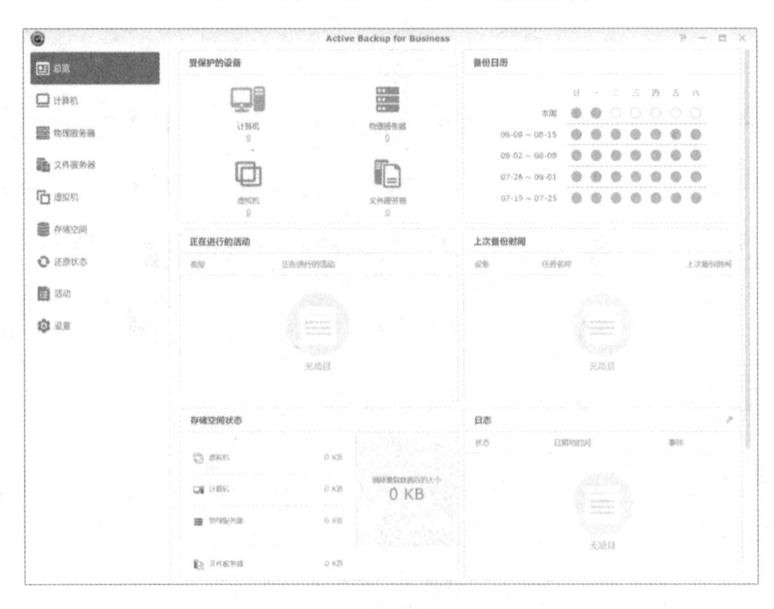

图 5-29　ABB 启动后的主界面

第三步，安装 Active Backup for Business 代理程序，在需要备份的计算机端，从群晖官网选择并下载 64 位备份代理 Active Backup for Business Agent（与 DSM7.1 匹配的版本）。按照系统提示完成安装。

第四步，打开计算机端的 Active Backup for Business Agent，填入群晖 DS920+的 IP 地址（192.168.0.118）、用户名（tsonglee）和密码（图 5-18 中设置的密码），连接到群晖 DS920+，单击“确定”按钮完成连接。此时，计算机端 Active Backup for Business Agent 的主界面（见图 5-30）显示已经连接上 NAS，备份策略就需要去群晖 DS920+中配置了。

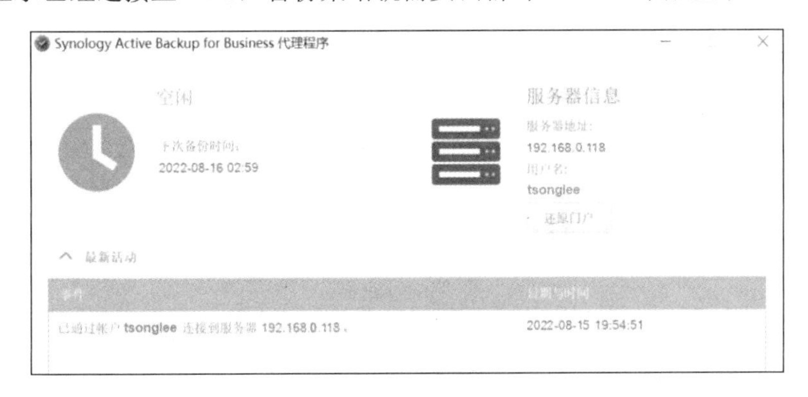

图 5-30　计算机端代理程序主界面

第五步，打开群晖 DS920+的主界面“Active Backup for Business”，其中会显示已经成功安装的代理程序及登录的计算机信息（见图 5-31）。

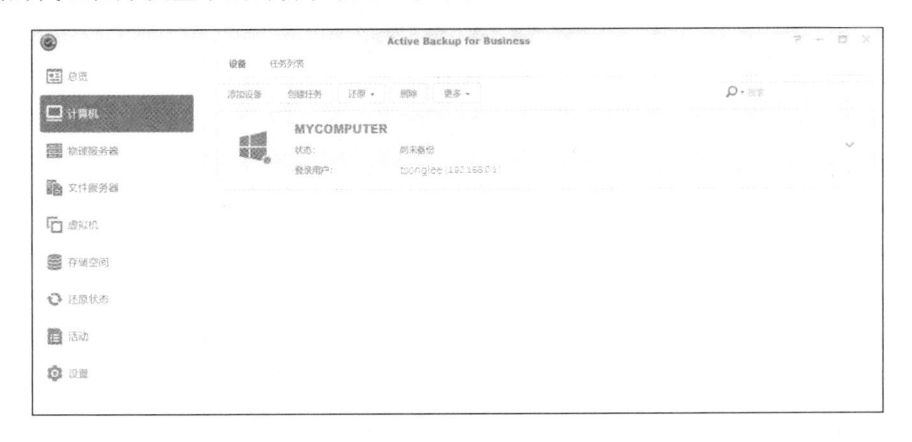

图 5-31　群晖 DS920+端的 ABB 主界面

第六步，单击“创建任务”，根据备份向导创建备份任务。命名备份任务名称为 backuptask1。

如果需整机备份，来源类型默认即可，否则建议用“自定义卷”；如果是自己用的话，建议去掉“启用数据传输压缩”和“启用数据传输加密”，这样备份速度会更快。

第七步，先选择“备份目的地”（默认选择 ActicveBackupforBusiness），然后在“选择来源类型”选项卡中勾选出备份范围。

第八步，根据“安排备份任务”选项卡中的内容，选择是“手动备份”还是“计划的备份”。如果选择“计划的备份”，则需要进一步根据选项配置备份例程，NAS 会按照例程内容在指定的时间里自动备份数据。

第九步，设置“保留策略”，它是根据用户需要保留备份的版本策略。一般选择“保留所有版本”，也可以选择“应用以下方法”保留指定的版本。

可以选择的方法有“保留最新版本”“将所有版本保留”“将当天的最新版本保留”“将当周的最新版本保留”“将当月的最新版本保留”“将当年的最新版本保留”。

第十步，单击“下一步”按钮开始备份。计算机端的 Active Backup for Business Agent 主界面中会显示当前的备份进度，直到备份结束。

2. 群晖 Drive 私有云（图标为 D| ）

Drive 是群晖通过一台 Synology NAS 打造的专属私有云，用户无须额外费用就可以全权掌控自己的数据。Drive 使用专用套件，可以建立灵活高效的文件管理基础架构，并且还提供支持多个平台的客户端（见图 5-32）。

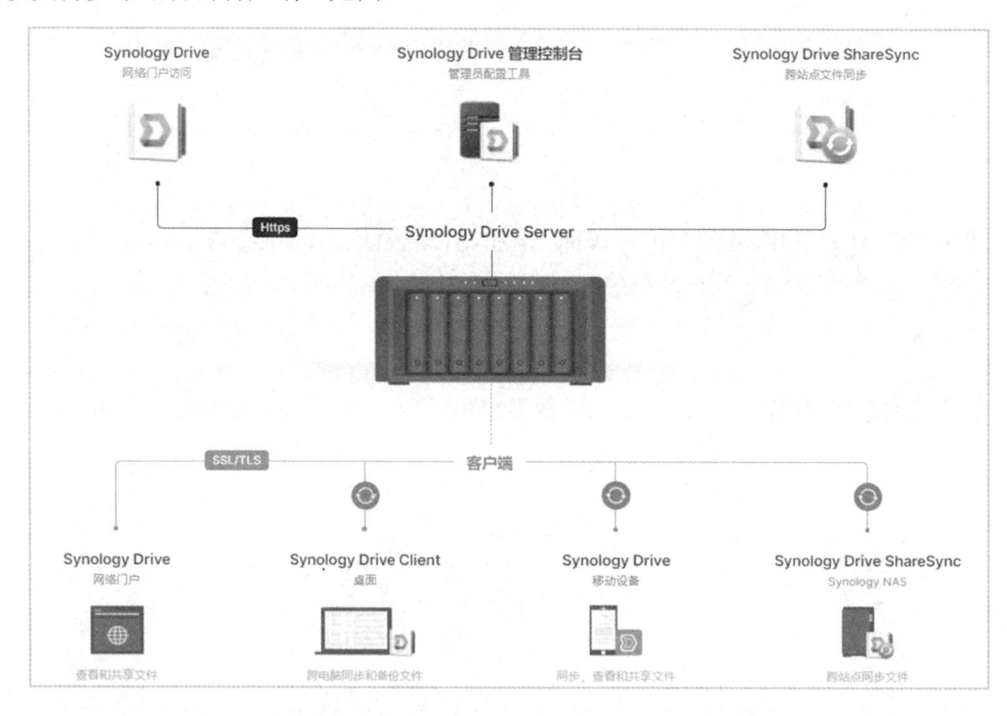

图 5-32　Synology Drive 生态系统组件和关系图

Drive 打破了文件存取限制，无论用户身在何处，都能跨平台、跨设备随时存取个人或他人共享的文件。Drive 可以保持数据同步且安全，支持将文件和文件夹的变动自动同步至所有连接的设备中。用户还可以使用智能版本保留功能，保护重要文件和珍贵回忆。Drive 实现了团队成员的实时协作，通过全面整合的 Synology Office，可让多人实时协作编辑电子表格、文档和幻灯片。

第一步，进入“套件中心”，找到“Synology Drive Server”，选中后单击“安装套件”按钮，按照向导进行安装。结束后屏幕上出现“Synology Drive”和“Synology Drive 管理控制台”图标。

第二步，进入“套件中心”，找到“Synology Office”这个在线办公软件，选中后单击“安装套件”按钮，按照向导完成安装。

第三步，单击“Synology Drive 管理控制台”，进入 Drive 后台配置。先选择团队文件夹，然后选中“我的文件”，单击“启用”按钮（见图 5-33）。设置“版本控制”参数（见图 5-34）并单击“是”按钮进行确认。

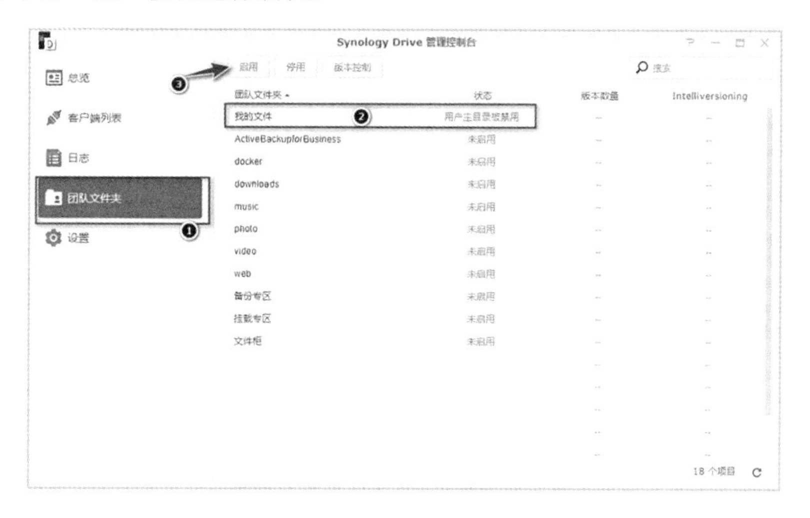

图 5-33　Drive 管理控制台配置界面

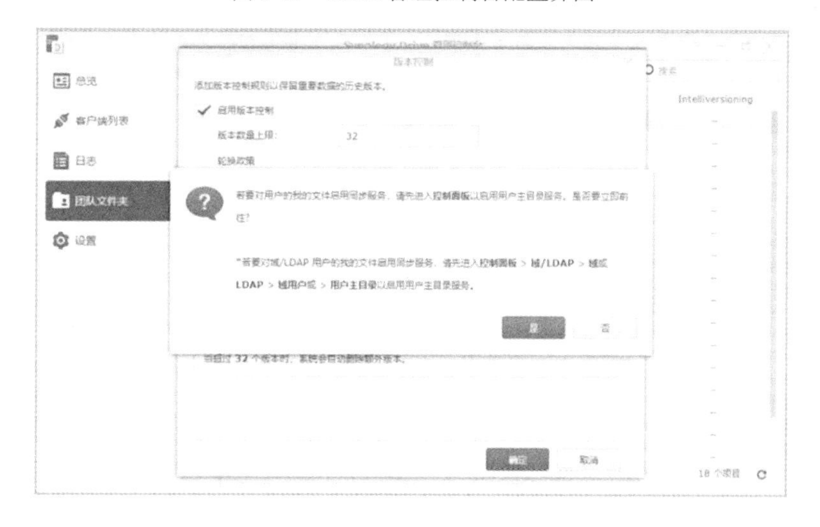

图 5-34　Drive 管理控制台版本控制设置界面

第四步，单击 DSM 系统的控制面板，进入“用户账号”进行“高级设置”，勾选“启动家目录服务”（见图 5-35），启动家目录服务（这个选项必须启用，否则本套件就没办法使用）。

第五步，单击桌面上的“Synology Drive”图标，启动设置前台功能。打开它，Drive 前台界面如图 5-36 所示。用户可以使用前面安装的 Office 套件对文件进行编辑。

第六步，文件共享设置，可以实现文件的直接分享，如果是同一局域网的用户还能编辑和同步保存，也可以让存储在 Drive 中的文件同步到其他设备中，并且可以通过移动端查看和管理文件（见图 5-37）。

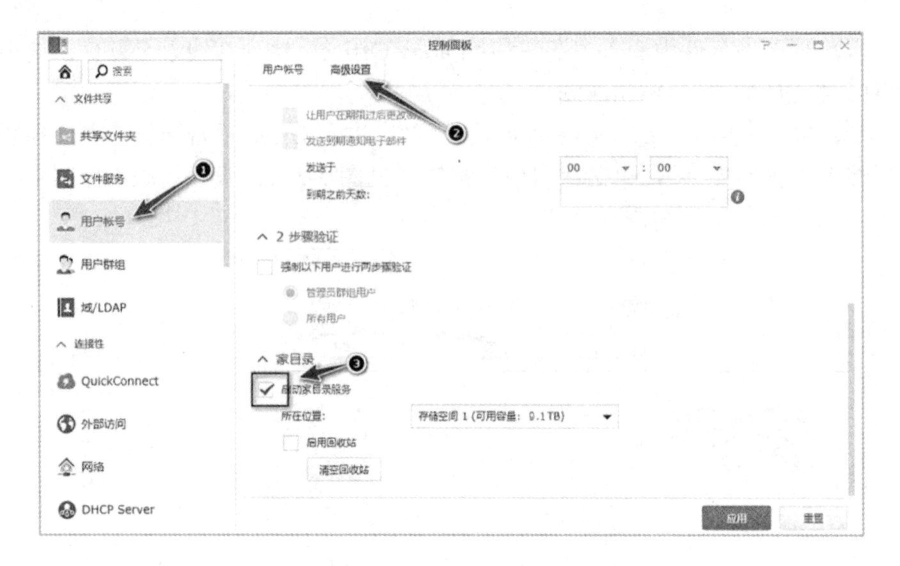

图 5-35 “家目录服务”设置界面

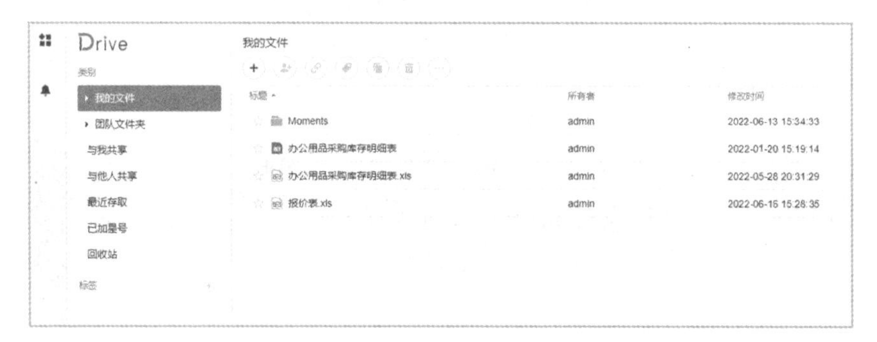

图 5-36 Drive 前台界面

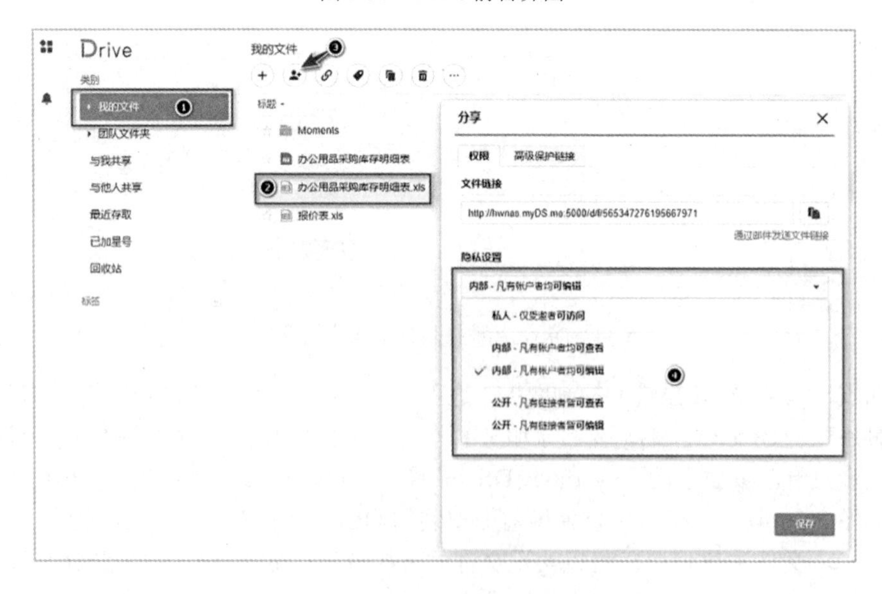

图 5-37 Drive 前台文件的共享设置界面

第七步，安装和配置 Drive 客户端，到群晖官网下载“Synology Drive Client”，默认安装。安装成功后，Drive 客户端起始界面如图 5-38 所示。

图 5-38　Drive 客户端起始界面

第八步，单击“立即开始”按钮进入配置界面进行客户端配置（见图 5-39）。在图 5-39 所示的界面中分别填入群晖 DS920+的 IP 地址，客户端登录 NAS 的用户名和登录密码。

第九步，单击“下一步”按钮，这里需要先设置服务器的文件，然后设置本地文件夹，比如用 D 盘的 drive 文件夹来同步（见图 5-40）。设置完成后单击“下一步”按钮完成配置。屏幕上会显示配置完成提示信息。

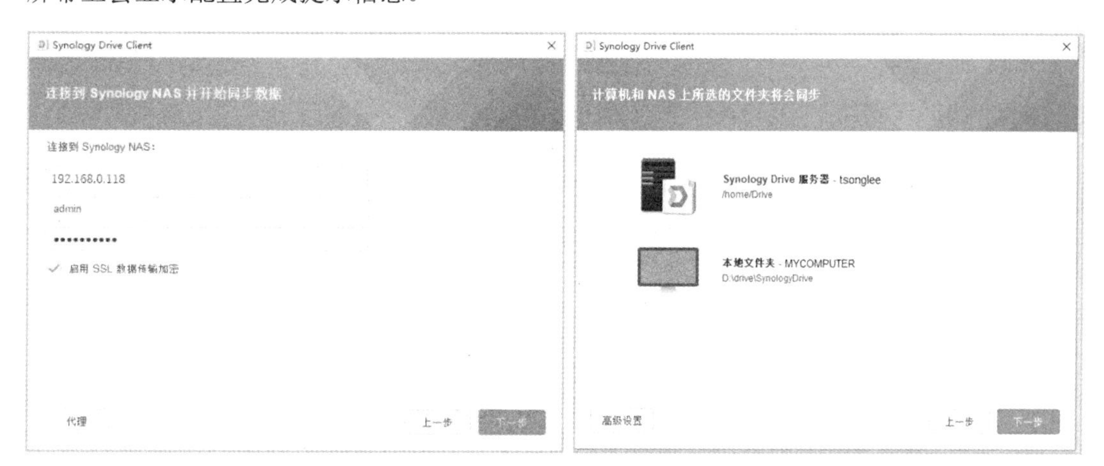

图 5-39　Drive 客户端配置界面　　　　图 5-40　Drive 客户端同步文件夹配置界面

第十步，进入客户端，可以对同步任务、部分任务进行设置。例如，对同步任务正在进行的任务进行暂停、同步规则、删除等控制（见图 5-41）。

第十一步，登录群晖官网下载 Synology Drive App，并在手机上安装。

第十二步，配置 App。IP 填写 192.168.0.118，用户名填写 tsonglee，密码是前面设置的群晖登录密码，勾选 HTTPS 协议。登录后可以直接看到服务器的文件并做相应的文件同步。

图 5-41　Drive 客户端操作界面

3. 其他典型应用

1）Photos +Moments

Photos 套件是新一代免费的云端相册，可以实现跨平台存取和自动备份，还能够设置密码、有效期、访问权限进行数据保护。Photos+Moments 双组合是真正的智能相册，用户设置启用后，相册就自动启用 AI 人脸识别、物体识别、位置识别的功能，将用户的大量照片自动按人脸进行分类，十分方便。

2）Docker

Docker 属于 Linux 容器的一种封装，提供了简单易用的容器使用接口。Docker 将应用程序与该程序的依赖，打包在一个文件里面，运行这个文件，就会生成一个虚拟容器。它为用户提供了丰富的个性化定制和 DIY 手段。使用 Docker 可以为群晖 NAS 安装知名的影视下载工具，轻松追剧，也可以将群晖 NAS 打造成个人专属的、自带播放器的云端音乐服务器。

3）File Station

File Station 是群晖自带的文件管理器，与 Windows 文件管理器的操作逻辑非常相似。支持将远程的公有云、FTP、使用 WebDav 协议的远程文件挂载到 NAS 内，或者将局域网内其他设备以 SMB 或 NFS 协议共享的文件挂载至 NAS 内，可以做到在一处同时集中管理多处的文件。对应 App 端的 DS file 也非常好用，不仅可以方便地复制、上传、移动文件，还可以直接打开图片和视频文件。

4）Video Station

Video Station 是群晖官方视频管理套件，可以将视频串流到各种设备，如计算机、智能手机、媒体播放器和电视，还可以设置好影片路径，选择视频库类型、语言，这样系统就能自动从网上下载电影海报和简介去匹配视频。

5.3.2　群晖 RS3618xs 的配置

应用群晖 RS3618xs 搭建企业文件服务器，为企业业务数据提供一体化备份平台，是可靠且性能极为出色的网络连接存储解决方案，适用于有苛刻要求的商业应用程序的大型企业，可以满足企业对可靠、集中化存储的需求。群晖 RS3618xs 可简化数据管理，优化虚拟环境，并花费尽可能少的安装和维护时间，快速扩充存储容量。

5.3.2.1 群晖 RS3618xs 简介

群晖 RS3618xs 是一种 2U 12 槽机架式网络连接存储解决方案（见图 5-42），配备四核 Xeon CPU 和 8GB DDR4 内存（可扩展到 64GB），从而可满足大型企业的需求；可选择安装 10GbE/40GbE NIC；支持 3.5"HHD 或 2.5" SATA HDD/SSD，以及 btrfs、ext4、ext3、FAT32、NTFS 等文件系统和 Hybrid RAID、Basic、JBOD、RAID 0、RAID 1、RAID 5、RAID 6、RAID 10、RAID F1 等多种 RAID 类型；加密数据传输可以达到每秒 2300MB 的读取速度和每秒 1177MB 的写入速度。在启用了 10GbE Link Aggregation 的情况下，群晖 RS3618xs 使用 RAID 5 配置时可提供卓越性能，连续读取通量可达每秒 3900MB，并且 iSCSI 随机 IOPS 可达 143500。

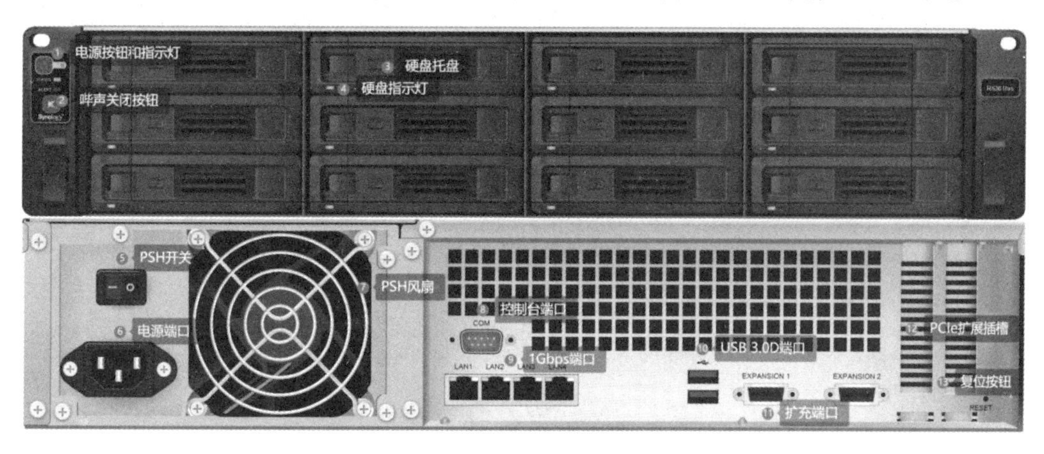

图 5-42 群晖 RS3618xs 设备外形图及功能说明

群晖 RS3618xs 具有卓越的灵活性，不仅可以通过自己空余盘位扩充存储容量，也可以根据企业需求使用 RX1217 或 RX1217 RP2 扩展到 36 个硬盘。

5.3.2.2 配置过程

设备与部件：群晖 RS3618xs 设备 1 台［见图 5-42，设备（前面板）标号 3 指向 12 个硬盘托盘，共三排四列，其中第一排从左到右编号是 1～4，第二排是 5～8，第三排是 9～12］。NAS 专用 DDR4 扩展内存条 3 根（每条 8GB，见图 5-43），专用 10GbE 网卡（双 SFP 口/PCI3.0x8，见图 5-44），WD 公司的 HHD 4 块（Ultra star DC HC550/16TB/7200RPM /512M 缓存/SATA3 6Gbps 接口，见图 5-45），Dell Latitude 5310 便携式计算机 1 台。

图 5-43 NAS RS3618xs 专用扩展内存图

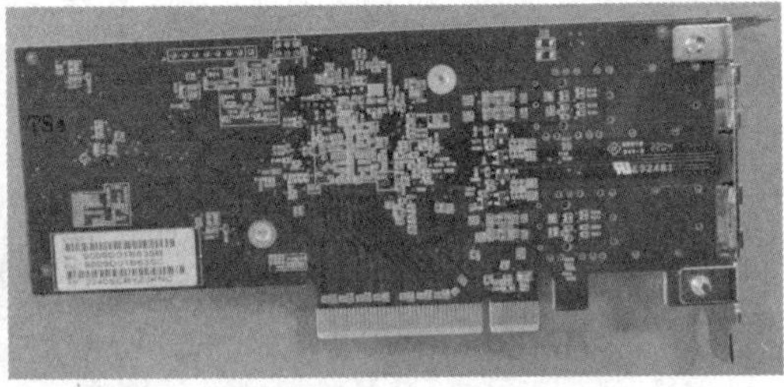

图 5-44　专用 10GbE 网卡正、背面图

图 5-45　WD 公司的 HHD

安装过程：

第一步，固定硬盘。

先卸下编号为 1～4 的四个群晖 RS3618xs 硬盘托盘，将 4 块硬盘分别置于硬盘托盘中。然后将托盘翻过来，用设备配件中的 4 颗螺丝拧紧以将硬盘固定到位。依次把 4 个装好硬盘的托盘放入空的硬盘插槽，并将托盘把手向内推入固定硬盘托盘，然后使用把手左侧的开关锁定硬盘托盘（见图 5-46）。

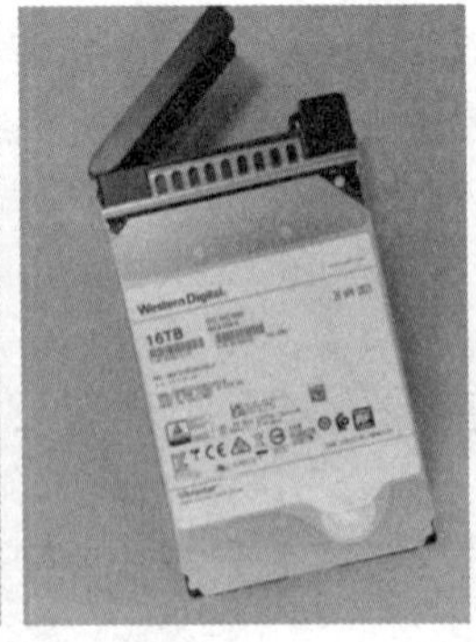

图 5-46　硬盘托盘和 HHD 固定后图示

第二步，安装扩展的内存条。

松开群晖 RS3618xs 后方的螺丝，滑动打开后顶盖（见图 5-47）。消除身体上的静电；拆开内存条包装，确保无误；去除内存扩展槽的固定轧带；对准内存上的凹陷位置，依次

把 3 根 DDR4 扩展内存条插入，确认两头的固定扣手自动弹起来锁定内存条。

第三步，安装网卡。

用螺丝刀拆掉主机箱网卡安装槽的挡板，将网卡安装在 PCI 插槽上（见图 5-48）。

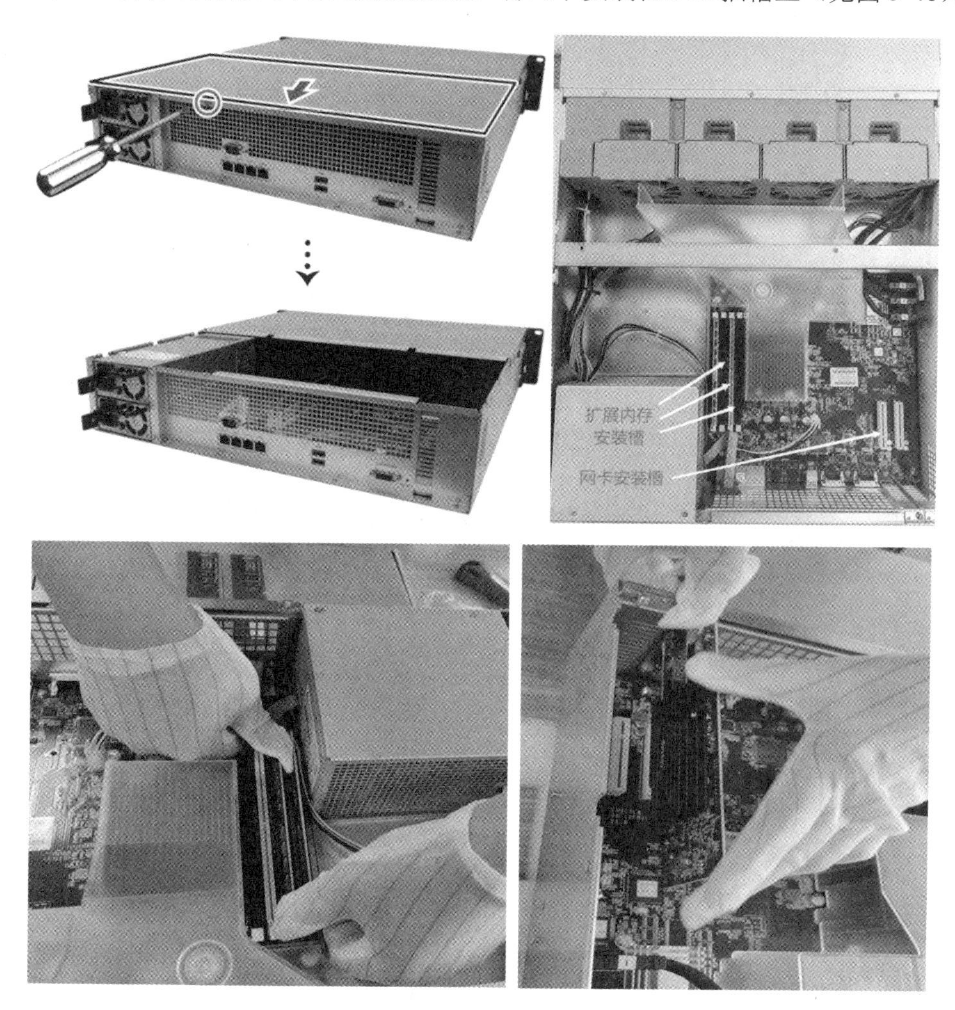

图 5-47　安装群晖 RS3618xs 扩展内存和网卡图

第四步，连接网线和电源线。

使用双绞线将群晖 RS3618xs 接入网络，连接电源线。确认无误后，按电源按钮开机。

第五步，安装 DSM7.2。

在浏览器的地址栏中输入 https://finds.synology.com 后，计算机将自动运行 NAS 设备端的 Web Assistant，系统查找到群晖 RS3618xs 设备（如图 5-48），单击“连接”按钮。系统进入最终用户许可协议界面，勾选“我已阅读并同意 EULA 的条款”复选框后单击“下一步”按钮（见图 5-49），进入设备“设置”界面（见图 5-50）。单击“设置”后，进入 DSM 安装界面（见图 5-51）。单击“立即安装”按钮后，系统出现数据保护预警信息（见图 5-52）。由于是初始安装，所以勾选“我了解这张硬盘上的所有数据将被删除”后单击“确定”按钮继续进行安装（见图 5-53）。安装结束后，NAS 重启（见图 5-54）。

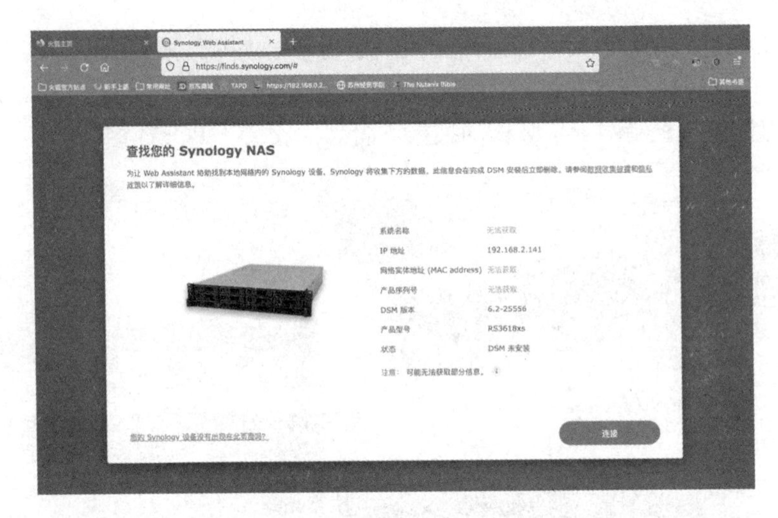

图 5-48　查找 NAS 设备结果界面

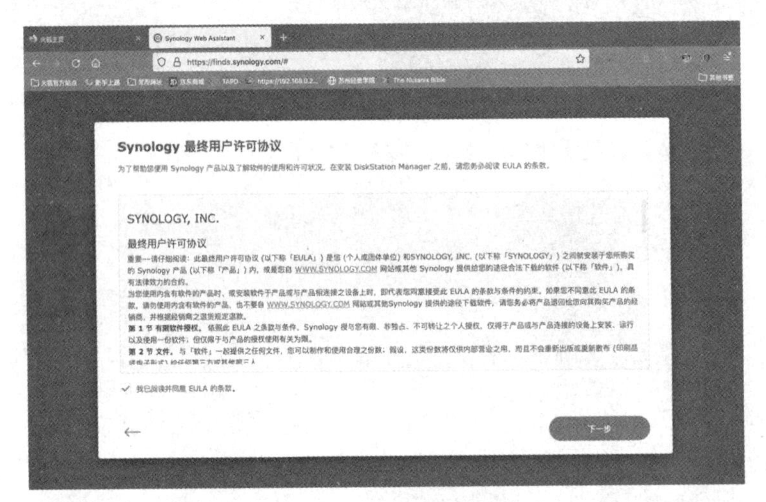

图 5-49　NAS 设备最终用户许可协议认可界面

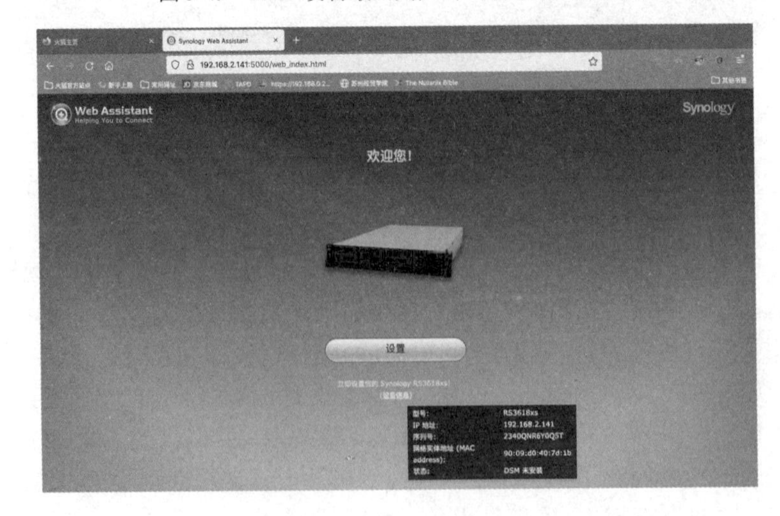

图 5-50　NAS 设置入口图

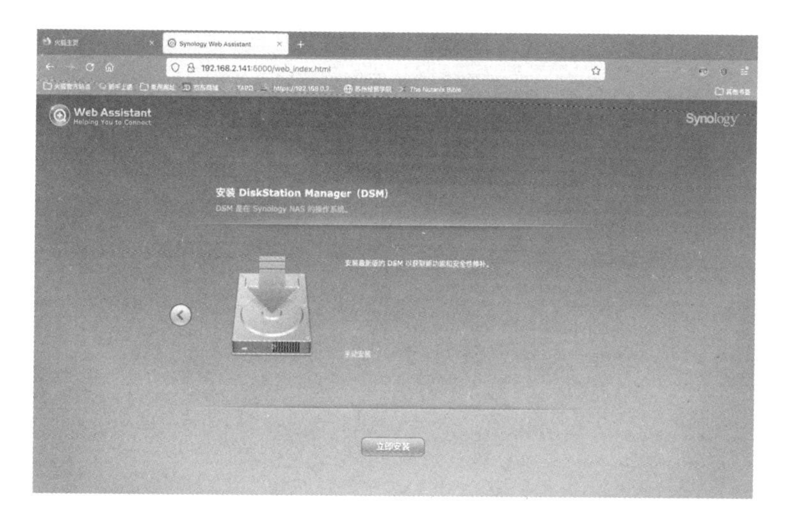

图 5-51　安装 DSM 界面

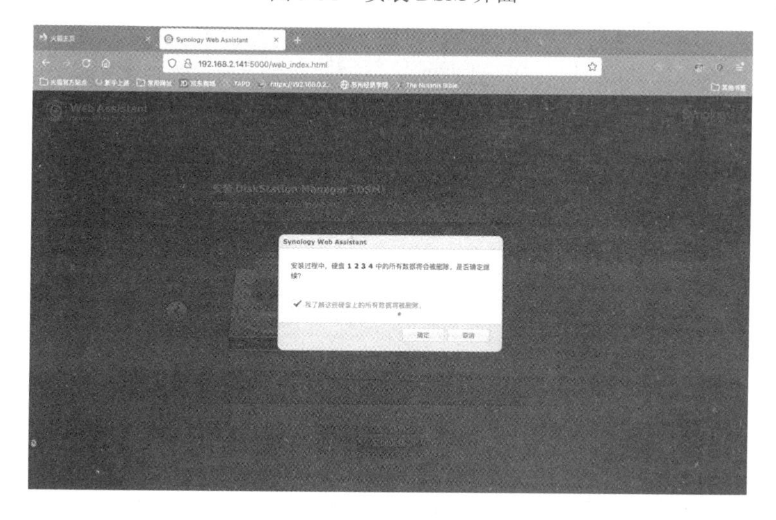

图 5-52　数据保护预警

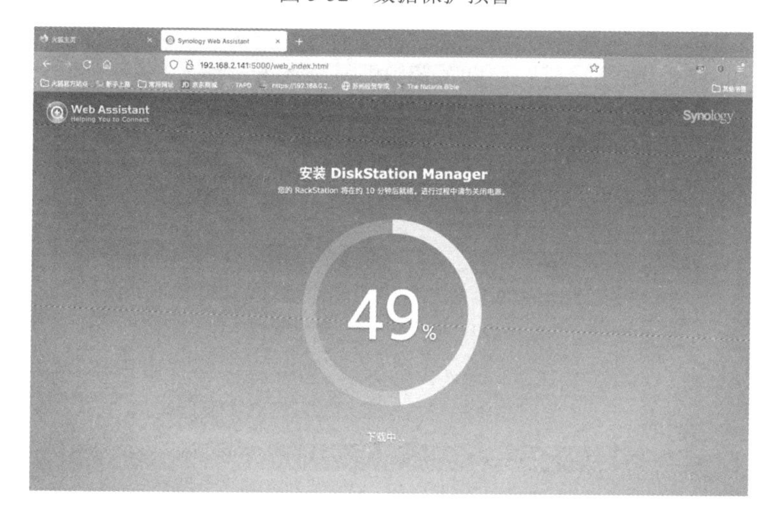

图 5-53　DSM 安装过程

图 5-54　NAS 重启界面

第六步，DSM7.2 配置。

NAS 重启后，安装的 DSM7.2 被启动（见图 5-55），单击“开始”按钮后，进入 RackStation NAS 设备设置界面（见图 5-56）完成设置。

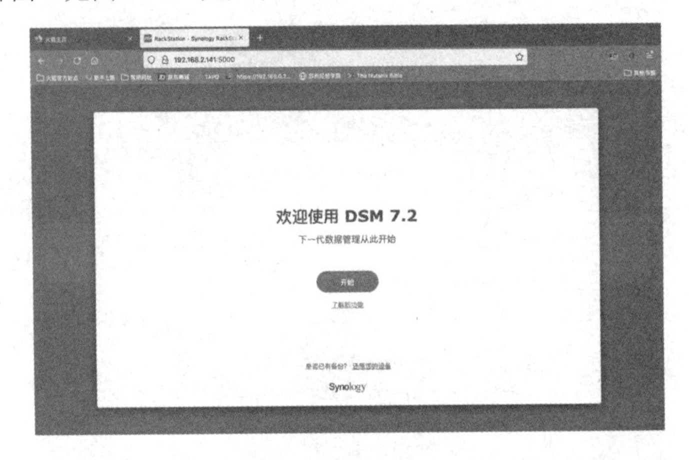

图 5-55　DSM 7.2 起始界面

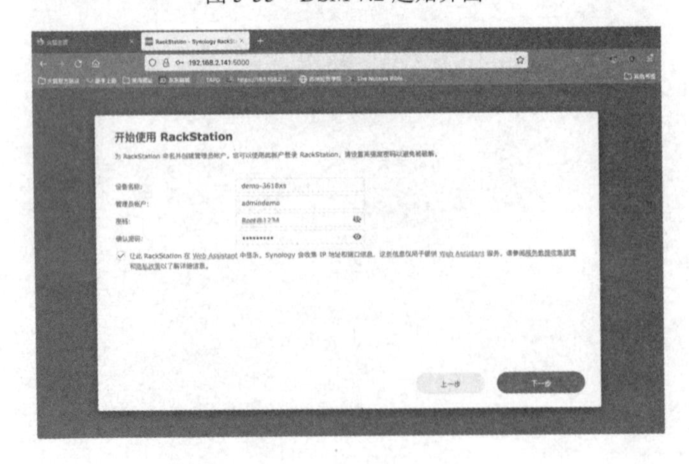

图 5-56　RackStation NAS 设备设置界面

第七步，注册群晖账户。

系统进入注册账户界面（见图 5-57），输入账户信息（见图 5-58），同意服务条款和隐私声明内容（见图 5-59）。

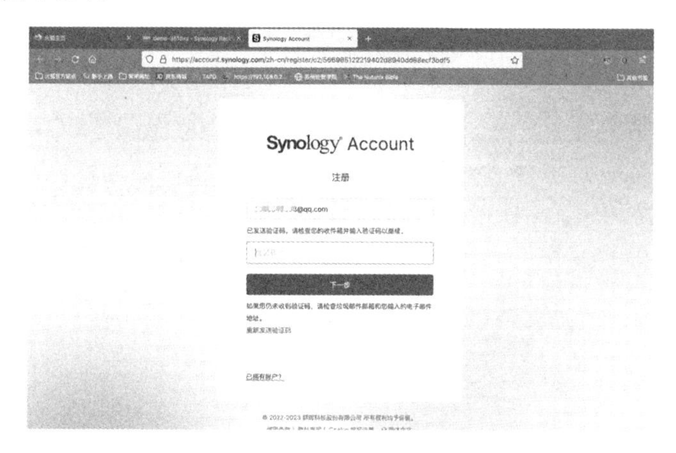

图 5-57　注册账户界面

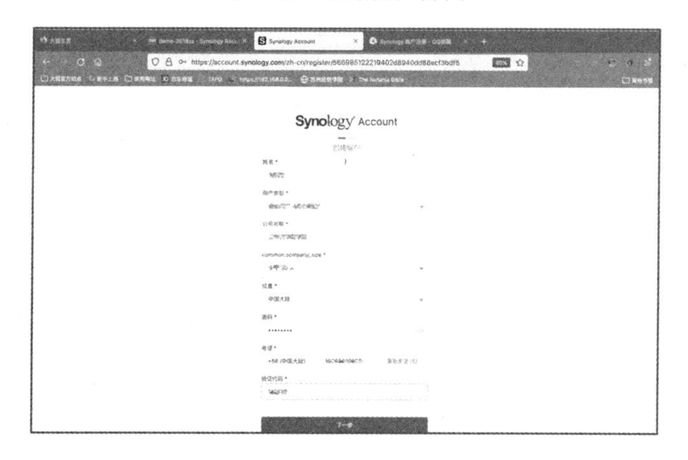

图 5-58　账户信息完善界面

图 5-59　服务条款和隐私声明

第八步，设置 QuickConnect ID 系统。

进入 QuickConnect ID 设置界面（见图 5-60），命名一个 QuickConnect ID 名称，方便用户随时通过互联网访问该 NAS 设备。设置成功后系统返回图 5-61 所示的 QuickConnect ID 设置成功提示界面。同时，群晖官方将向用户注册账户时所留的邮箱发送一份电子邮件，邮件中给出了登录入口。

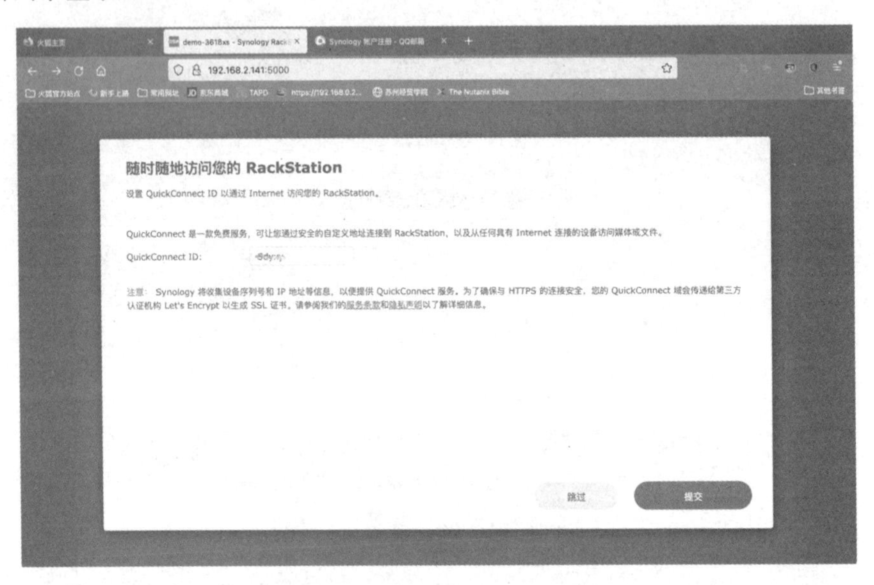

图 5-60　QuickConnect ID 设置界面

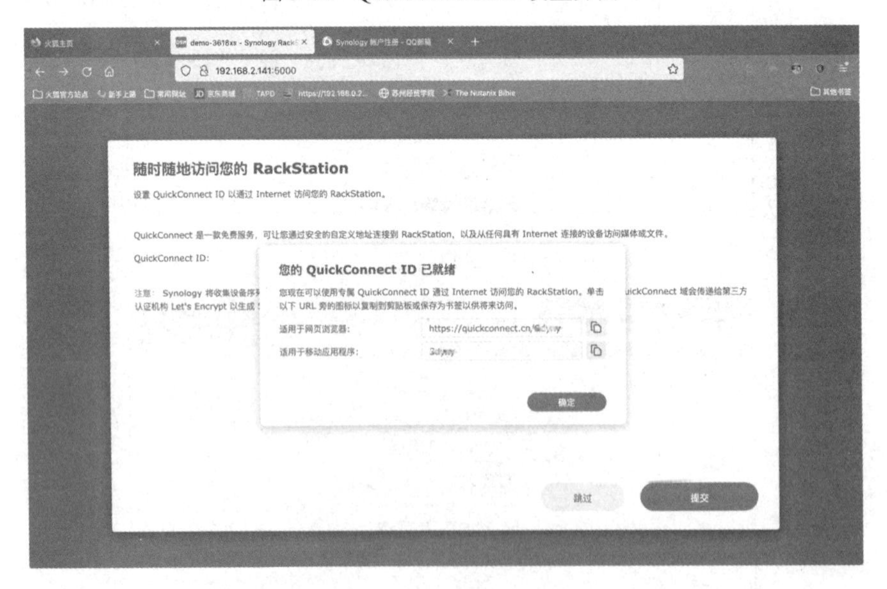

图 5-61　QuickConnect ID 设置成功提示界面

第九步，登录 NAS 设备。

打开邮件，单击邮件内容底部的“Synology 账户”（见图 5-62），打开 NAS 账户登录界面（见图 5-63）。输入密码后，系统进入设备信息界面（见图 5-64），单击 QuickConnect ID 名称，系统进入连接群晖 RS3618xs 的流程。在“启用双重验证（2FA）”后，系统自动跳转到 DSM 系统初始界面（见图 5-65）。

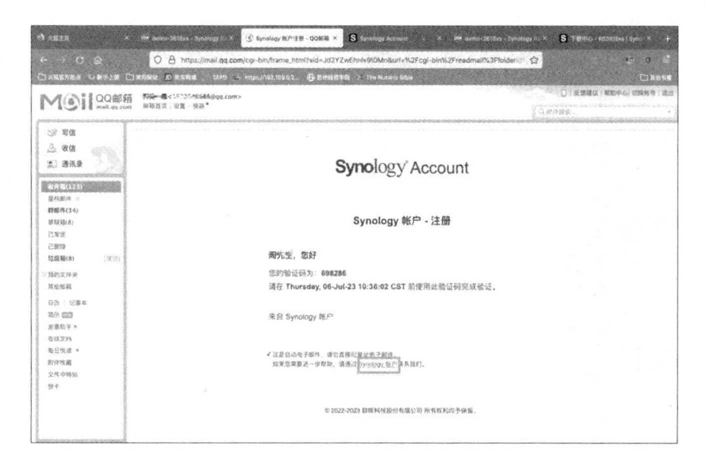

图 5-62　邮件内 NAS 账户注册成功信息

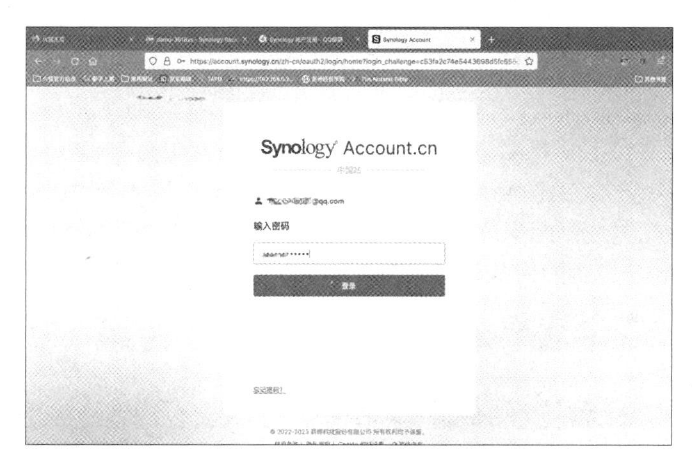

图 5-63　NAS 账户登录界面

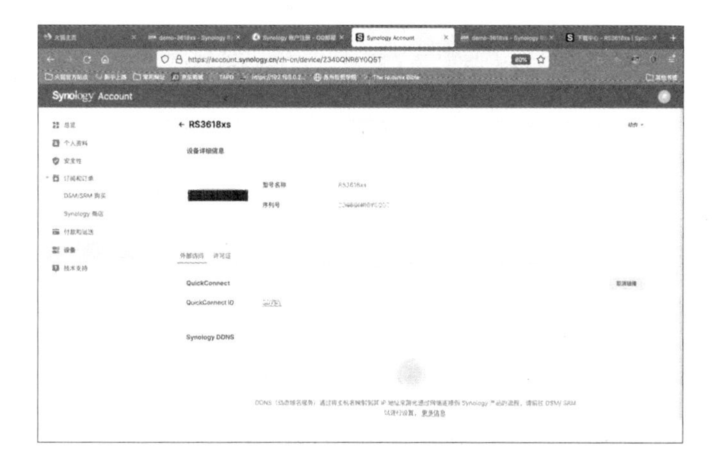

图 5-64　设备信息界面

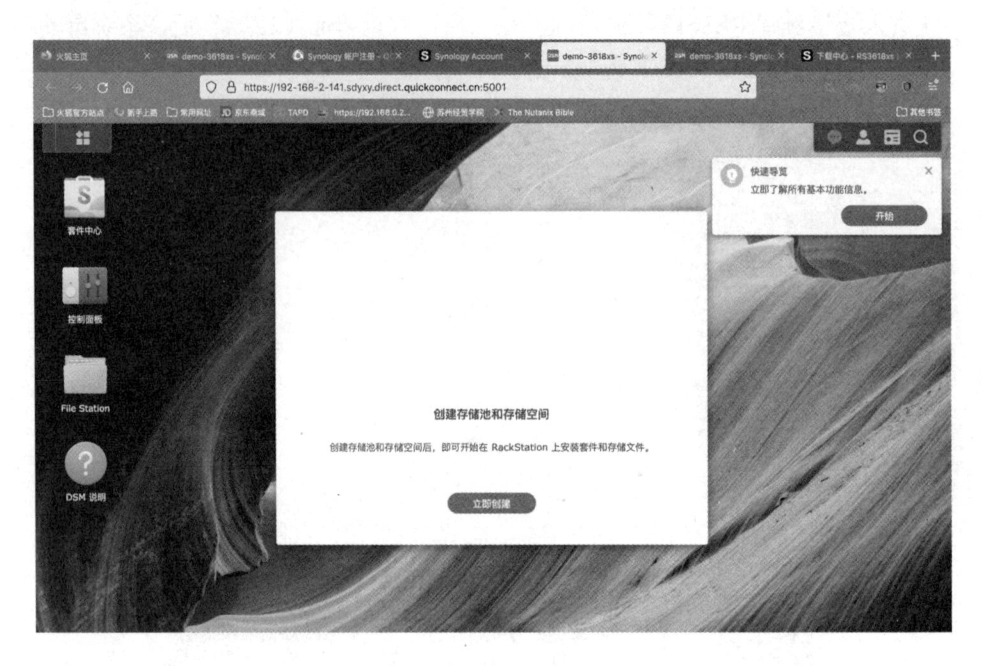

图 5-65　DSM 系统初始界面

第十步，设置存储池和存储空间。

根据 DSM 向导开始创建存储池和存储空间。图 5-66～图 5-75 所示为用四块 HDD 创建 RAID 5 阵列的配置过程。配置结束后，NAS 设备就可以部署各类应用了，通过“控制面板”可以查看 NAS 设备的常规信息（见图 5-76）。

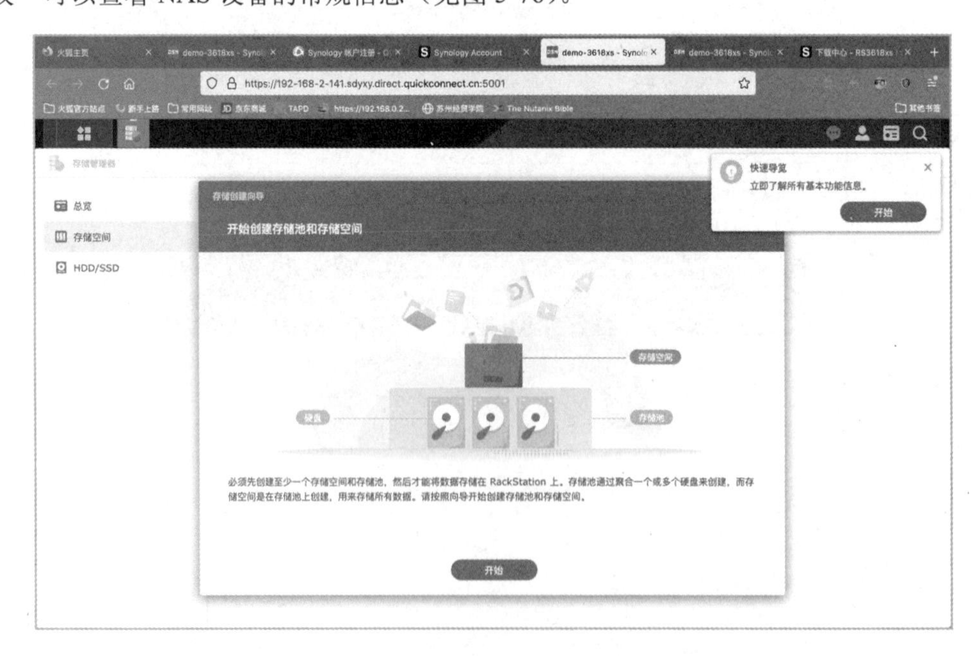

图 5-66　创建存储空间和存储池起始界面

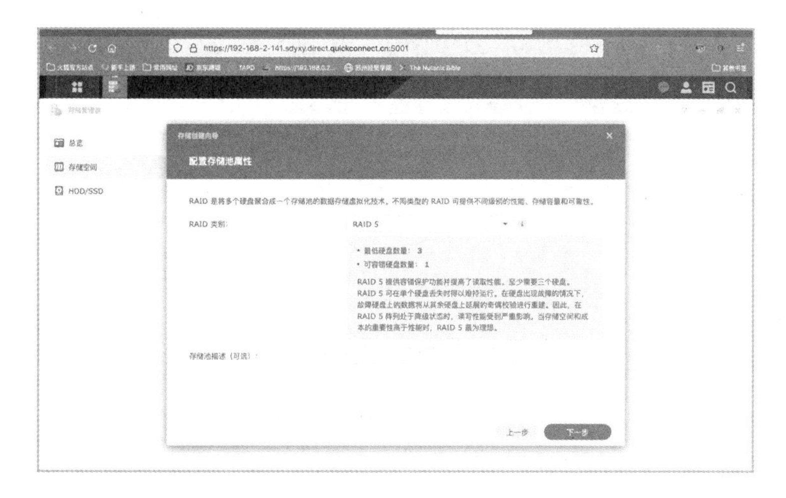

图 5-67　创建 RAID 5 界面

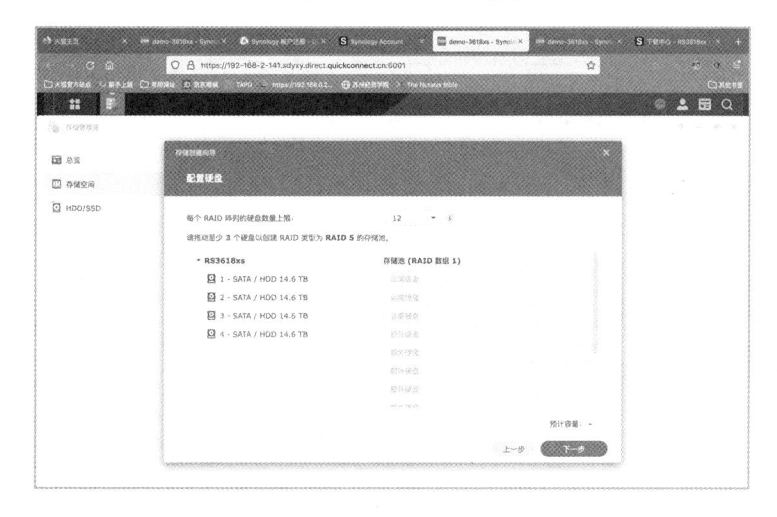

图 5-68　为 RAID 5 配置初始硬盘

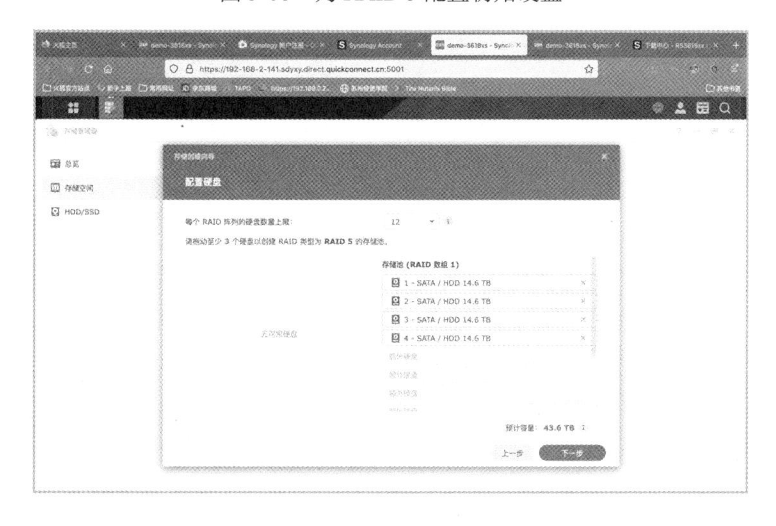

图 5-69　为 RAID 5 配置四块硬盘

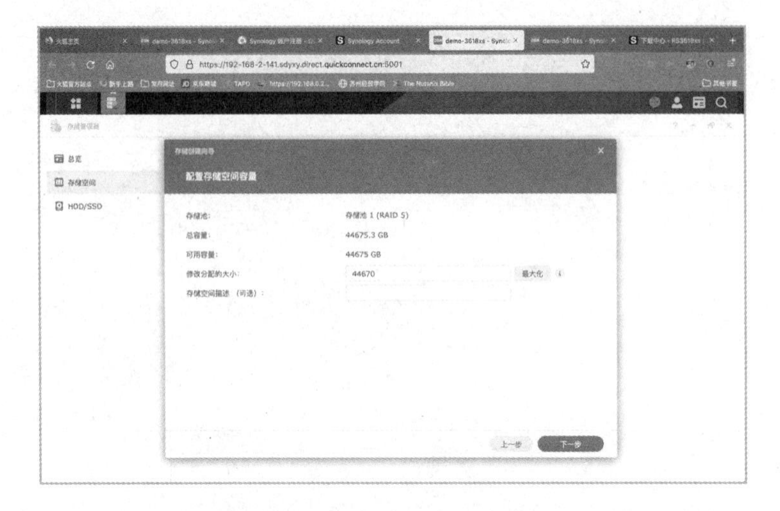

图 5-70　为 RAID 5 配置存储空间

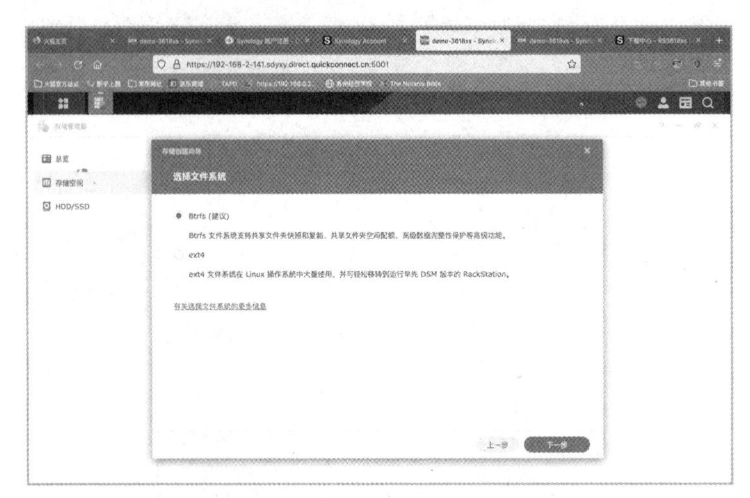

图 5-71　为 RAID 5 选择文件系统

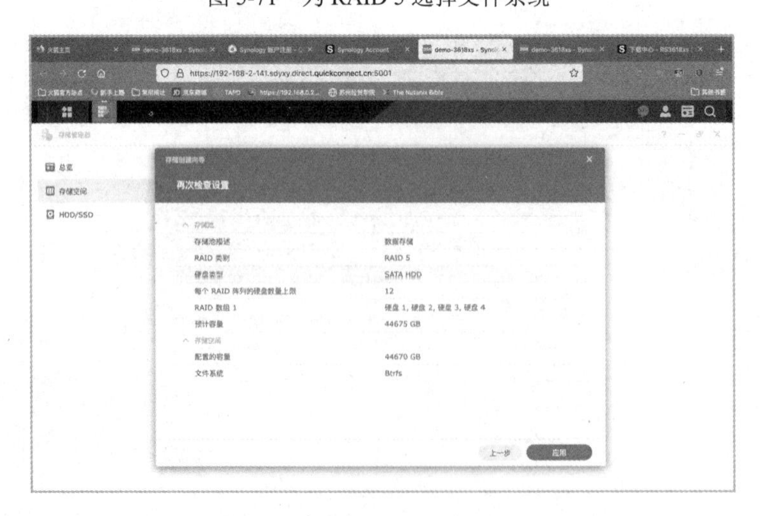

图 5-72　RAID 5 配置情况

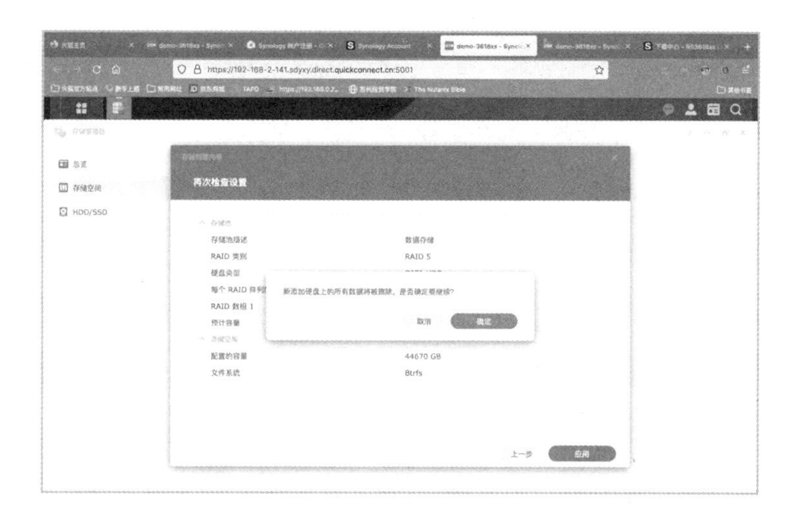

图 5-73　RAID 5 配置数据初始化提示信息

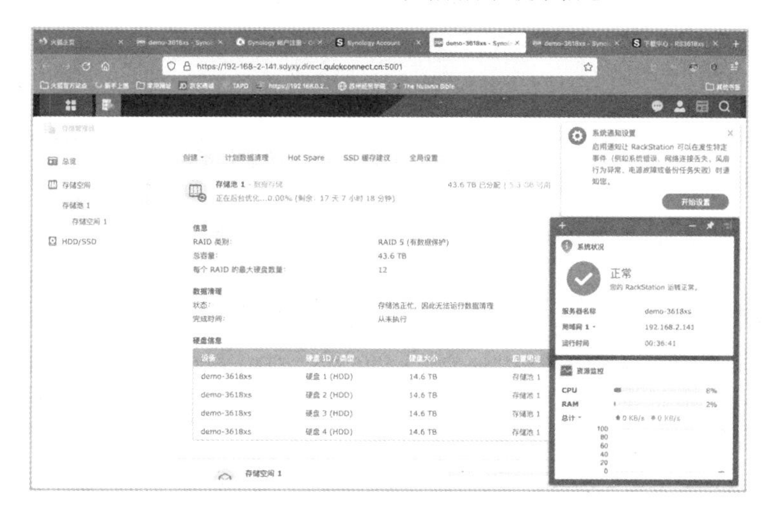

图 5-74　RAID 5 配置成功后的信息汇总

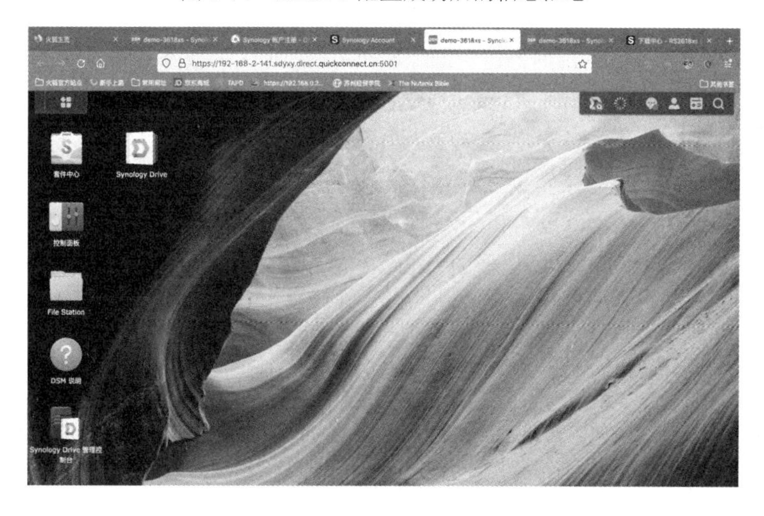

图 5-75　存储池和存储空间设置结束

图 5-76　NAS 设备的主要信息汇总

5.3.2.3　典型应用——Linux 虚拟机安装

群晖 RS3618xs 是企业级的 NAS 设备，套件中心的应用基本上都能部署和应用，如 Active Backup for Business、Hyper Backup、Synology Drive 等各种备份应用程序均能向个人用户提供完美的备份解决方案；Synology iSCSI 存储支持大多数虚拟解决方案；Synology NAS 支持块类存储组件 OpenStack Cinder 等。

其中 Virtual Machine Manager（虚拟机管理器）是 DSM 系统中的重要应用。下面我们将配置拥有 2 个 CPU、4GB 内存的 Linux 虚拟机（Ubuntu 18.04.4）。

第一步，选择“套件中心”的 Virtual Machine Manager 图标。

单击桌面上的“套件中心”按钮（见图 5-75），在确认“服务条款”后进入群晖 NAS 套件中心。查找到 Virtual Machine Manager 图标，单击“打开”按钮，启动虚拟机管理器，进入虚拟机安装向导设置界面（见图 5-77）。

第二步，选择虚拟机映像安装文件并上传。

单击“映像”，选择“ISO 文件”→“新增”，进入“选择安装文件”界面（见图 5-78），先选择映像文件的存储空间（NAS 上的位置），然后单击“下一步”按钮。映像文件上传过程如图 5-79 所示，文件上传结束后，显示为“良好”状态。

第三步，选择安装虚拟机的位置。

先单击左侧的“虚拟机”按钮，再单击“新增”选项，选中“Linux”操作系统（见图 5-80），进入安装虚拟机的“选择存储空间”界面，由于这里只有一个 RAID 5，所以直接单击“下一步”按钮。

图 5-77　虚拟机安装向导界面

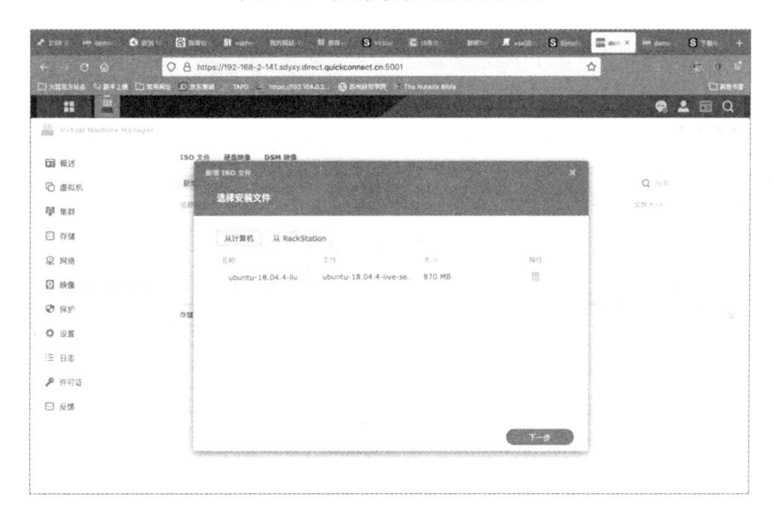

图 5-78　虚拟机映像安装文件的选择界面

图 5-79　映像文件上传过程

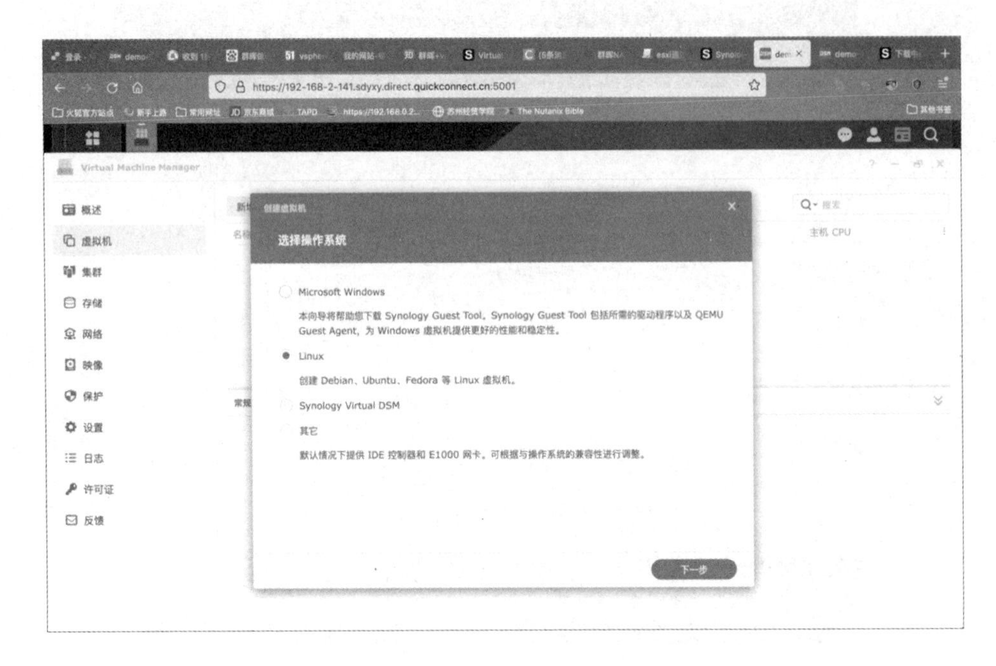

图 5-80　新增虚拟机界面

第四步，配置虚拟机参数规格。

将虚拟机命名为“ubuntu”，选择 2 个 CPU（1～8 可选）、4GB 内存（1～32GB 可选）、vga 视频卡等（见图 5-81），单击“下一步”按钮进入存储空间配置界面，输入存储空间大小为 100GB。单击“下一步”按钮进入“配置网络”界面，“Default VM Network”选项保持默认后，进入“高级选项”界面（见图 5-82）。

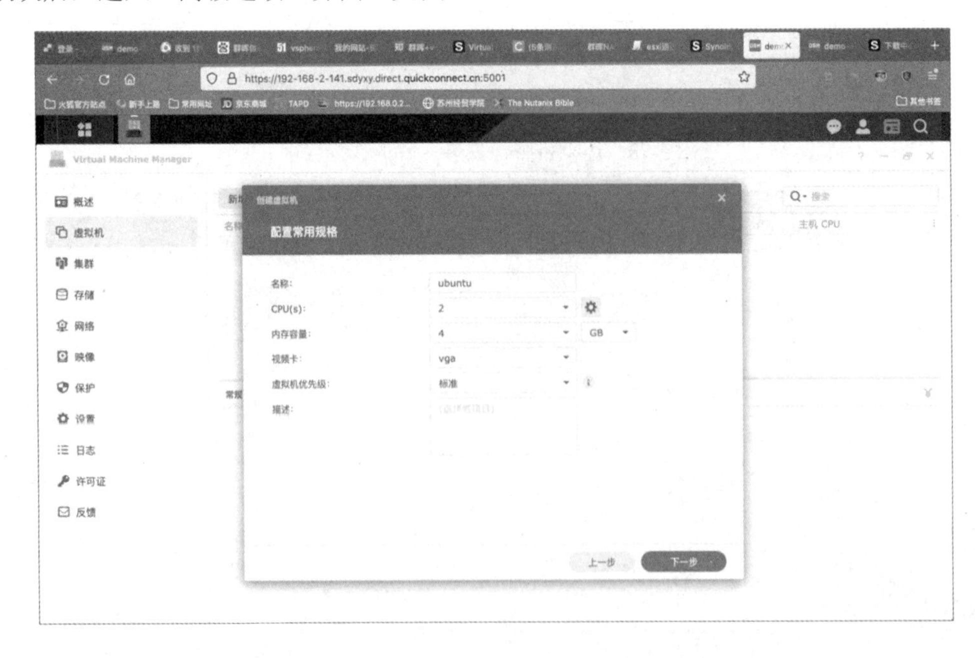

图 5-81　虚拟机规格配置

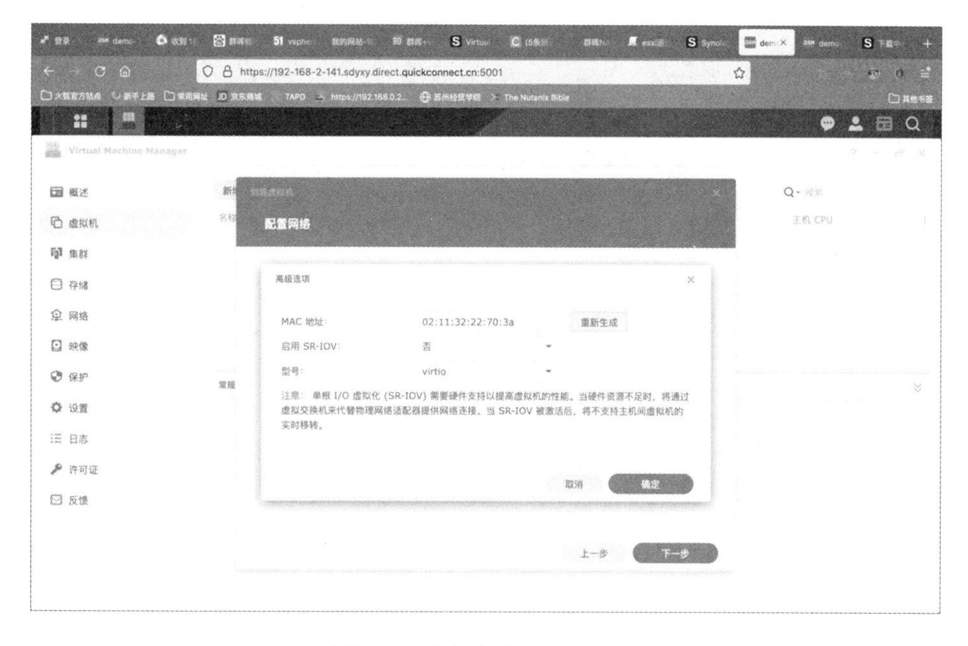

图 5-82　虚拟机高级选项配置

在图 5-82 中，需要单击 MAC 地址后的“重新生成”按钮，从而重新生成一个 MAC 地址。原因在于默认的 MAC 地址为原本群晖 NAS 设备的 MAC 地址，会导致 MAC 地址冲突，所以要重新生成。完成“其他设置”（图中的“其它”应为“其他”，余同），单击“下一步”按钮。其中“启动 ISO 文件”选中前面上传的映像文件（见图 5-83）。再选择“分配电源管理权限”（见图 5-84）。系统将出现虚拟机配置的“摘要”信息卡，单击“完成”按钮后系统将自动按照规格要求配置虚拟机。最后系统将显示配置成功的虚拟机信息（见图 5-85）。

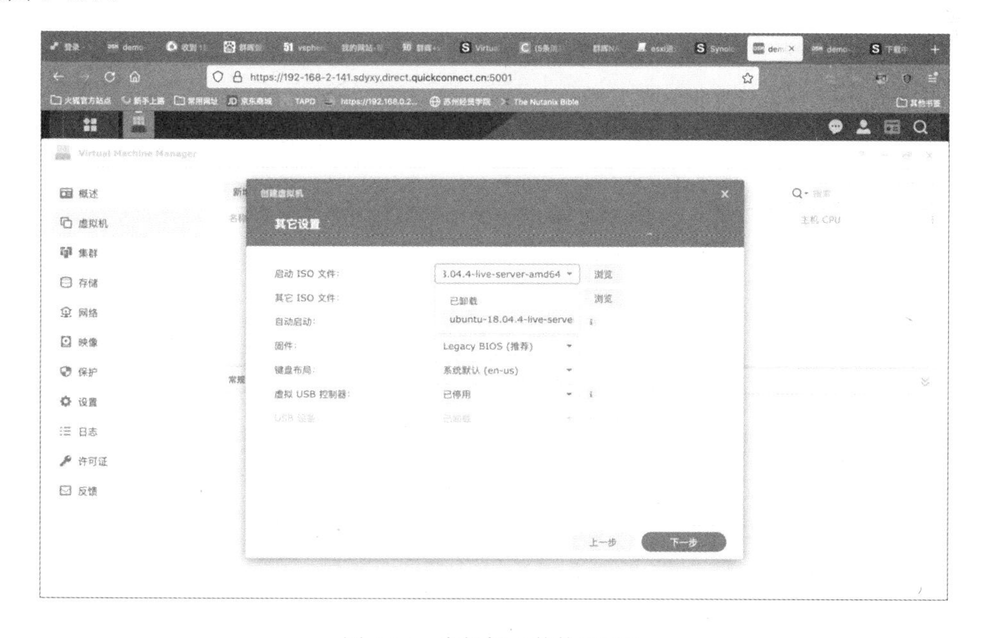

图 5-83　虚拟机“其他设置”

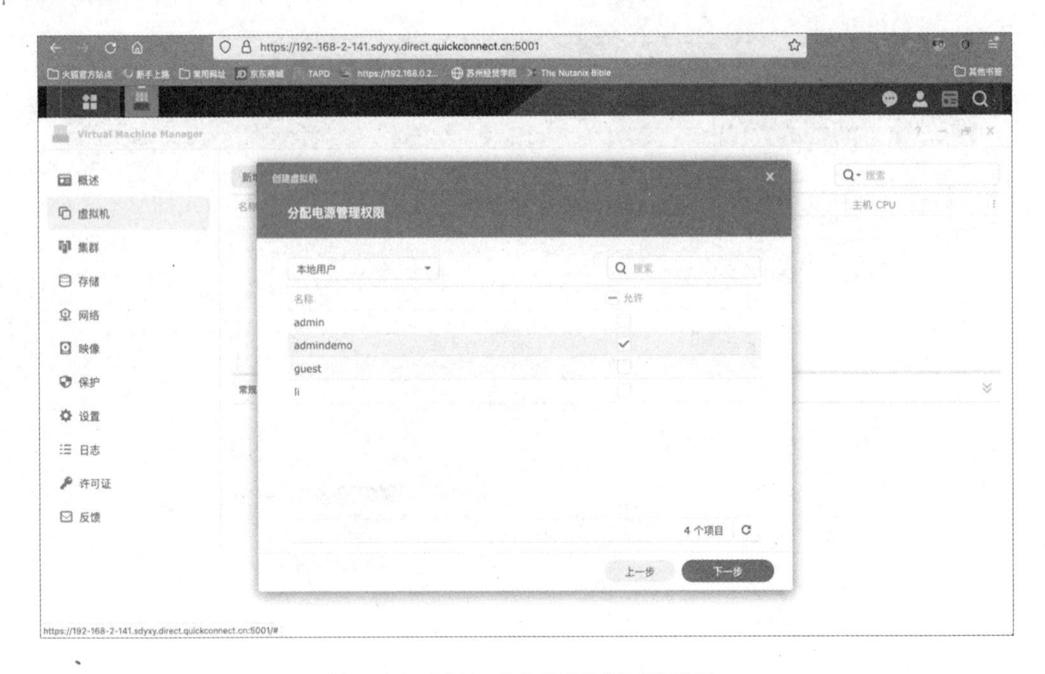

图 5-84 虚拟机“分配电源管理权限”

图 5-85 虚拟机配置成功信息

第五步，安装虚拟机。

单击图 5-85 中的虚拟机“连接”按钮，进入虚拟机安装界面（见图 5-86）。首先输入虚拟机的相关设置（见图 5-87）；然后对 SSH(Secure Shell)进行设置（见图 5-88），单击“Done”后进入“Featured Server Snaps”选项界面，根据需要选择后，单击“Done”结束设置；最后显示虚拟机系统安装进程（见图 5-89）。最终虚拟机安装完成界面如图 5-90 所示。

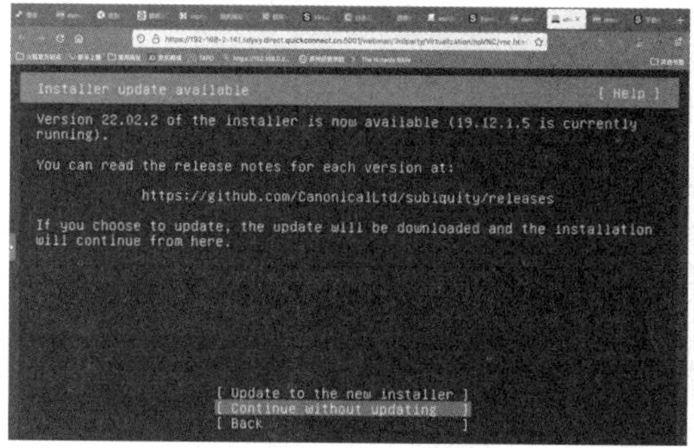

图 5-86　虚拟机安装界面

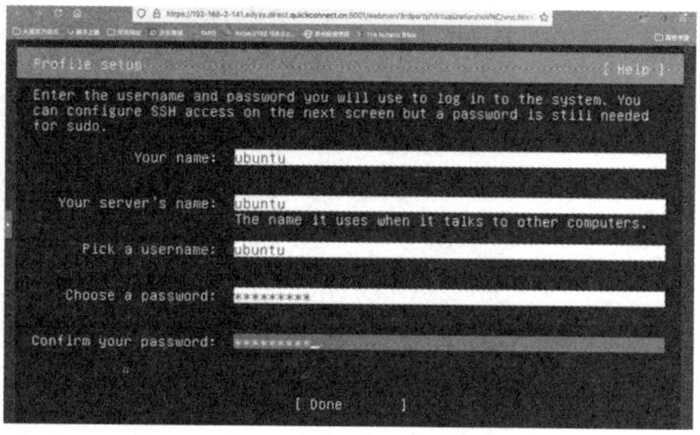

图 5-87　虚拟机设置信息

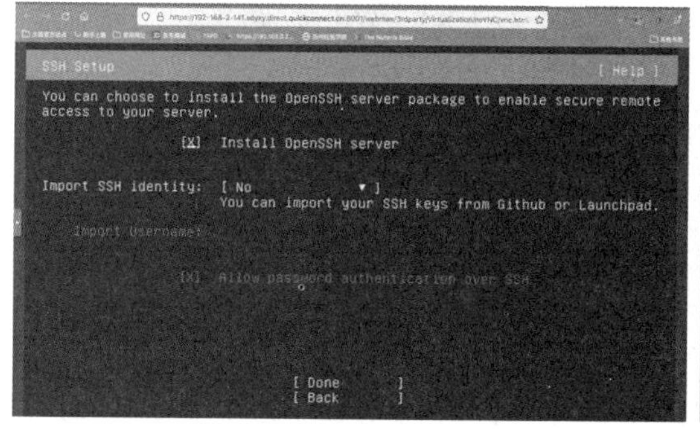

图 5-88　虚拟机 SSH 设置界面

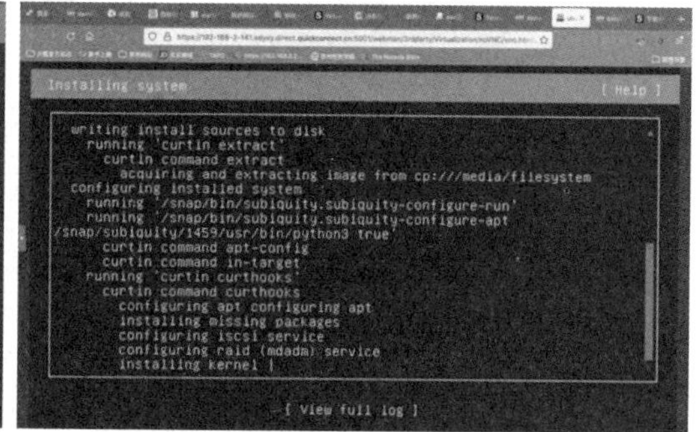

图 5-89　虚拟机安装过程信息

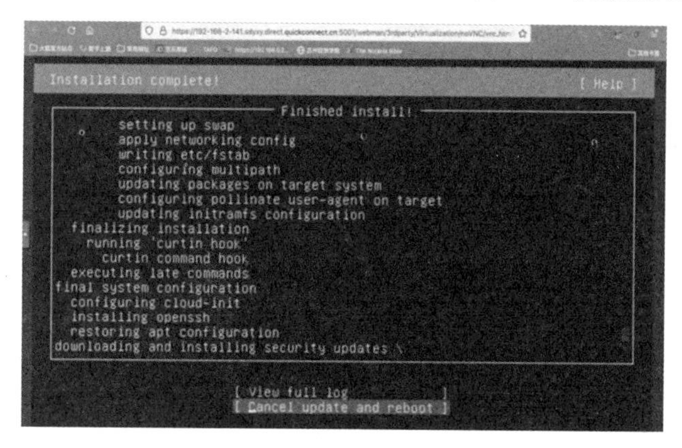

图 5-90　虚拟机安装完成界面

第六步，运行虚拟机。

先在虚拟机管理界面中单击“操作”，选择“关机”（或“重新启动”）选项关闭安装成功的虚拟机。然后再选择“开机”，单击“连接”按钮，进入虚拟机运行界面（见图 5-91）。

图 5-91　虚拟机运行界面

5.3.3　任务小结

本任务配置 NAS 选用了主流的群晖产品 DS920+（面向个人或中小型企业用户）和 RS3618xs（面向大型企业），从产品的安装、链接和基本的 DSM 安装入手，详细给出了安装的操作步骤，以及通过产品“套件中心”安装各类应用的方法。有助于读者对 NAS 概念、结构、管理等知识的理解。读者也可以通过其他方式扩展学习，进一步了解其他 NAS 产品的特点、规格和特色。

项目小结

本项目设置了 3 个任务，主要介绍 NAS 的概念和组成，根据实现方式、应用规模区分的 NAS 类别，NAS 设备的系统管理功能，NAS 适合的应用领域和场景，以及与 SAN 和 DAS 相比，NAS 的特点和优势。最后选用主流 NAS 产品进行全过程的配置操作介绍。本项目的内容组织框架如图 5-92 所示。

DAS、SAN 和 NAS 三种存储架构随业务应用而不断向性能、速度、可用性等多领域深度发展，但融合是必然态势。SAN 连接、NAS 连接、SAN+NAS 连接固然是主流，但 DAS 仍“老当益壮”，地位还很稳固。其原因在于：

第一，客观事实上存在很大一部分存储器并不开放网络连接，而不用考虑成本、部署规模、设备安全等因素的影响。

第二，DAS 自身的表现形式在不断变革中，如 DAS 既可以在内部访问服务器，也可以在外部访问服务器。DAS 可以是一个专用的、独立的硬盘驱动器，或是一个具有一到两个主机端口的小型 RAID 磁盘阵列。

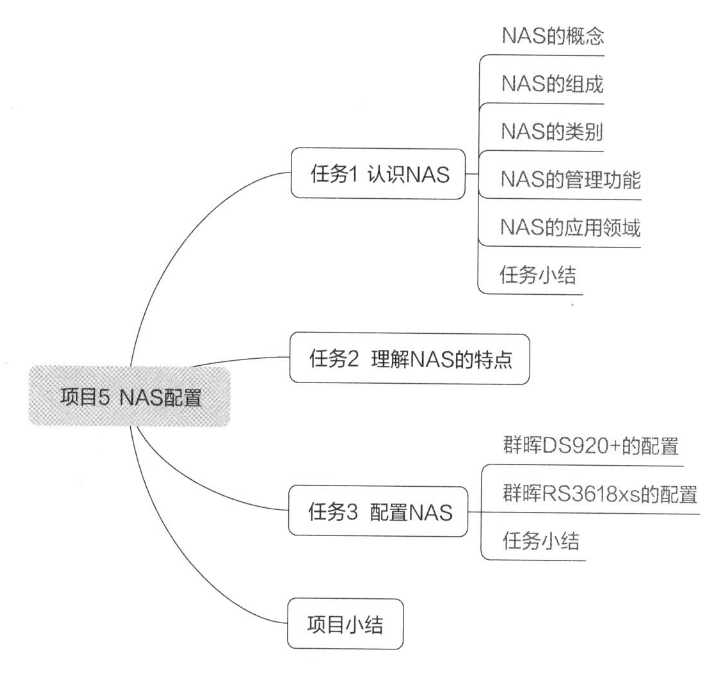

图 5-92 项目 5 的内容组织框架

近年来，DAS 发生的一个重要变化是外在结构改变，特别是在刀片中心的服务器刀片。在刀片中心中，一个底盘上可以有多个服务器刀片，这些相同的服务器刀片可能连接在一个硬盘驱动器上，与独立服务器上的 DAS 类似。还有，我们也能见到带有一组挂接磁盘驱动器的刀片服务器被插入刀片中心，这些驱动器使用的是本地磁盘、启动盘、分页交换文件型磁盘及其他被保存在本地的磁盘，而没有像 SAN 那样开放的磁盘驱动器。

第三，不管是刀片中心的磁盘驱动器，还是使用外部 RAID 阵列，抑或是使用 SAS 或 SATA 连接的磁盘驱动器，只要使用的是 DAS 连接，所有的磁盘驱动器都将以文件服务器的形式呈现。

因此，DAS 仍然广受欢迎，而且这个差距仍然是 IP-SAN 和 FC-SAN 无法跨越的，因为 IP-SAN 和 FC-SAN 无法完全缩小规模到一个 NAS 系统，或是使用 SAN 的构建模块来部署 iSCSI 和基于 NAS 的服务器。

习题

1. 选择题

（1）NAS 中使用的网络传输协议是（　　）。

A. FC　　B. TCP/IP　　C. UDP　　D. SAS

（2）NAS 中使用的共享文件系统是（　　）。

A. HTTPS　　B. FTP　　C. WWW　　D. CIFS

（3）在NAS的组成要素中，不包括（　　）。

A. 网络接口　　B. NAS引擎（头）

C. 总线　　D. 存储接口和设备

（4）在NAS存储系统的扩展方式中，（　　）是最容易实现的。

A. 横向扩展

B. 纵向扩展

C. 融合扩展

D. 上述三个选项实现起来难度没有太大差别

（5）存储设备的文件系统不包括（　　）。

A. EXT4　　B. FAT32　　C. Btrfs　　D. NFS

2. 判断题

（1）网络中的NAS在传输文件时，对网络中业务运行的影响比SAN小。（　　）

（2）NAS既支持文件存储，也支持块存储。（　　）

（3）NAS设备配置和使用技术门槛相对较低，容易上手。（　　）

（4）与SAN相比，NAS的优势在于其拥有较低的成本和较高的可扩展性。（　　）

（5）在群晖系列NAS设备中，DSM不是必须要安装的管理软件。（　　）

项目 6 认识网络存储新技术

数字经济正在快速发展，算力是生产力，数据是核心生产要素，数据管理和存储已经成为数据系统的重要角色。由此，存储的概念得到了很大的拓展，已经融通信、网络、软件、管理等于一体。基于 NAS 和 SAN 两大关键技术，网络存储发展出了 NAS 和 SAN 的集成技术、计算型存储、IP 存储技术、网格存储技术、虚拟化存储技术、对象存储技术、分布式异构存储网络、网络存储集成技术等。本项目主要和大家一起来认识和学习主流的云存储、对象存储、容灾系统、软件定义存储四项新技术。

任务 1 认识云存储

教学目标

1. 理解云存储的概念、系统架构、关键技术和技术优势。
2. 掌握云存储的类别。
3. 学会使用常见的云存储产品。

云存储是近年来兴起的一项新型 IT 服务，支持用户在任何时间、任何地方，通过任何可接入网络的设备连接到云上，从而方便地分享数据。本章主要介绍云存储的概念、系统架构、关键技术、技术优势，以及常见的云存储产品。

6.1.1 什么是云存储

云存储是一种云计算模型，是在云计算概念上延伸和发展出来的一个概念，用户可以将存储资源放到云上供用户访问和使用。那到底什么是云存储呢？它和云计算又有什么关系呢？

6.1.1.1 概念

云存储是在云计算（Cloud Computing）概念上延伸和发展出来的一种新兴的网络存储技术，是一个以数据存储和管理为核心的云计算系统。它是通过集群应用、网格技术、分布式文件系统等，将网络中大量各种不同类型的存储设备通过应用软件集合起来协同工作，共同对外提供数据存储（主要使用面向对象存储，后面6.2节中有具体介绍）和业务访问功能的服务系统。与传统的存储概念相比，云存储不再仅仅是硬件的集合，而是一个由网络设备、存储设备、服务器、应用软件、公用访问接口、接入网和客户端程序等多个实体组成的复杂系统。在这个系统中，应用软件与存储设备结合是核心，其实现了存储设备向存储服务的转变。

云存储通过软件提供数据存储和业务访问服务，是一种将存储资源放到云上供人访问的技术方案。云存储提供的是存储服务，存储服务通过网络将本地数据存放在存储服务提供商（Storage Service Provider，SSP）提供的在线存储空间中。需要存储服务的用户不再需要建立自己的数据中心，只需向存储服务提供商申请存储服务，从而避免了存储平台的重复建设，节约了昂贵的软硬件基础设施投资。用户可以在任何时间、任何地方，通过任何可连网的装置连接到云存储上，从而方便地存取数据，享受数据访问服务。对使用者来讲，云存储不是指某一个具体的设备，而是指由许许多多个存储设备和服务器所构成的一个集合体。

6.1.1.2 与云计算的关系

云是一个可运营的、部署迅速灵活的智能IT系统，对外提供云服务。它具有如下特质：云是服务交易而不是实物交易；云提供商拥有一定规模的硬件基础（物理网络、服务器和存储设备等）；云提供商对客户提供一种资源的租用服务而不是资源自身的易主交易。

云由云存储、云主机、云计算三大服务模块组成，目前主流的基础设施即服务（IaaS）属于云存储和云主机范畴，而平台即服务（PaaS）和软件即服务（SaaS）都属于云计算范畴。

云计算是分布式处理、并行处理和网格计算的发展，是通过网络将庞大的计算处理程序自动分拆成无数个较小的子程序，再交由多部服务器所组成的庞大系统经计算分析后将处理结果回传给用户的计算系统。用户只要通过一个网络接入线缆和一个用户名、密码，就可以接入云，享受网络服务。

云存储系统将网络中大量不同类型的存储设备通过应用软件集合起来协同工作，对外提供数据存储和业务访问功能，是云计算系统的延伸，可理解为是配置了大容量存储空间的云计算系统。

6.1.1.3 云存储的类别

云存储可分为以下三类。

1. 公共云存储

它由云存储服务提供商规划、建设和管理，面向公众、企业提供存储设施服务。所有的组件放置在共享的基础存储设施里，设置在用户端的防火墙外部，用户直接通过安全的互联网连接访问，是一种付费即使用的服务。在公共云存储中，通过向存储池中增加服务器和存储设备，可以简单地实现存储空间的快速增长。

2. 私有云存储

它是一种独享的云存储服务，为某一企业或社会团体独有，存储保存了企业的所有数据和应用。私有云存储可由企业自行建立并管理，也可由专门的云服务公司根据企业的需要从公共云存储划出一部分用作私有云存储，并提供解决方案协助建立并管理。自行建设私有云存储的总成本要远远高于使用云服务公司提供的私有云存储的成本。

与私有云类似的一个概念是内部云存储，这种云存储和私有云存储比较类似，不同点在于内部云存储一般都是自行建设的，且存储都位于企业防火墙内部。

3. 混合云存储

它是把公共云存储和私有云存储整合成更具功能性的解决方案，提供企业级的安全性、跨云平台的可管理性、负载/数据的可移植性以及互操作性。其主要用于按照客户要求，特别是需要临时配置容量的时候，从公共云上划出一部分容量配置一种私有云，可以帮助公司面对迅速增长的负载波动或高峰。但是，混合云存储带来了跨公共云和私有云分配应用的复杂性。

6.1.2 云存储的系统架构

云存储的系统架构可划分为四个层次，自底向上依次是：数据存储层、数据管理层、应用接口层及用户访问层（见图 6-1）。各层包含的具体内容如下。

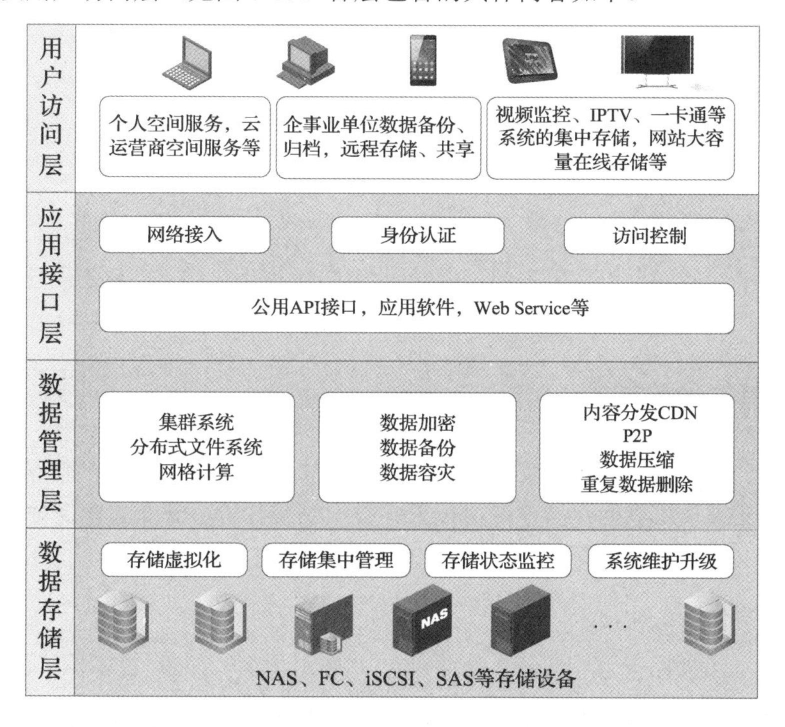

图 6-1 云存储的系统架构图示

1. 数据存储层

其是云存储最基础的部分，它将不同类型的存储设备互连起来，实现海量数据的统一管理，并且实现对存储设备的集中管理、状态监控及容量的动态扩展。存储设备可以是FC光纤通道存储设备、NAS和iSCSI等IP存储设备，也可以是SCSI或SAS等DAS存储设备。云存储中的存储设备往往数量庞大且分布在不同地域，彼此之间通过广域网、互联网或FC光纤通道网络连接在一起。存储设备之上是一个统一存储设备管理系统，可以实现存储设备的逻辑虚拟化管理、多链路冗余管理，以及硬件设备的状态监控和故障维护。

2. 数据管理层

它是云存储最核心的部分，也是云存储中最难以实现的部分，该层通过集群、分布式文件系统和网格计算等技术，为上层提供不同服务间公共管理的统一视图，通过设计统一的用户管理、安全管理、副本管理及策略管理等公共数据管理功能，将底层存储及上层应用无缝衔接起来，实现多存储设备之间的协同工作，以更好的性能对外提供多种服务。使多个存储设备可以对外提供同一种服务，并提供更强、更好的数据访问性能。内容分发网络（Content Delivery Network，CDN）系统、数据加密技术保证云存储中的数据不会被未授权的用户所访问，同时通过各种数据备份和容灾技术与措施可以保证云存储中的数据不会丢失，保证云存储自身的安全和稳定。

3. 应用接口层

它是云存储平台中可以灵活扩展的、直接面向用户的部分。根据用户需求，可以开发出不同的应用接口，提供数据存储、空间租赁、公共资源、多用户数据共享、数据备份等服务。支持如视频监控应用平台、IPTV和视频点播应用平台、网络硬盘应用平台、远程数据备份应用平台等具体应用平台。

4. 用户访问层

在这一层中任何一个授权用户都可以通过标准的公用应用接口来登录云存储系统，享受云存储服务。云存储运营单位不同，云存储提供的访问类型和访问手段也不同。

6.1.3 云存储的关键技术

云存储是一个以数据存储和管理为核心，多存储设备、多应用、多服务协同工作的集合体，主要的支撑技术包括存储虚拟化技术、数据缩减技术、分布式存储技术、数据备份技术、内容分发网络技术、存储加密技术和数据容错技术等。

6.1.3.1 存储虚拟化技术

存储虚拟化技术是云存储的核心技术。通过存储虚拟化方法，把不同厂商、不同型号、不同通信技术、不同类型的存储设备互联起来，将系统中各种异构的存储设备映射为一个统一的存储资源池。存储虚拟化技术能够对存储资源进行统一分配管理，又可以屏蔽存储实体间的物理位置及异构特性，保证了资源对用户的透明性，降低了构建、管理和维护资源的成本，从而提升了云存储系统的资源利用率。

虽然不同的设备与厂商之间的存储虚拟化技术略有区别，但从总体来说，其主要分为以下三种。

1. 基于主机的存储虚拟化

其核心技术是通过增加一个运行在操作系统下的逻辑卷管理软件将物理磁盘上的物理块号映射成逻辑卷号，并以此实现把多个物理磁盘阵列映射成一个统一的虚拟逻辑存储空间（逻辑块），以实现存储虚拟化的控制和管理。从技术实施层面看，基于主机的存储虚拟化不需要额外的硬件支持，便于部署，只通过软件即可实现对不同存储资源的存储管理。但是，虚拟化控制软件也导致了此项技术的主要缺点：首先，软件的部署和应用影响了主机性能；其次，各种与存储相关的应用通过同一个主机，存在越权访问的数据安全隐患；最后，通过软件控制不同厂家的存储设备存在额外的资源开销，进而降低了系统的可操作性与灵活性。

2. 基于存储设备的虚拟化

该技术的实施依赖于提供相关功能的存储设备的阵列控制器模块，常见于高端存储设备，其主要应用针对异构的 SAN 存储架构。此类技术的主要优点是不占用主机资源，技术成熟度高，容易实施；缺点是核心存储设备必须具有此类功能，且消耗存储控制器的资源，同时由于异构厂家磁盘阵列设备的控制功能被主控设备的存储控制器接管，所以其高级存储功能将不能使用。

3. 基于存储网络的虚拟化

该技术的核心是在存储区域网中增加虚拟化引擎实现存储资源的集中管理，其具体实施一般是通过具有虚拟化支持能力的路由器或交换机实现的。在此基础上，存储网络虚拟化又可以分为带内虚拟化与带外虚拟化两类，二者主要的区别在于：带内虚拟化使用同一数据通道传送存储数据和控制信号，而带外虚拟化使用不同的通道传送数据和命令信息。基于存储网络的虚拟化技术架构合理，不占用主机和设备资源；但是其存储阵列中设备的兼容性需要严格验证，与基于存储设备的虚拟化技术一样，由于网络中存储设备的控制功能被虚拟化引擎所接管，所以存储设备自带的高级存储功能将不能使用。

6.1.3.2 数据缩减技术

随着云存储的广泛应用，数据的多副本存放、存储空间超分配等现象越来越普遍。数据的重复副本删除、冗余空间的压缩、增加网络中的有效数据量、降低运算资源的消耗等数据缩减技术逐渐被重视。主要的数据缩减技术有以下几种。

1. 自动精简配置

该技术利用虚拟化方法减少物理存储空间的分配，以最大限度提升存储空间利用率。其核心原理是“欺骗”操作系统，让操作系统认为存储设备中有很大的存储空间，而实际的物理存储空间则没有那么大（见图 6-2）。传统配置技术为了避免重新配置可能造成的业务中断，常常会过度配置容量。在这种情况下，一旦存储分配给某个应用，就不可能重新分配给另一个应用，由此就可能使已分配的容量得不到充分利用，导致了资源的极大浪费。自动精简配置技术优化了存储空间的利用率，扩展了存储管理功能，虽然实际分配的物理容量小，但可以为操作系统提供超大容量的虚拟存储空间。随着数据存储的信息量越来越大，实际存储空间能够自动扩展，无须用户手动处理。

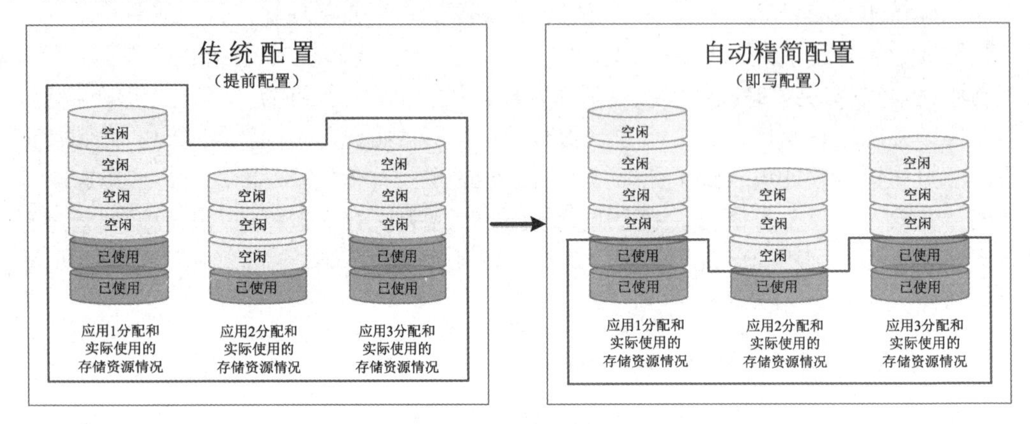

图 6-2　自动精简配置技术示意图

利用自动精简配置技术，用户不需要了解存储空间分配的细节，这种技术就能帮助用户在不降低性能的情况下，大幅度提高存储空间利用效率；当需求变化时，无须更改存储容量设置，而是通过虚拟化技术集成存储，减少超量配置，降低总功耗。

2. 自动存储分层

自动存储分层是把活动数据保留在快速、昂贵的存储上，把不活跃的数据迁移到廉价的低速存储上，以限制或降低存储花费总量的一种机制（见图 6-3）。自动存储分层使用户数据保留在合适的存储层级，因此减少了存储需求的总量并实质上减少了成本，提升了性能。

自动存储分层技术的特点则是其分层的自动化和智能化。传统配置方式是一个整卷一起迁移。自动存储分层技术可以按照子卷级、文件级和字节级进行数据迁移。

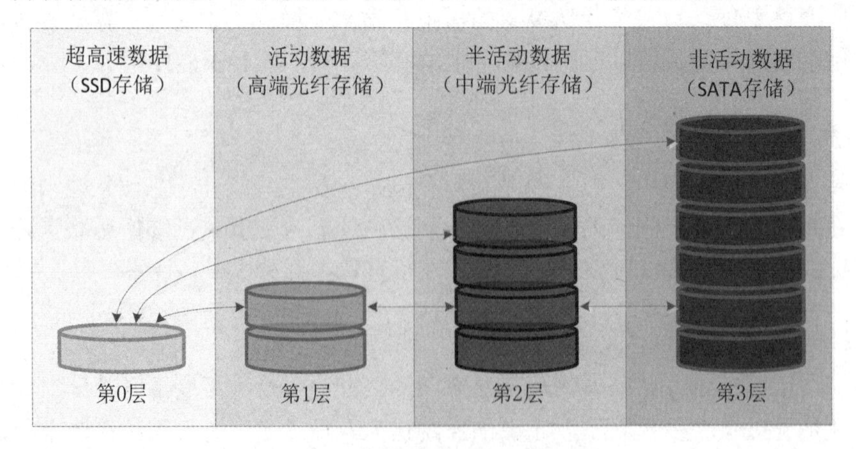

图 6-3　自动存储分层技术示意图

3. 重复数据删除

重复数据删除又称去重技术，是一种通过数据集中、删除重复的数据，只保留其中一份，从而消除冗余数据，优化存储容量的技术。该技术可以将数据缩减到原来的二十分之一到五十分之一。重复数据删除技术按照去重的粒度可以分为文件级和数据块级，使用哈希算法计算数据指纹，具有相同指纹的数据块即可认为是相同的数据块，存储系统中仅需要保留一份。这样，一个物理文件在存储系统中就只对应一个逻辑表示。该技术由于大幅度减少了对物理存储空间的使用量，进而减少了传输过程中的网络带宽、节约了设备成本、降低了能耗。

4. 数据压缩

数据压缩可以显著降低待处理和存储的数据量，是解决海量信息存储和传输的关键技术之一，一般情况下可实现 2∶1～3∶1 的压缩比。目前主流的压缩技术有离线和在线两大类，离线属于传统的压缩技术，而随着 CPU 处理能力的大幅提高，实时压缩技术异军突起，它与传统压缩技术不同，当数据在首次写入时即被压缩，以帮助系统控制大量数据在主存中杂乱无章地存储的情形，特别是多任务工作时其作用更加明显。该技术还可以在数据写入存储系统前压缩数据，进一步提高了存储系统中的磁盘和缓存的性能与效率。

压缩和去重是具有互补性的技术，提供去重的应用和产品通常也提供压缩。对于虚拟服务器卷、电子邮件附件、文件和备份环境来说，去重通常更加有效，而压缩对于随机数据效果更好，如数据库去重就比压缩更有效。

6.1.3.3 分布式存储技术

分布式存储技术通过网络使用服务商提供的各个存储设备上的存储空间，将这些分散的存储资源构成一个虚拟的存储设备，数据分散地存储在各个存储设备上。它所涉及的主要技术有网络存储技术、分布式文件系统和网格存储技术等，利用这些技术实现云存储中不同存储设备、不同应用、不同服务的协同工作。分布式存储技术主要有分布式块存储、分布式文件系统存储、分布式对象存储和分布式表存储四类。

1. 分布式块存储

块存储通过对存储空间中的一个或一段地址进行访问，实现直接读写磁盘空间。相对于其他数据读取方式，块存储的读取效率最高，一些大型数据库应用只能运行在块存储设备上。分布式块存储系统目前以标准的 Intel/Linux 硬件组件作为基本存储单元，组件之间通过千兆以太网采用任意点对点拓扑技术相互连接，共同工作，构成大型网格存储，网格内采用分布式算法管理存储资源。此类技术比较典型的代表是 IBM XIV 存储系统，其核心数据组件为基于 Intel 内核的磁盘系统，将数据分布到所有磁盘上，从而具有良好的并行处理能力；分布式块存储采用冗余数据块方式进行数据保护，统一采用 SATA 盘，从而降低了存储成本。

2. 分布式文件系统存储

分布式文件系统存储可提供通用的文件访问接口，如 POSIX、NFS、CIFS、FTP 等，实现文件与目录操作、文件访问、文件访问控制等功能。目前的分布式文件系统存储的实现有软硬件一体和软硬件分离两种方式。分布式文件系统存储主要通过NAS虚拟化，或者基于X86硬件集群和分布式文件系统集成在一起，以实现海量非结构化数据处理能力。

3. 分布式对象存储

分布式对象存储是为海量数据通过键值查找数据文件的存储模式。分布式对象存储引入对象元数据来描述对象特征，对象元数据具有丰富的语义；引入容器概念作为存储对象的集合。分布式对象存储系统底层基于分布式对象存储系统来实现数据的存取，其存储方式对外部应用透明。这样的存储系统架构具有高可扩展性，支持数据的并发读写，一般不支持数据的随机写操作。分布式对象存储技术相对成熟，对底层硬件要求不高，存储系统可靠性和容错率通过软件实现，同时其访问接口简单，适合处理海量、小数据的非结构化数据，如邮件、网盘文件、相册文件、音频/视频文件等（本项目的任务2将深入介绍）。

4. 分布式表存储

分布式表存储是一种结构化数据存储，与传统数据库相比，它提供的表空间访问功能受限，但更强调系统的可扩展性。提供表存储的云存储系统的特征就是同时提供高并发的数据访问性能及可伸缩的存储和计算架构。提供表存储的云存储系统有两类接口访问方式。一类是标准的xDBC、SQL数据库接口；另一类是Map-reduce的数据仓库应用处理接口。前者目前以开源技术为主，尚未有成熟的商业软件，后者已有商业软件和成功的商业应用案例。

6.1.3.4 数据备份技术

在以数据为中心的时代，数据的重要性不言而喻，如何保护数据是一个永恒的话题，即便是现在的云存储发展时代，数据备份技术也非常重要。数据备份技术是将数据本身或其中的部分在某一时间的状态以特定的格式保存下来，以在原数据由于出现错误、被误删除、恶意加密等各种原因不可用时，能够快速、准确地将数据进行恢复的技术。数据备份是容灾的基础，是为防止突发事故而采取的一种数据保护措施，根本目的是数据资源重新利用和保护，核心的工作是数据恢复。其主要的技术有以下几种。

1. 数据副本布局

一种被广泛采用的副本布局方式是通过集中式的存储目录来定位数据对象的存储位置。这种方式可以利用存储目录中存放的存储节点信息，将数据对象的多个副本放置在不同机架上，从而可大大提高系统的数据可靠性。谷歌文件系统（GFS）、Hadoop分布式文件系统（HDFS）等著名的分布式文件系统都采用了这种数据布局方式。另一种副本布局方式是基于哈希算法的副本布局方式，它完全摒弃了记录数据对象映射信息的做法。

2. 备份策略

备份策略指确定需备份的内容、备份窗口（时间）、备份频率、备份方式（完全备份、增量备份、差分备份或按需备份四种方式中的一种或几种的组合）、备份工具（手动、自动）、备份目标和介质等内容。

3. 连续数据保护

连续数据保护（Continuous Data Protection，CDP）是一种连续捕获和保存数据变化，并将变化后的数据独立于初始数据进行保存的方法，而且该方法可以实现过去任意一个时间点的数据恢复。CDP系统可能基于块、文件或应用，并且为数量无限的可变恢复点提供精细的可恢复对象。因此，CDP可以提供更快的数据检索、更强的数据保护和更高的业务连续性能力，而与传统的备份解决方案相比，CDP的总体成本和复杂性都要低。

6.1.3.5 内容分发网络技术

内容分发网络（CDN）是一种新型网络构建模式，主要是针对现有的互联网进行改造。其基本思想是尽量避开互联网上由于网络带宽小、网点分布不均、用户访问量大等影响数据传输速度和稳定性的弊端，使数据传输得更快、更稳定。通过在网络各处放置节点服务器，在现有互联网的基础上构成一层智能虚拟网络，实时根据网络流量、各节点的连接和负载情况、响应时间、到用户的距离等信息将用户的请求重新导向到离用户最近的服务节点上。使用该技术的目的是使用户可就近取得所需内容，解决互联网网络拥挤的状况，提高用户访问网站的速度。

6.1.3.6 存储加密技术

存储加密是指当数据从前端服务器输出，或在写进存储设备之前通过系统为数据加密，以保证存放在存储设备上的数据只有授权用户才能读取。目前云存储中常用的存储加密技术有以下几种：全盘加密，全部存储数据都是以密文形式书写的；虚拟磁盘加密，存放数据之前建立加密的磁盘空间，并通过加密磁盘空间对数据进行加密；卷加密，所有用户和系统文件都被加密；文件/目录加密，对单个的文件或目录进行加密。

6.1.3.7 数据容错技术

数据容错技术是云存储研究领域的一项关键技术，良好的容错技术不但能够提高系统的可用性和可靠性，而且能够提高数据的访问效率。数据容错技术一般都是通过增加数据冗余来实现的，以保证即使在部分数据失效以后也能够通过访问冗余数据满足需求。常用的容错技术主要有基于复制（Replication）的容错技术和基于纠删码（Erasure Code）的容错技术两种。

（1）基于复制的容错技术简单直观，易于实现和部署，但是需要为每个数据对象创建若干同样大小的副本存储空间，开销很大。

（2）基于纠删码的容错技术则能够把多个数据块的信息融合到较少的冗余信息中，因此能够有效地节省存储空间，但是对数据的读写操作要分别进行编码和解码操作，需要一些计算开销。

当数据失效以后，基于复制的容错技术只需要从其他副本下载同样大小的数据即可进行修复；基于纠删码的技术需要下载的数据量一般远大于失效数据量，修复成本较高。

冗余提高了容错性，但是也增加了存储资源的消耗。因此，在保证系统容错性的同时，要尽可能地提高存储资源的利用率，以降低成本。

除了上面提到的关键技术，还有存储的安全技术、分布式文件系统、云存储的容灾等技术。这些技术有的在前面的项目内容中已经进行了介绍，有的会在后续内容中提及。

6.1.4 云存储的技术优势

传统的SAN或NAS在容量和性能的扩展上存在瓶颈，已经不能满足新形势下对数据保存高性能、高容量、易扩展的需求。而云计算的服务模式凭借其低成本、大容量、高带宽的优势，不但轻松突破了SAN的性能瓶颈，而且可以实现性能与容量的线性扩展。相比传统的集中存储方式，云存储系统具有以下几点优势。

1. 容易扩容

相比传统的存储扩容，云存储架构采用的是并行扩容方式，当客户需要增加容量时，可按照需求采购服务器和存储设备，简单增加即可实现容量的扩展。新设备在安装操作系统及云存储软件后，仅需打开电源接上网络，云存储系统便能自动识别，自动把容量加入存储池中完成扩容。扩容环节无任何限制。

2. 易于管理

在以往的存储系统管理中，管理人员需要面对不同的存储设备。不同厂商的设备均有不同的管理界面，这使得管理人员要了解每个存储的使用状况（容量、负载等）的工作复杂而繁重。而且传统的存储在硬盘或是存储服务器损坏时，可能会造成数据丢失，而云存储则不会，如果硬盘坏掉，数据会自动迁移到别的硬盘，大大减轻了管理人员的工作负担。对云存储来说，再多的存储服务器，在管理人员眼中也只是一台存储器，每台存储服务器的使用状况可以通过一个统一管理界面监控，使维护变得简单和易操作。

3. 成本更低廉

从运营商角度看来，传统的存储系统对硬盘的一致性要求近乎苛刻，必须同厂牌、同容量、同型号，否则系统一旦出现问题就很难解决。而且面对升级换代较快的IT产业，硬盘在使用2～3年后很难找到同型号产品更换。使用云存储就可以避免这个问题。云存储系统对存储设备、服务器设备、硬盘等产品的一致性没有要求，不同介质、容量、厂牌、型号的硬盘，都可以一起工作，既可以实现原有硬件的利旧保护投入，又可以实现新技术、新设备的快速更新，做到合理搭配、优化选择、可持续发展。

从用户角度讲，云存储方式一般按照客户数、使用时间、服务项目进行收费。企业可以根据业务需求变化、人员增减、资金承受能力，随时调整其租用服务方式，真正做到“按需使用”，大大降低了用户的数据存储成本。

4. 数据更安全

传统存储系统会因为系统升级或硬件损坏而导致服务停止。云存储可将文件和数据保存在不同的存储节点，避免了系统升级或硬件损坏带来的数据不可用。云存储系统知道文件存放的位置，在系统升级或硬件损坏时，云存储系统会自动将读写指令导向存放在另一台存储服务器上的文件，保持服务继续，等可用的存储服务器上线后，文件会再迁移回来。

云存储的存储效率高，实现了负载均衡、故障冗余功能，灵活、简易的存储管理降低了管理的复杂度，能够帮助用户实现业务应用的自动化和智能化，提高了工作效率，云端通过采用服务器集群、异地容灾和容错等技术保证了数据的完整性，切实保护了用户数据。

6.1.5 常见的云存储产品

云存储不仅是存储，更是一种服务，支持用户在任何时间、任何地方，透过任何可连网的装置连接到云上，以方便地分享数据。目前提供云存储产品和服务的厂商很多，分别满足不同需求的用户需要。例如，面向移动终端的云存储工具有百度云、DBank、iCloud、SkyDrive、360 云盘等；面向企业的云存储有华为云、阿里云、中国电信天翼云、Amazon Cloud、微软 Azure 等。

6.1.6 任务小结

本任务主要围绕什么是云存储这个主题，先介绍了云存储的概念和内涵、云存储与云计算的关系、云存储的三种类别；然后按照层次体系介绍了云存储的系统架构和组成要素；最后介绍了云存储的几种关键技术。

任务 2 认识面向对象存储

教学目标

1. 掌握面向对象存储的概念。
2. 理解面向对象存储系统的组成、各要素的作用。
3. 会使用阿里云 ossbrowse 创建和管理桶，并进行文件对象的管理。
4. 了解面向对象存储服务的类别和使用的方法，学会使用阿里云的控制台。
5. 理解面向对象存储与块存储和文件存储的异同。

SAN 是面向块级的存储，NAS 是面向文件级的存储，随着人类数据的大量产生，面向海量数据的面向对象存储（Object Based Storage，OBS）异军突起，为客户提供海量、安全、高可靠、低成本的数据存储，是云存储的一种实现方式，适宜存储任意大小和类型的数据。它采用了“对象”数据组织，既有“块”接口的快速，又有“文件”接口的便于共享。突破了 SAN 的文件共享限制和 NAS 系统中常见的数据路径瓶颈。在安全性、跨平台数据共享、高性能和可扩展性特性中更胜一筹。

6.2.1 什么是面向对象存储

当面对海量数据时，仅具备 PB 级扩展能力的块存储（SAN）和文件存储（NAS）就显得有些无能为力。在一般情况下，块存储的一个 LUN 容量仅数 TB，在单个文件系统性能最优的情况下支持的文件数量通常也只在百万级别，NAS复杂的目录树结构使得在海量数据情况下的数据查找耗时很长。因此，面向对象架构的存储系统应需而生，这种存储系统需要具备极高的可扩展性，能够满足存储容量TB到EB扩展的需求，轻松实现在单一名字空间内支持百亿级文件的存储。

面向对象存储有桶（Bucket，又翻译为“容器”）和对象（Object）两种数据描述。其中，桶是一个需要用户创建的存储空间，桶里面存放着各类对象，是一种非常扁平化的存储方式（见图6-4）。桶和对象都有一个全局唯一的ID，用户/应用通过接入码（AccessKey）认证后，就可以通过Web服务协议（如REST、SOAP等）访问桶/对象及相关的数据、元数据和对象属性，实现对象的读写和存储资源的访问。

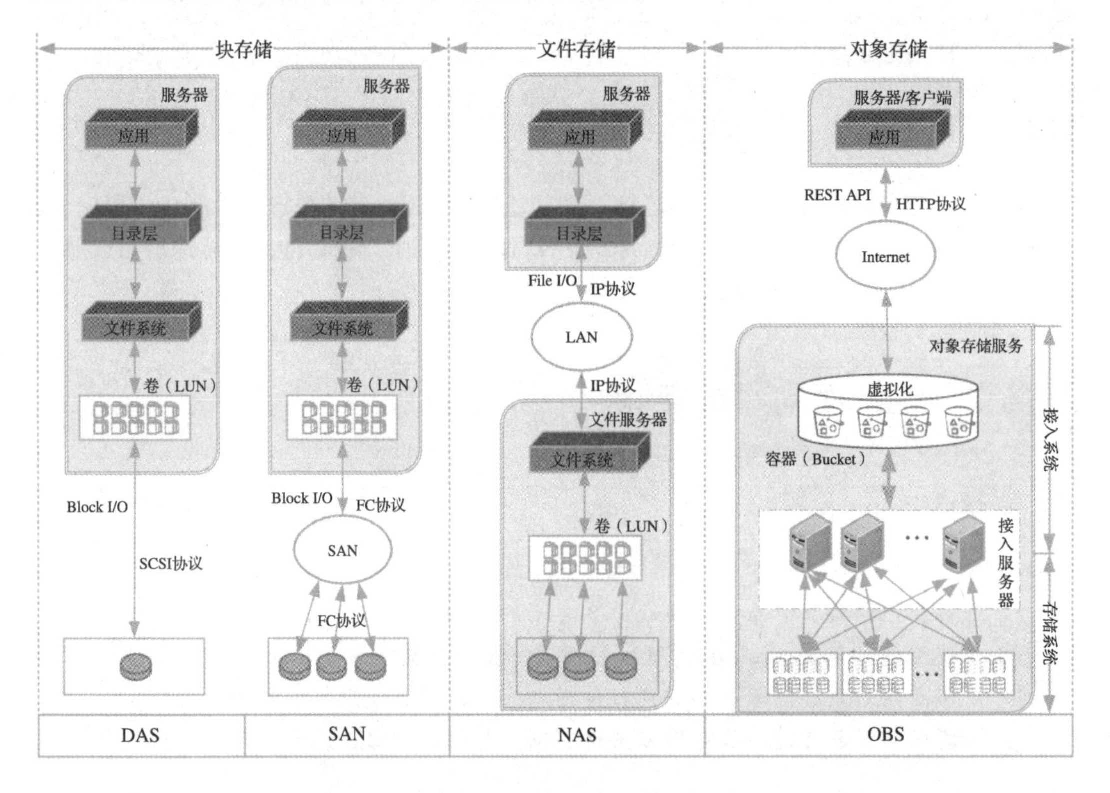

图6-4　面向对象存储与其他三类存储体系结构比较

面向对象存储实现了将数据存储在多台设备，并通过网络将数据同时写入多台设备的存储网络，它既可以像文件一样，通过接口访问、在不同平台之间共享数据，也可以像块一样，无须通过服务器，直接在存储设备中进行访问。

6.2.2　面向对象存储系统的组成和使用

面向对象存储的核心是将数据通路（数据读或写）和控制通路（元数据）分离，并且基于对象存储设备构建存储系统。每个对象存储设备都具有一定的智能，能够自动管理其上的数据分布。

6.2.2.1 组成要素

面向对象存储系统由对象、对象存储客户端、对象存储服务器（又称数据存储设备）、元数据服务器四部分组成（见图 6-5），通过高速网络或独立布线进行连接，基于标准 SCSI-3 命令集进行数据通信。

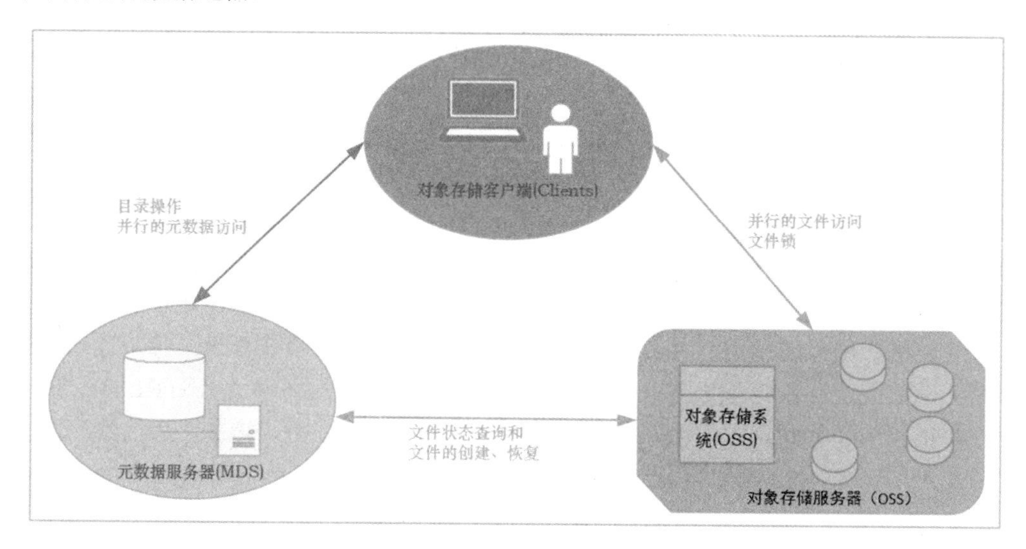

图 6-5 对象存储系统组成要素图

1. 对象和桶

对象是系统中数据存储的基本单位，由数据、数据属性集、数据操作等组成（见图 6-6）。具体的一个对象主要包括数据自身、一个全局唯一的 OID（Object ID）和不确定数量的元数据三部分，以及与数据相关的存取模式、数据分布、服务质量等数据属性设置，数据的读写、对象存储设备状态的查看、建立、删除、下线等操作。

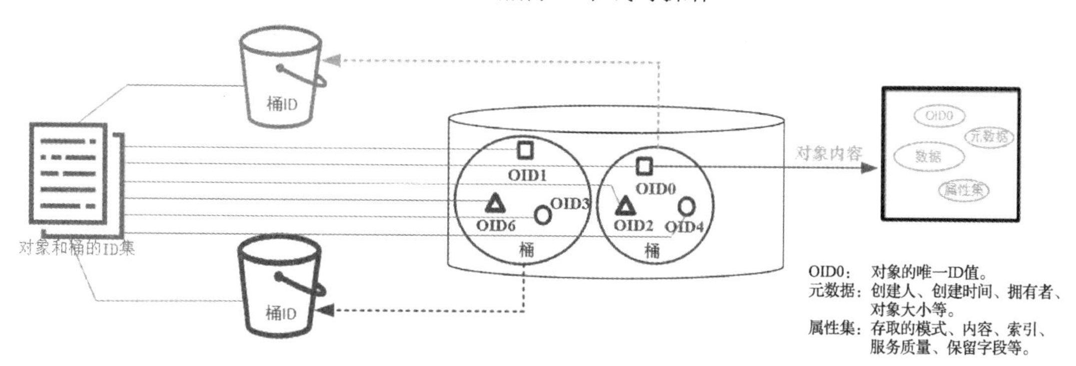

图 6-6 对象的组成内容

其中，对象的 OID 又称键值，即对象的名称，一个桶里的每个对象必须拥有唯一的对象键值。

（1）元数据：对象的描述信息，包括系统元数据和用户元数据，是一组键值对，表示了对象的一些属性，如创建人、创建时间、拥有者、对象大小、最后修改时间等信息；也可以在元信息中存储一些自定义的信息。

（2）数据：即文件的数据内容。

（3）属性集：它存取的模式、内容、索引、服务质量、保留字段等。

（4）桶：它是用户用来存储和管理对象的存储空间。对于用户而言，桶是用来存放对象的，对象以扁平化结构存放在存储桶中，无文件夹和目录的概念。桶可理解为存放对象的“容器”，且该“容器”无容量上限，用户可选择将对象存放到一个或多个桶中。桶和对象都有唯一的ID。桶的名称在一个对象存储系统的范围内必须是全局唯一的，一旦创建则无法修改名称。每个用户可以拥有多个桶，每个桶的内部存放对象的数目没有限制，但桶里面不能再存放桶。

桶有一些属性用来控制桶地域（Region）、对象的访问控制、对象的生命周期等，这些属性是作用在该桶下所有的对象上的，因此用户可以灵活创建不同的桶来完成不同的管理功能。

在传统的存储系统中用文件或块作为基本的存储单位，块设备要记录每个存储数据块在设备上的位置。对象具备智能、自我管理能力，通过Web服务协议（如REST、SOAP）实现对象的读写和存储资源的访问。简化了存储系统的管理任务，增加了灵活性。对象的大小可以不同，可以包含整个数据结构，如文件、数据库表等。

2. 对象存储系统的客户端（Client）

为了有效支持客户端访问OSD上的对象，需要在计算节点实现对象存储系统的客户端。现有的应用对数据的访问大部分都是通过POSIX文件系统接口实现的，对象存储系统提供给用户的也是标准的POSIX文件系统接口，允许应用程序像执行标准的文件系统操作一样进行操作。

同时为了提高性能，对象存储系统也具有对数据的Cache功能和文件的条带功能。同时，文件系统必须维护不同客户端上Cache的一致性，保证文件系统的数据一致。

3. 对象存储服务器（Object Storage Server，OSS）

对象存储服务器是负责存储对象数据的分布式服务器，称为对象存储设备（Object Storage Device，OSD），主要负责存储文件的数据部分。当用户访问一指定对象时，将先访问元数据服务器，元数据服务器负责查找对象存储在哪些OSD上。假设元数据服务器查到文件A存储在B、C、D三台OSD上，那么对象存储系统将直接引导用户访问3台OSD服务器去读取数据。这时候由于是3台OSD同时对外传输数据，所以传输的速度就加快了。OSD服务器数量越多，这种读写速度的提升就越大。通过此种方式，就实现了读写快的目的。除此之外，因为对象存储软件有专门的文件系统，所以OSD对外又相当于文件服务器。

OSD通常采用刀片式结构，是对象存储系统的核心，具有独立的存储介质、CPU、内存及网络系统等，负责管理本地的对象。它主要有以下三个功能。

（1）数据存储。OSD管理对象数据，并将它们放置在标准的磁盘系统上，客户端请求数据时用对象OID、偏移进行数据读写。

（2）智能分布。OSD用其自身的CPU和内存优化数据分布，并支持数据的预取。由于

OSD 可以智能地支持对象的预取，从而可以优化磁盘的性能。

（3）每个对象元数据的管理。OSD 管理存储在其中的各对象的元数据，该元数据与传统的 inode 元数据相似，通常包括对象的数据块和对象的长度。而在传统的 NAS 系统中，这些元数据是由文件服务器维护的，对象存储架构将系统中主要的元数据管理工作交由 OSD 来完成，降低了客户端的开销。

4. 元数据服务器（Metadata Server，MDS）

对象存储将元数据和数据进行了分开存储，元数据里写明了数据的所有属性，包括条带化后每个块所存储的位置。这样只要读取到了元数据，就能找到所有的数据块，并可以同时对数据块进行读取，大大提高了数据处理的效率。

对象存储中用来存储元数据的服务器是控制服务器、控制客户端与对象存储设备中对象的交互，主要有以下三个功能。

（1）对象存储访问。MDS 构造、管理、描述每个文件分布的视图，允许客户端直接访问对象。MDS 为客户端提供访问该文件所含对象的能力，OSD 在接收到每个请求时将先验证该能力，然后才可以访问。

（2）文件和目录访问管理。MDS 在存储系统上构建了一个文件结构，包括限额控制，以及目录和文件的创建、删除、访问控制等。

（3）客户端 Cache 一致性。为了提高客户端性能，在对象存储系统设计时通常支持客户端的 Cache。由于引入客户端的 Cache，带来了 Cache 一致性问题，MDS 支持基于客户端的文件 Cache，当 Cache 的文件发生改变时，将通知客户端刷新 Cache，从而防止 Cache 不一致引发的问题。

6.2.2.2 对象的读写流程

对于桶对象的访问，读和写是最主要的。相对写而言，读很单纯，也简单。因为对于一个对象存储系统，一个对象的副本往往很多，副本间的同步是写成功的关键。下面以主流的 Ceph 对象分布式存储系统为例进行说明。

1. 读流程

（1）Clients 应用发出读请求。

（2）文件系统向元数据服务器发送请求，获取要读取数据的目标 OSD（一般是 Primary OSD）。

（3）向每个 OSD 发送数据读取请求。

（4）OSD 得到请求以后，根据此对象要求的认证方式，对客户端进行认证，如果此客户端得到授权，则将对象的数据返回给客户端。

（5）文件系统收到 OSD 返回的数据以后，读操作完成。

2. 写流程

（1）Clients 应用发出写请求。

（2）文件系统向元数据服务器发送请求，获取要写数据的多个目的 OSD 地址（包括 1

个主 Primary OSD 和可能多个副本 Replica OSD。图 6-7 给出了 1 个 Primary OSD 和 2 个 Replica OSD 的写入过程）。

（3）在 Primary OSD 得到请求以后，根据此对象要求的认证方式，对客户端进行认证。认证通过后，Primary OSD 则向所有的 Replica OSD 发起对象文件进行写（更新）操作。认证不通过则本次写拒绝。

（4）在 Primary OSD 收到所有 Replica OSD 的写入日志盘“I/O Completion”信息后，就会给 Clients 回复第一个消息。

（5）启动日志盘中的对象数据向 OSD 的数据分区进行写入操作。

（6）Primary OSD 搜集所有 OSD 的写入情况，在收到所有成员 OSD 都完成了的消息之后，对象数据的写操作就完成了。

（7）向 Client 发送该对象数据的“可读”信息。

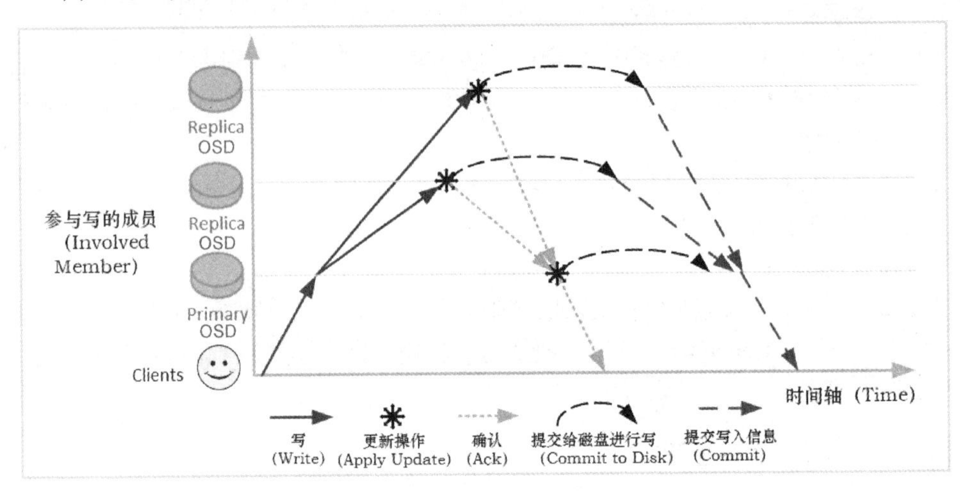

图 6-7　对象文件的写入过程示意图

对象的读写都是很复杂的过程，上面的描述是很笼统的，甚至是不严谨的，尤其是写操作。在实际对象存储工程实践中，有许多的技术细节需要考虑，如 Primary OSD 在什么时机将写入的消息发送给 Replica OSD？消息类型是什么？完成日志的写之后，Replica OSD 分别给 Primary OSD 发送了什么消息？Primary OSD 是如何处理这些消息的？Primary OSD 如何判断所有的 OSD 是否都完成了第一阶段的任务？Primary OSD 必须有数据结构能够记录下各个 OSD 的完成情况，这个结构是怎样的？等等。

6.2.2.3　桶和对象的访问操作

桶是用于存储对象的容器，需要先创建后使用。不同的存储服务商对用户创建桶的数量有限制，如同一阿里云账号在同一地域内创建的桶总数不能超过 100 个，腾讯云不超过 200 个等。桶具有各种配置属性，包括地域、访问权限、存储类型等。用户可以根据实际需求创建不同类型的桶来存储不同的数据。如无特别说明，本章中介绍的内容都基于阿里云的对象存储系统和平台。

1. 对象的命名

对象存储系统内部使用扁平结构存储数据，没有传统文件目录层级结构的关系，即所有数据均以对象的形式保存在桶中。对象是对象存储系统存储数据的基本单元，也被称为对象存储系统的文件。对象存储系统把对象名作为键名，唯一标识存储的对象。

对象的命名规则如下。

（1）使用 UTF-8 编码。

（2）长度必须在 1～1023 字符。

（3）不能以正斜线（/）或反斜线（\）开头。

（4）区分大小写。

在具体使用时，对象的命名一般还要考虑以下几点。

（1）使用有意义的名称。对象 t 的名称应该反映对象的内容和用途，方便查找和理解。例如，使用文件名、日期、用户 ID 等信息作为对象的名称。

（2）使用唯一的名称。Object 的名称应该是全局唯一的，以避免命名冲突。可以在 Object 的名称中包含一些随机数或 UUID 等信息，确保名称的唯一性。

（3）使用前缀来组织数据。前缀是 Object 的名称的一部分，可以用于为 Object 创建层次结构。例如，将日期、用户 ID、地域等信息作为前缀，可以更好地组织和管理数据。

根据对象存储在桶内的不同位置，对象名称的表示方法也有所区别，例如，桶 examplebucket 根目录下的文件对象 exampleobject.tx，就可以命名为 exampleobject.tx；而根目录下的 destdir 目录中的一个 exampleobject.jpg 对象，可以命名为 destdir/exampleobject.jpg。

2. 桶的命名

桶的命名规则如下。

（1）桶名称在对象存储服务（Object-based Storage Service，OSS）范围内必须全局唯一。

（2）只能包括小写字母、数字和短画线（-）。

（3）必须以小写字母或数字开头和结尾。

（4）长度为 3～63 个字符。

例如：examplebucket1、test-bucket-2023、aliyun-oss-bucket 等。

3. 桶的地域属性

桶的地域属性分为有地域属性和无地域属性。

（1）有地域属性的桶适用于对象存储系统的通用场景。具体在创建桶时需选择有地域属性，并指定桶所在的具体地域。

例如，阿里云有地域属性选择了华东 1（杭州），系统默认的地域 ID 是 oss-cn-hangzhou ，华东 1（杭州）地域外网访问该桶的地址是 oss-cn-hangzhou. aliyuncs.com，华东 1（杭州）地域内网访问该桶的地址是 oss-cn-hangzhou-internal. aliyuncs.com。我们可以使用常用的 ping 命令测试域的连通情况。

当选择华北 5（呼和浩特）时，系统默认的地域 ID 是 oss-cn-huhehaote，地域外网访问该桶的地址是 oss-cn-huhehaote.aliyuncs.com，地域内网访问该桶的地址是 oss-cn-huhehaote-internal.aliyuncs.com。

若我们在华东 1（杭州）地域创建了名为 examplebucket 的桶，桶下有名为 example.txt 的对象，该对象保存在 exampledir 目录下，且允许匿名访问。此时，该文件的 URL 为 https://examplebucket.oss-cn-hangzhou.aliyuncs.com/exampledir/ex ample.txt。

（2）无地域属性的桶适用于对地域属性不敏感且仅支持外网访问的业务场景。无地域属性的桶中的数据会被存储于大陆地区的某个地域。桶名称固定为 oss-rg- china-mainland，仅支持通过外网访问，外网入口固定为 oss-rg-china-main land.aliyuncs.com。

4. 桶的操作

桶有创建、配置、列表、删除、获取地域信息等操作。

阿里云提供了使用图形化管理工具 OSSBrowse，支持桶级别的操作。

打开 https://oss.console.aliyun.com/overview 进入对象存储控制台，单击“立即创建”按钮就可以创建新桶（见图 6-8）。

图 6-8 阿里云对象存储 OSS Browser 主界面

图 6-9 所示为创建 examplebucket-szjm 桶的选项界面，是创建 examplebucket-szjm 桶对各种属性进行配置的展示，包括定义桶的名称、地域、存储类型、存储冗余类型、读写权限、所属资源组等。用户可根据实际需求创建不同类型的桶来存储不同的数据。

创建结束后，单击图 6-8 右上角的“Bucket 列表”可以显示用户已经建立的桶信息。图 6-10 中显示已经建立了一个 examplebucket-szjm 桶。当系统存在很多桶时，可以使用“Bucket 名称”来快速检索列表。

图 6-9　创建 examplebucket-szjm 桶的选项界面

图 6-10　桶的列表和相关信息列表

单击图 6-10 中桶的名称，进入桶内。然后就可以在对象存储上进行数据文件的上传了（见图 6-11）。当然，为了隔离数据，有时候在桶内也会使用到“新建目录”。我们直接上传“E:\其他工作\歌曲 1”子目录下的 5 首歌曲，对象传输完成后的信息列表如图 6-12 所示。图 6-12 中显示是把“歌曲 1”目录及其包含的 5 首歌曲文件当作对象，一并传输到 examplebucket-szjm 桶中。

图 6-11　数据文件上传

图 6-12　对象传输完成后的信息列表

另外，OSSBrowse 也提供了对桶的权限管理、数据安全、数据管理、数据处理、日志管理、删除桶等操作，以及对文件的标签、读写权限、下载、删除、预览、移动或复制文件、分享文件、修改存储类型等操作。

6.2.3　对象存储服务

对象存储技术是云存储技术的主流技术之一，对象存储是图片、音频、视频等非结构化数据理想的数据池。为了便于用户使用，云厂商将相关技术和存储资源封装起来，通过丰富的、差异化的对象存储服务满足用户对存储性能和成本的不同诉求。

6.2.3.1 服务类别

根据目前主流对象服务厂商提供的对象存储服务，归结起来主要有以下三种。

1. 标准存储

该服务的特点是访问时延低、吞吐量高，适用于有大量热点文件（平均一个月多次）或小文件（小于 1MB），且需要频繁访问数据的业务场景，如大数据、移动应用、热点视频、社交图片等场景。

2. 低频访问存储

该服务的特点是数据不常使用，适用于不频繁访问（平均一年少于 12 次）但在需要时也要求快速访问数据的业务场景，如文件同步/共享、企业备份等场景。与标准存储相比，低频访问存储有相同的数据持久性、吞吐量及访问时延，且成本较低，但是可用性略低于标准存储。

3. 归档存储

该服务的特点是数据很少使用，适用于很少访问（平均一年访问 1 次）数据的业务场景，如数据归档、长期备份等场景。归档存储安全、持久且成本极低，可以用来替代磁带库。为了保持成本低廉，数据取回时间从数分钟到数小时不等。

6.2.3.2 服务的使用方式

对于对象存储系统提供的存储服务，用户可以通过下述四种方式使用和管理。

1. 通过控制台

各对象存储系统服务商都提供了 Web 服务页面，用户可以登录 OSS 控制台管理自己的 OSS 资源。

2. 通过 API 或 SDK

OSS 提供表述性状态转移（Representational State Transfer，RESTful）API 和各种语言的 SDK 开发包，用户可以使用它们进行二次开发。

3. 通过厂商个性化的工具

几乎所有的对象存储厂商都提供了 OSS 的图形化管理工具，如阿里云就向用户提供了 OSS 图形化管理工具 OSSBrowser、命令行管理工具 ossutil、FTP 管理工具 ossftp 等各种类型的管理工具。

4. 通过云存储网关

OSS 的存储空间内部是扁平的，没有文件系统的目录等概念，所有的对象都直接隶属于其对应的存储空间。如果用户想要像使用本地文件夹和磁盘那样来使用 OSS 存储服务，可以通过配置云存储网关来实现。

需要明确的是，对象存储 OSS 是一种云服务，许多服务商提供的 OSS 服务都需要支付费用，用户可根据自己的需求自行选择计费的方式和标准，如按量付费、资源包等。

对象存储服务应用场景广泛，根据估算，全球互联网中 70%以上的热点数据是保存在对象存储系统中的，用于存储网站、移动 App 等互联网/移动互联网应用的静态内容（视频、图片、文件、软件安装包等），以及数据的迁移、容灾备份等。

6.2.4 典型的对象存储服务系统

对象存储厂商在云计算领域中扮演着十分重要的角色，这些厂商通过对象存储服务系统向用户提供对象存储服务，展现了独特的技术优势和产品特点，为用户提供了更加便捷、安全和高效的云存储服务，成为企业云计算部署中不可或缺的一环。

6.2.4.1 开源对象存储服务

开源对象存储服务是指基于开源技术，完全或部分开发源代码的、提供对象存储服务的存储系统。常见的开源对象存储服务主要有以下三个。

1. Ceph

Ceph 是一个广泛应用、高可用性、可扩展的分布式存储系统。它提供对象、块和文件三种类型的存储，支持 RESTful 和简单存储服务（Simple Storage Service，S3）访问协议。

Ceph 作为一种免费开源的对象存储服务，获得了广泛的应用。例如，Red Hat 就提供了专业的 Ceph 集成和实施服务。

2. OpenStack Swift

Swift 是 OpenStack 的核心组成部分之一，为用户提供了对象存储服务。它支持 RESTful 协议，具有高可用性和可扩展等特点。OpenStack Swift 产品已经被许多企业使用并成功应用在各种场景下，如大数据备份、金融访问数据、科学计算等。

3. Minio

Minio 是一个基于 Go 语言开发的分布式对象存储系统，支持 S3 协议，可以在本地环境和公有云环境中使用。Minio 具有易用性高、可扩展、性能优良等优点。它可以与 Kubernetes、Docker 等工具集成，支持 HDFS、GlusterFS 等其他存储后端。

6.2.4.2 非开源对象存储服务

非开源对象存储服务是指商业或私有公司提供的对象存储服务，常见的非开源对象存储服务主要有以下六个。

1. 阿里云 OSS

阿里云 OSS 是一种高度可靠、可扩展和成本效益高的公有云对象存储服务。它具有全球唯一 ID、多副本数据冗余、访问加速等优点。其已广泛应用到像滴滴、OPPO、汽车之家等公司的数据资产管理当中。

2. 华为云 OBS

华为云 OBS 具有高效、可扩展、安全可靠和极低限制等优点。它支持 RESTful API 访问协议，提供了公有云、混合云及总线云等部署方式，具有即时同步数据可访问性，可以承载大量数据存储和大容量文件。其已被广泛应用于金融、电商、游戏、媒体等领域。

3. 腾讯云 COS

腾讯云 COS（Cloud Object Storage）是便宜、高效、可扩展、安全的云端对象存储服务。它拥有中国香港、新加坡、美国、加拿大等地区和国家的节点，可以支持国内外多个地区和国家。用户可以通过 HTTP/WebDAV 进行接入，同时也支持 S3 协议，使用简单方便，具有良好的性能和强大的容灾能力。腾讯 QQ、腾讯视频、78DA 等应用就使用腾讯云对象存储服务。

4. 微软 Azure

微软 Azure 是专为在微软建设的数据中心管理所有服务器、网络及存储资源所开发的一种特殊版本的 Windows Server 操作系统，可以自动监控数据中心的所有服务器与存储资源。它不仅为用户提供不同的虚拟机，也为应用程序提供巨量存储服务。其具有极高的可用性、安全性、持久性、可伸缩性和冗余。Azure 存储包括 Azure blob 存储、Azure 文件存储、Azure 队列和 Azure 表。Azure 提供了多种的账户存储类型，用户可以根据功能、定价、应用需要等进行选择。

5. 百度云 BOS

百度云 BOS（Baidu Object Storage）提供了稳定、安全、高效、可扩展的云存储服务。用户可以将任意数量和形式的非结构化数据存入 BOS，并对数据进行管理和处理。百度云 BOS 支持标准、低频、冷和归档存储等多种存储类型，可以满足多场景的存储需求。

6. 亚马逊 S3

亚马逊 S3 是一种高效稳定的对象存储服务解决方案，可以让用户在任何时间，任何地点，通过任何联网设备上传、下载和存储各种类型的文件。具有高可靠性、高扩展性、高安全性、高可访问性等特点，广泛应用于互联网、金融、医疗、电商、游戏、物联网等领域。典型的案例有数据备份和灾难恢复、多媒体资料存储、静态网站托管、大数据存储和分析等场景。

除了上述主流的对象服务厂商，目前市场上还有一些小而特的服务商，如星辰天合、京东云、UCloud、七牛云、又拍云、景安快云等。

面向对象存储已经成为云存储十分重要的技术之一，通过把数据通路（数据读或写）和控制通路（元数据）进行分离，实现了更高效、更高性价比的存储服务。下面我们把它与块存储、文件存储进行比较。

块存储读写速度最快，但查询速度最慢，数据管理难度最大。块存储设备适合大批量冷数据快速写入及管理，主要应用在数据中心块设备集群、磁带机存储阵列和硬盘内部。

文件存储读写速度最慢，查询速度适中，可以直接使用，容易管理，价格便宜，但安全性较差。文件存储就是我们常看到的文件树状结构，方便用户直接访问。其优点是直观，缺点是计算机查询文件效率低，安全性差。它是面向用户的计算机系统里最常见的文件存储方式，主要应用在计算机、手机、移动硬盘、U 盘、NAS、NFS、FTP 等方面。

面向对象存储的读写速度与块存储相当，但查询速度最快、扩容简单、容易管理、安全性较高。

面向对象存储简单来讲就是把文件分解成一个个对象进行存储，即存储文件会附加一段元数据，查询时先寻找元数据然后定位到文件即可。对象存储结合了文件存储和块存储的优点，是存储的发展方向。它主要应用在各大公有云存储系统和网盘，以及对存储量要求较高的大型存储系统、可用要求较高的存储系统中。

可见，面向对象存储在海量、安全、成本、可靠等方面与块存储和文件存储相比都具有独特的优势，是面向程序和系统的最优文件存储方式，逐渐成为存储非结构化数据的最佳选择。

6.2.5 任务小结

本任务围绕认识面向对象存储，首先介绍了对象存储的概念，对象存储的组成要素；其次细致地给出了对象的读写流程和访问操作的方法；再次描述了对象存储服务的三种类别和四种主流的使用方法；最后介绍了目前主流的对象存储服务系统。

任务 3 理解容灾系统

教学目标

1. 理解容灾的概念和系统的组成。
2. 掌握容灾系统的衡量指标。
3. 了解容灾等级标准，掌握常见的容灾级别。
4. 理解主要的容灾架构和实现策略。
5. 了解容灾演习的内容和作用。

数据是信息系统的核心，是重要的资产，也是不可再生的资源。工程实践中往往采用先进技术、合规与等保等管理手段减少灾难的发生，但自然灾害、设备故障、人为操作破坏等天灾人祸却是很难杜绝的，并时时刻刻威胁着数据和信息系统的正常运行，甚至会造成信息系统运行严重故障或瘫痪，直接导致信息系统支持的业务功能停顿或服务水平不可接受、丢失数据，产生特定持续时间的突发性事件，造成信息系统灾难。信息系统的容灾就是把上述信息系统的灾难化解，实现数据的完整性和业务（服务）运行的连续性，避免数据丢失。容灾系统是数据存储备份的最高层次。

6.3.1 容灾和容灾系统

对于信息系统的灾难，容灾（Disaster Tolerance）是常用的保护策略，容灾系统是实现容灾的技术手段。“容灾”简单理解就是“容忍灾难”，即抵抗灾难的能力和程度。容灾系统是建立至少两套功能相同的系统（见图 6-13），相互之间可以进行健康状态检查与功能切换，即在生产系统以外，用户另外建立了一个或多个完全相同的冗余（备用）系统。在生产系统受到破坏时，冗余（备用）系统可以接管用户正常的业务，快速恢复数据、应用或业务，成为生产系统，以保持业务不间断运行。一旦原有的生产系统修复或恢复完毕，就可以迅速完成生产系统和冗余（备份）系统的切换。

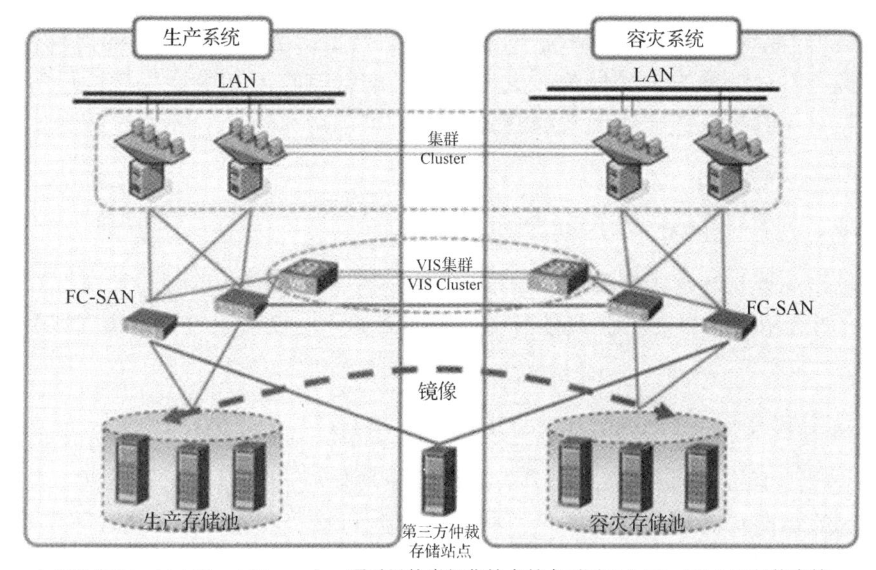

图 6-13　容灾系统组成图示

在容灾和容灾系统中，备份扮演着重要的角色，因为备份是容灾的基础，所以容灾系统又称灾备系统，容灾中心又称灾备中心。

但是，备份和容灾还是有较大差别的。例如，备份一般是本地的数据或系统备份，采用备份软件技术实现；而容灾指的是不在同一物理位置的数据或应用系统备份，通过复制或镜像软件实现。经备份软件处理后的数据格式与源数据格式常常是不一致的，必须恢复后才可使用，而复制或镜像软件处理后的数据格式是不发生任何变化的，直接挂载给主机即可使用。除此之外，两者的根本区别还有以下几点。

（1）容灾主要针对火灾、地震等重大自然灾害，因此备份中心与主中心间必须要有一定的安全距离；数据备份在同一数据中心进行。

（2）容灾系统不只是为了保护数据，更重要的目的在于保证业务的连续性；而数据备份系统只保护数据。

（3）容灾保证数据的完整性，备份则只能恢复出备份时间点以前的数据。

（4）容灾是在线过程，备份是离线过程。

（5）在容灾系统中，两地的数据是实时一致的；备份的数据则具有一定的时效性。

（6）在故障情况下，容灾系统的切换时间是几秒钟至几分钟；而备份系统的恢复时间是几到几十小时。

因此，备份和容灾内涵不同，备份系统和容灾系统是防范不同灾难的技术方案。尽管如此，在信息系统的容灾实践中，常常把容灾与备份结合起来，形成灾备系统，实现本地备份与远程数据复制技术融合，达到对数据和系统的保护更加完善的目的。

6.3.2 容灾系统的衡量指标

容灾是系统的高可用性（High Availability，HA）技术的一个组成部分，系统的可用性越高，在面对系统发生灾难的情况下，能继续保持正常运行或服务的能力就越强。理论上可以根据用户对灾难的承受程度、灾难对业务的影响程度和数据保护程度等定性指标描述容灾方案，但在工程实践中有哪些定量指标可以用来评价容灾系统呢？主要有以下五个指标。

1. 恢复点对象（Recovery Point Object，RPO）

RPO是指业务系统所允许的灾难过程中的最大数据丢失量（以时间来度量），这是一个与灾备系统所选用的数据复制技术有密切关系的指标，用以衡量灾备方案的数据冗余备份能力。

2. 恢复时间目标（Recovery Time Objective，RTO）

RTO 是指“将信息系统从灾难造成的故障或瘫痪状态恢复到可正常运行状态，并将其支持的业务功能从灾难造成的不正常状态恢复到可接受状态”所需的时间，其中包括备份数据恢复到可用状态所需时间、应用系统切换时间、备用网络切换时间等，该指标用来衡量容灾方案的业务恢复能力。例如，灾难发生后1天内便需要恢复，则RTO值就是24小时。

3. 容灾半径

容灾半径是指生产中心和灾备中心之间的直线距离，用以衡量容灾方案所能承受的灾难影响范围。

4. 容灾系统的投入产出比（Return of Investment，ROI）

ROI用来衡量用户投入容灾系统的资金与从中所获得的收益的比率。

5. 总体拥有成本（Total Cost of Ownership，TCO）

TCO包括容灾系统的初始投资与长期运维成本两部分。随着能源成本的上涨，“节能”越来越受到关注。因此，容灾系统的TCO逐渐成为决策的重要指标。

显然，具有零RTO、零RPO和大容灾半径的容灾方案是最理想的，但受系统性能要求、适用技术及成本等方面的约束，这种方案实际上是不大可行的。因此，实际的容灾方案往往是上述四个指标的折中。用户需要综合考虑灾难的发生概率、灾难对数据的破坏力、数据所支撑业务的重要性、适用的技术措施及自身所能承受的成本等多种因素，合理选择。

6.3.3 容灾等级

容灾是保护信息系统的策略，根据容灾系统对信息系统的保护情况，SHARE 组织于1992年3月发布了SHARE78灾备标准，其作为灾备行业标准一直沿用至今。

该标准定义了八条分级原则，人们根据这些原则对容灾系统定义了七层业务恢复级别（见图6-14）。从最简单的仅在本地进行磁带备份，到将备份的磁带存储在异地，再到建立应用系统实时切换的异地备份系统，恢复时间也可以分为天级、小时级、分钟级、秒级或零数据丢失等。

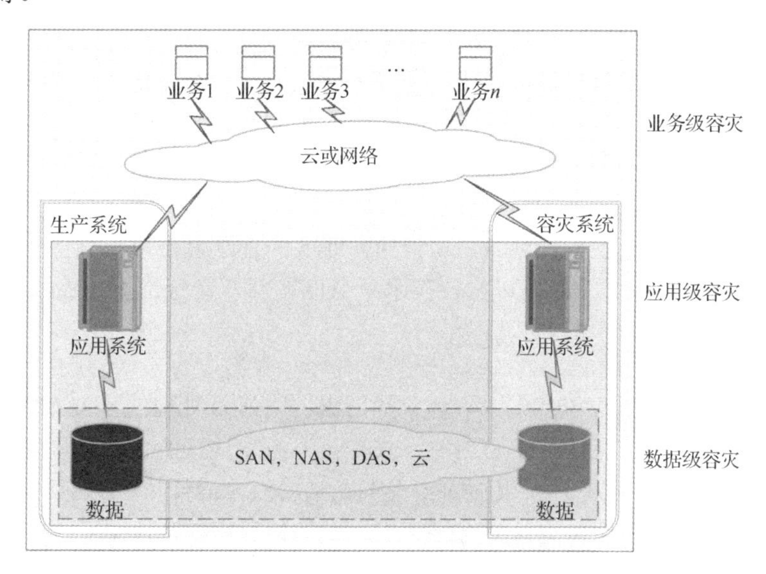

图6-14　容灾三个层次之间的关系

根据中国国情，国务院信息化工作办公室在参照国际标准SHARE78的基础上，于2007年11月发布了我国灾难备份与恢复行业的第一个国家标准《信息安全技术 信息系统灾难恢复规范》（GB/T 20988—2007）。该标准依据数据备份系统、备用数据处理系统、备用网络系统、备用基础设施、专业技术支持能力、运行维护管理能力、灾难恢复预案、RTO和RPO等资源和能力情况，确定了六个灾备能力等级要求。目前国内大部分事业单位、大中型国企都参考此标准开展容灾工作。

按照容灾等级要求，建设和实施容灾系统。根据对业务应用系统的保护程度，容灾可以分为数据级容灾、应用级容灾和业务级容灾三个层次。容灾三个层次之间的关系如图6-14所示。

1. 数据级容灾

仅将生产中心的数据复制到容灾中心，做数据的远程备份，在灾难发生之后要确保原有的数据不会丢失或遭到破坏。但在数据级容灾这个级别，发生灾难时应用是会中断的。

容灾中心的数据可以是本地生产数据的完全复制（一般在同城实现），也可以比生产数据略微落后，但必定是可用的（一般在异地实现），而差异的数据通常可以通过一些工具（如操作记录、日志等）手工补回。

优点：这种级别的容灾系统运行维护成本较低，构建实施相对简单，在生产中心出现故障时，仅能实现数据存储系统的接管或是数据的恢复。

缺点：数据级容灾的恢复时间比较长，通常情况下 RTO 超过 24 小时。

2. 应用级容灾

应用级容灾是在数据级容灾的基础上，进一步实现应用可用性，在容灾中心构建一套相同的应用系统，通过同步或异步复制技术，保证关键应用在允许的时间范围内恢复运行，尽可能减少灾难带来的损失，让用户基本感受不到灾难的发生。这就要求容灾系统的应用不能改变原有业务处理逻辑，是对生产中心系统的基本复制。容灾中心建立的容灾系统包括主机、网络、应用、IP 等资源，当生产系统发生灾难时，异地的容灾系统可以提供完全可用的生产环境。

由于数据往往是依附于具体应用的，所以数据级容灾是应用级容灾的基础，应用级容灾是数据级容灾的目标。

优点：提供的服务是完整、可靠、安全的，业务的连续性可以得到保障。

缺点：RTO 通常在 12 个小时以内，技术复杂度较高，运行维护的成本也比较高。

3. 业务级容灾

业务级容灾是生产中心与容灾中心对业务请求同时进行处理的容灾方式，是全业务的灾备，能够确保业务持续可用。使用这种方式，业务恢复过程的自动化程度高，RTO 可以做到 30 分钟以内。但是这种容灾级别的项目实施难度大，需要从应用层对系统进行改造，比较适合流程固定的简单业务系统。这种容灾系统的运行维护成本最高。

优点：业务的连续性得到充分保障。

缺点：费用很高，除了必要的 IT 相关技术，还要求具备全部的基础设施。

三类不同等级的容灾之间的关系如表 6-1 所示。

表 6-1 三类不同等级的容灾之间的关系

类别	参数				
	恢复速度	业务恢复难度	实现难度	运营维护成本	项目投资
数据级容灾	较慢，RTO>24h	高	较低	较低	较低
应用级容灾	较快，RTO<12h	较低	较高	较高	较高
业务级容灾	持续可用，RTO<0.5h	低	高	高	高

6.3.4 容灾系统架构

不同灾难的影响范围是不同的，根据容灾半径大小，容灾中心的架构可分为本地容灾、同城双活、两地三中心（三者之间的关系如图 6-15 所示）。此外，随着云技术和应用的迅猛发展，云容灾逐渐成为一种趋势。

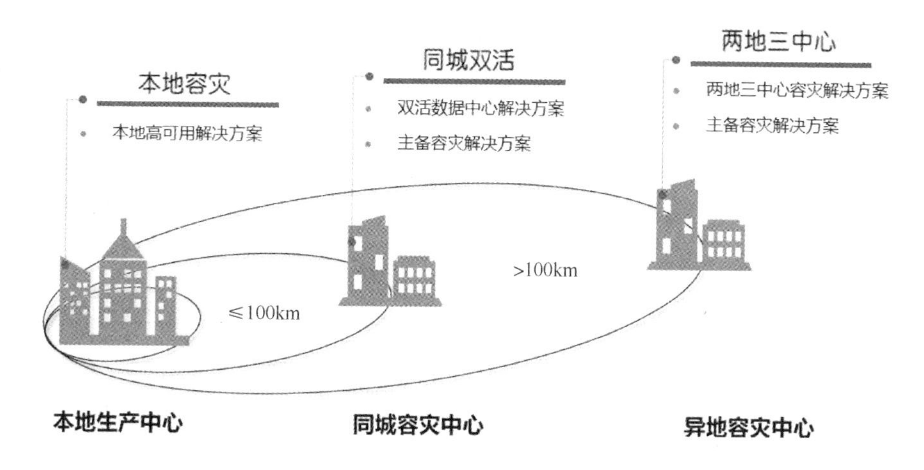

图 6-15　容灾模式的关系图

1. 本地容灾

本地容灾常常是在本地机房建立容灾系统，日常情况下可同时分担业务及管理系统的运行，并可切换运行；灾难情况下可在基本不丢失数据的情况下进行灾备应急切换，保持业务连续运行。本地容灾通常可通过共享存储或双机双柜的方式实现，其中多以共享存储为主。共享存储由活动主节点、不活动备节点、共享存储三部分组成（见图 6-16）。

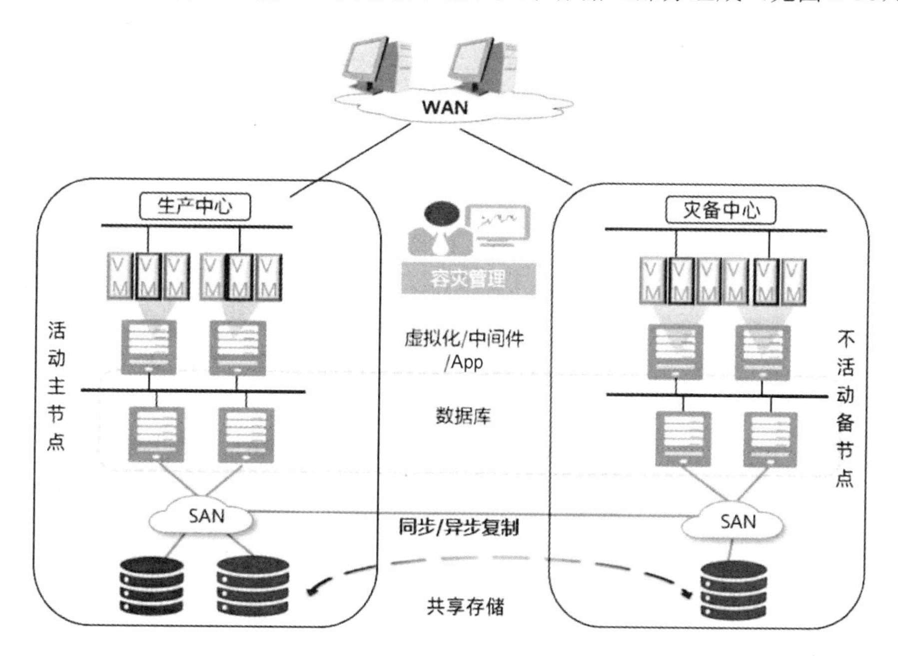

图 6-16　本地容灾结构图

其中，两台计算资源节点提供主备角色服务，通过 SAN 网络作为数据存储的介质。生产中心和灾备中心之间数据的备份流程如图 6-17 所示。

主节点与备节点共享一份存储，一旦主节点宕机，备节点可基于共享存储实现业务的接管。本地容灾的数据中心与灾备中心的距离比较近，通信线路质量较好，比较容易实现数据的同步复制，保证高度的数据完整性和数据零丢失。

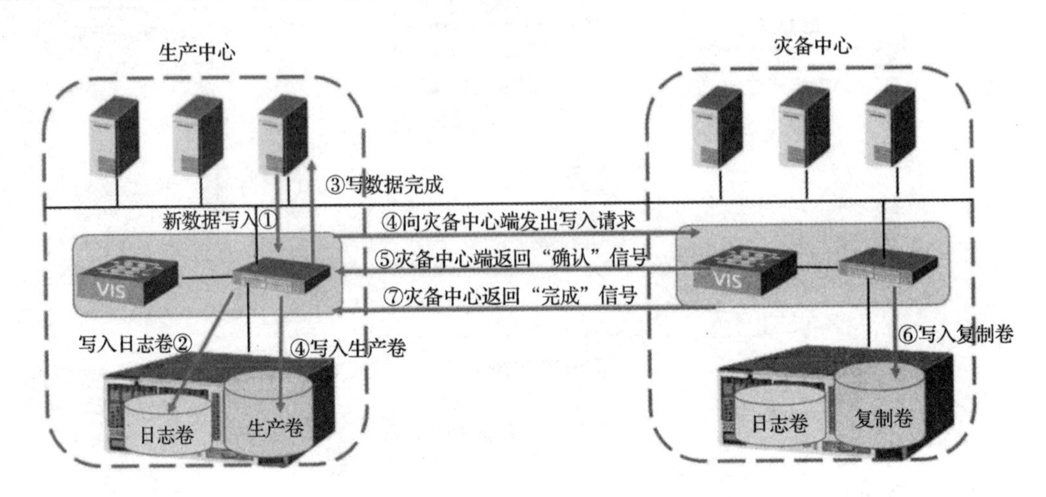

图 6-17　生产中心和灾备中心之间数据的备份流程

2. 同城双活容灾

同城双活容灾属于本地容灾，但根据运营模式可以分为主备和双活两种形式。

主备模式即主生产中心正常对外提供服务时，同步将数据单项复制到备端数据中心，备用生产中心不对外提供服务。一旦主生产中心故障，备用生产中心就接管服务。

传统的主备模式的弊端在于，备用生产中心长时间处于待机状态，存在资源浪费情况，且多种潜在因素如心跳线中断、网络短时间中断、应用服务器响应不及时等，容易导致在生产中心实际运行正常的情况下进行误切换，即存在"脑裂"现象。

为此，现在主要采用双活模式。在该模式下，两个数据中心分别对外提供服务，且彼此之间保持双向复制。一旦一端故障，另一端立即接管其业务，保障业务的连续性。这种方式相较于主备模式，业务恢复速度更快，但整体资源投入更高，实施及运维难度更复杂，且存在业务冲突风险。

3. 两地三中心容灾

随着金融、银行、政府等越来越多的用户要求核心业务 7×24 不断网、不断电持续运行，一些大型企业为了尽最大可能减少自然灾害对业务连续性的影响，两地三中心的容灾方案逐渐成为了最佳选择，它是十分稳固、保护等级很高、但成本也很高的容灾方案。

两地三中心属于异地容灾，两地是本地和异地，三中心指生产中心、同城灾备中心、异地灾备中心（见图 6-18）。要求数据中心间的距离在 300 千米以上，同时还必须做到"三不"，即不在同一地震带，不在同一电网，不在同一江河流域。

生产中心和同城灾备中心采用同城双活策略，选择距离更远的城市作为异地灾备中心。异地灾备中心是不对外提供服务的，只作为备份使用，只有发生故障时才切换到异地灾备中心，本地的生产中心和灾备中心应相距 100 千米以上，进行应用级或业务级容灾保护，且在 300 千米以外建立异地灾备中心，进行数据级或应用级容灾保护。

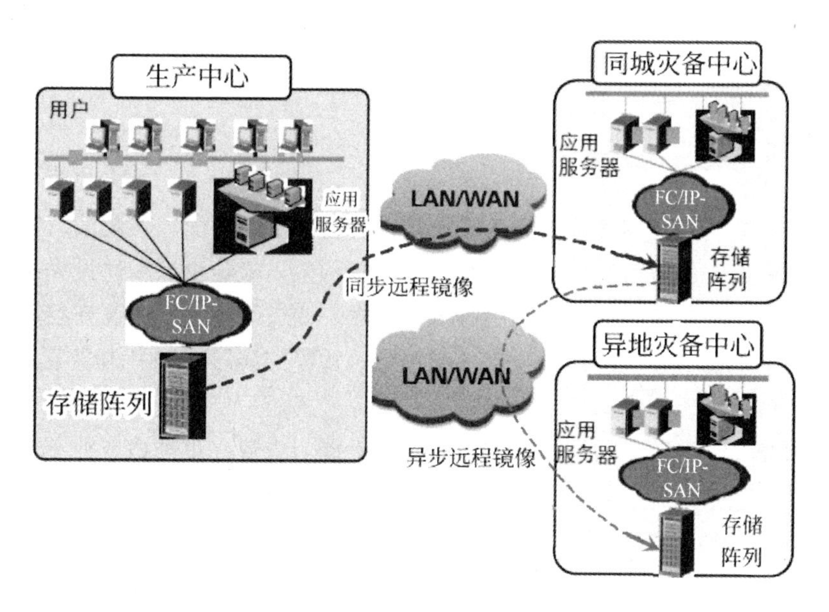

图6-18 两地三中心容灾结构图

4. 云容灾

云容灾是一种基于云平台的服务模式，是指将文件、数据卷、数据库、操作系统、虚拟机等容灾到云端，为企业提供业务容灾、数据备份、数据副本利用等多种数据应用场景的服务，即容灾即服务（DR as a Service，DRaaS）。云容灾充分利用云的计算、存储和带宽等诸多优势，相比传统容灾，云容灾具有独特的高性能、高可靠性、高扩展性、易维护性、责任风险低及高性价比，用户能够以较低成本建设高可用、灵活、按需付费的专业云容灾平台。

云容灾是指通过数据、系统的云端迁移、高可用等方式实现业务的快速接管，保证业务的连续性。云容灾是一种为了适应云和大数据时代下的服务模式，生产中心与灾备中心独立部署的云管理平台（两朵云），设置同步策略，定期远程复制生产中心的云管理数据和业务数据（VM）到灾备中心。用户在业务规划时，可根据实际需求，在存储上划分两种LUN，即保护LUN和未保护LUN，将需要容灾的VM创建在保护LUN上，并只对保护LUN配置阵列复制，以节省容灾中心存储空间的需求。当生产中心发生故障时，容灾中心通过容灾管理软件一键恢复虚拟机。

对于许多IT资源有限的用户来说，基于云的容灾不失为一个好的选择，因为云服务是一种随用随付费的模式，而企业如果自建容灾设施的话，在大多数时间又处于闲置和备用状态，所以云非常适合那些中小企业。在利用云服务设立容灾站点之后，企业对数据中心空间、IT基础设施和IT资源的依赖程度会大幅下降，进而带来运营成本的大幅下降。借助云，小型企业也能建设容灾系统，而在此之前，只有大型企业才能做到这一点。

由于云容灾的基础设施采用了云平台，能够实现数据级、业务级的容灾。要说明的是，由于采用云容灾，应用级和业务级的区别已经不大了，所以云容灾就不再区分应用和业务两个级别的容灾了。

云容灾典型的工具有卫盟（Veeam）公司的 Backup & Replication、哲拓（Zerto）公司的 Virtual Replication 和万博智云的 HyperBDR。

6.3.5 容灾演习

容灾演习是根据演习方案验证灾备系统是否有效的重要手段。容灾演习在不影响业务的情况下，模拟真实故障恢复场景，编制应急恢复预案，检验设计和建设灾备方案的适用性、有效性，帮助用户在故障真正发生时沉着应对，通过既定预案快速恢复，提高业务连续性。建有灾备中心的系统，都要根据要求每年进行容灾演习，演习内容覆盖所有与核心业务相关的平台、系统、设备等。

容灾演习往往隐含较多的风险，稍有失误轻则演习失败，重则造成业务暂停或数据丢失事故。因此，编制一个完整、科学的容灾演习方案很重要。容灾演习方案的主要内容和流程图如图 6-19 所示，共有 10 个阶段。其中演习切换是把灾备中心切换为生产中心，演习回切则相反。

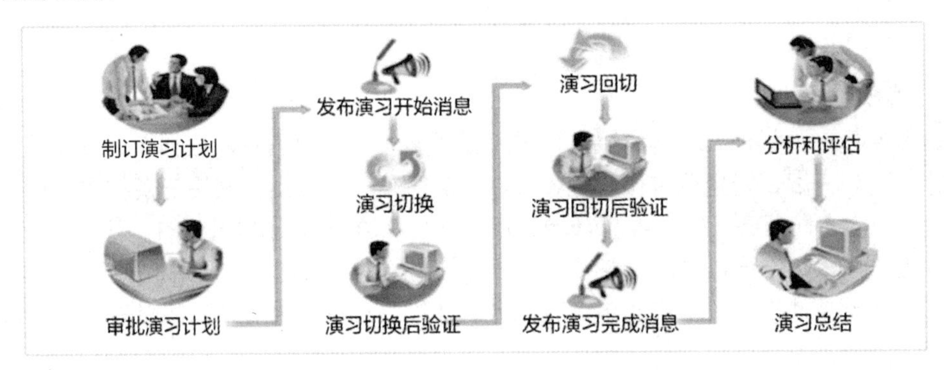

图 6-19　容灾演习方案的主要内容和流程图

容灾演习覆盖了 IT 系统的管理和技术两个方面。其中，管理主要检查是否合规、等保是否达到国家要求；技术主要包括系统架构图、跨城切换步骤、测试计划（什么人、什么时间、负责什么内容，达到什么效果）、测试环境准备部署图、测试准备（对应工具及脚本开发、数据准备、数据依赖等）、测试策略（哪些要验证、哪些不验证、验证到什么程度）、测试关注点、风险点列表及应对措施等。容灾演习的关键点包括触发容灾切换条件的模拟、测试用例选择、容灾效果（与正常运行比较）验证等。

6.3.6 任务小结

本任务主要介绍了容灾和容灾系统的概念、容灾系统的组成，厘清了备份和容灾的关系，给出了容灾系统的评价指标，以及建设容灾系统的三个等级和四种系统架构，最后介绍了容灾演习的流程和主要内容。

任务 4　认识软件定义存储

教学目标

1. 掌握 OBS 的组成。
2. 理解 OBS 的概念、运行模型。
3. 了解 OBS 的实现方式、管理功能和应用场合等。

软件定义存储（Software Defined Storage，SDS）能够将存储服务从存储系统中抽象出来，基于标准化硬件，用软件实现企业级存储功能和服务。SDS 的兴起源于硬件的快速发展，CPU、网络、SSD 等硬件成熟度，稳定性，性能不断提升，以及云计算对存储扩展性、可靠性、高性能、低成本的迫切需求。

6.4.1　什么是软件定义存储

计算机系统由硬件和软件两大部分组成，软件是用户与硬件之间的接口界面，用户通过软件与硬件进行交流。计算和智能设备为了大规模制造，降低制造的复杂度和成本，许多功能都直接固化在硬件里（称之为硬件定义），致使功能相对固化，向用户开放的接口很少（有时根本就不提供接口），给用户的灵活使用带来了极大的限制。随着多样化、个性化信息应用定制的需求，以及更加智能、更加灵活的控制需求越来越多，软件定义的需求也越来越多、越来越广、越来越深。

什么是软件定义存储？学术和产业界没有统一的标准，多家权威咨询机构、大厂商都给出了对这一概念的解释或描述。我们使用 SDS 概念的创造者 VMware 的定义：软件定义存储是一个将硬件抽象化的解决方案，它将所有存储资源池化并通过一个友好的用户界面（UI）或 API 来提供给消费者。

软件定义存储分成不同阶段将硬件与软件进行解耦，按需求通过编程接口或以服务的方式将硬件的可操控成分逐步提供给应用，分阶段满足应用对资源的不同程度、不同广度的灵活调用。

第一阶段：抽象，即解耦，实现存储资源灵活调用。

第二阶段：池化，即虚拟化，满足按需分配、动态拓展需求。

第三阶段：自动化，存储资源由软件（Hypervisor、云管理等）自动分配和管理。

软件定义存储由管理控制软件自动地进行基于策略的硬件资源部署、优化和管理，为应用提供存储服务，实现存储即服务的目标。具有软硬解耦、易于扩展、自动化、基于策略或应用驱动等特征。软件定义存储既不限制上层应用，也不绑定下层硬件，可以在同一平台提供文件、对象、HDFS 等存储服务，实现非结构化数据的协议互通。一个软件定义存储的解决方案使得用户可以在不增加任何工作量的情况下进行纵向扩展（Scale-Up）或横向扩展（Scale-Out）。

软件定义存储是VMware软件定义数据中心（Software Defined Data Center，SDDC）的五大组成部分（计算、存储、网络、管理和安全）之一。软件定义的数据中心，是迄今为止最有效、恢复能力最强和最经济高效的云计算基础架构方法。

6.4.2 软件定义存储的内容

软件定义存储本质上就是将原来高度耦合的一体化硬件，通过标准化、抽象化、虚拟化解耦成不同的部件。围绕这些部件，建立起虚拟化软件层，以API（应用编程接口）的方式，实现原来硬件才提供的功能；再由管理控制软件自动地进行硬件资源的部署、优化和管理，提供高度的灵活性，为应用提供服务。根据SNIA组织发布的SDS技术全局示意图（见图6-20），SDS系统主要包括三方面的内容。

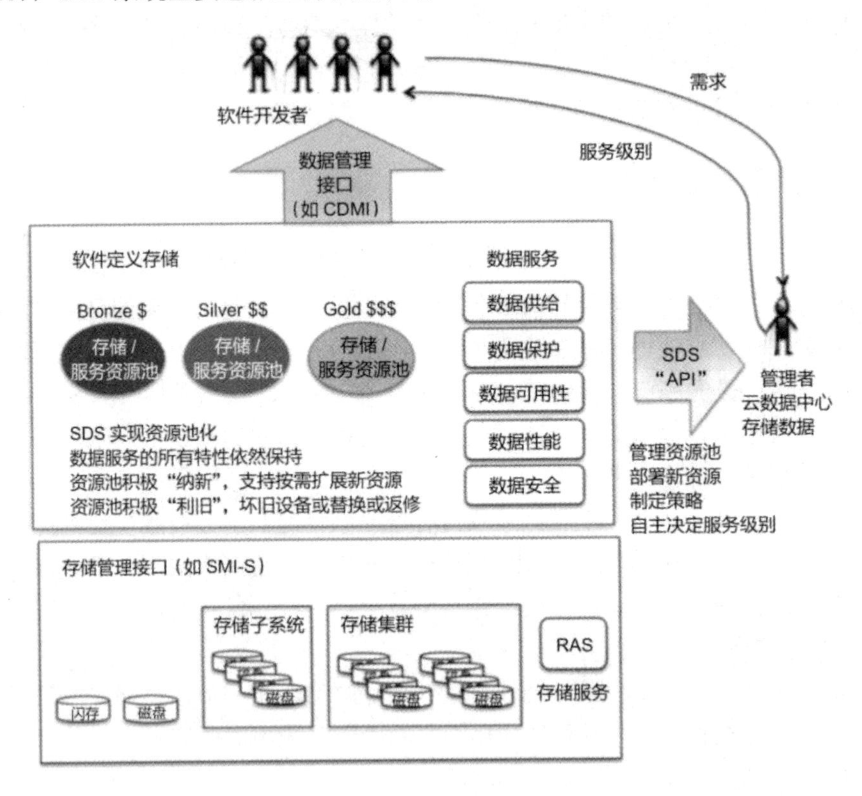

图6-20 SDD技术全局示意图

1. 存储管理

SDS系统将来自服务器本地的闪存盘、机械盘，存储阵列，JBOD等存储资源，通过存储管理协议（如存储管理接口标准SMI-S），进行特性描述和虚拟化，构建出存储资源池。

2. 数据服务

存储资源池化后，数据服务即可按照用户对存储服务级别（如金银铜）的要求提供，主要的数据服务包含数据供给、数据保护、数据可用性、数据性能、数据安全性等。

3. 数据请求

存储资源的使用者，如软件开发人员通过数据管理接口[如云数据管理接口（CDMI）]，向 SDS 发送数据请求。由于 SDS 开放了丰富的 API 供调用，因此 SDS 能够满足用户的数据请求，按照服务级别，提供相应的存储资源。

软件定义存储的概念很大，涉及的技术内容很多，对应的市面上出现的开源和商业存储产品也很多，如存储虚拟化、ServerSAN、超融合架构（Hyper Converged Infrastructure，HCI）等都是 SDS 的范畴。下面我们从控制平面和数据平面两个层次来了解一下 SDS 的主流系统和产品（见图 6-21）。

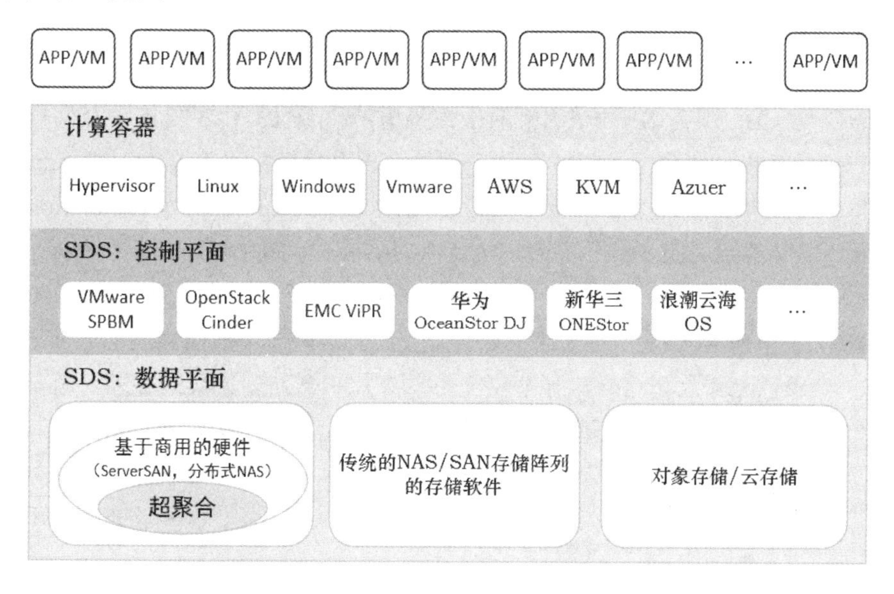

图 6-21　SDS 的产品分类图

1. 控制平面（Control Plane）

将以往通过存储管理员传送的数据请求，转为由软件来处理。简单来说，就是控制平面负责存储资源的部署和管理，它包括分发数据请求（存储策略驱动），控制数据流向，完成数据的部署、管理和保护，从而增加了存储的灵活性、扩展性并提高了其自动化能力。衡量产品是否属于控制平面这个类别，关键在于它是否能驱动底层存储资源的部署。目前在这个层次，比较著名的产品和系统有：VMware 公司基于存储策略的管理系统 SPBM（Storage Policy Base Management）、OpenStack 云平台的 Cinder 组件、EMC 的存储虚拟化 ViPR、华为的 OceanStor DJ、新华三的 ONEStor、浪潮云海的 OS 等。

2. 数据平面（Data Plane）

数据平面的主要工作就是完成数据服务之类的处理和优化，包括分级、快照、去重、压缩等内容。需要注意的是，控制平面和数据平面并不是泾渭分明的，随着相关技术的发展，控制平面的功能会逐渐从数据平面中解耦、抽取出来，进一步增强它的功能。与控制平面比较，数据平面比较复杂，组成部分较多。

1）基于商用的硬件

这一部分的产品是最难分类的，不仅种类繁多，而且命名也没有规律。

例如，在对数据中心（IDC）的设备分类中，有虚拟存储设备（Virtual Storage Appliance，VSA）和物理存储设备（Physical Storage Appliance）两类，但物理存储设备并不包括传统的外置磁盘阵列。而近年流行的 Server SAN 却深耕数据平面，是当前阶段 SDS 的主要应用形态。

在 Server SAN 里，有 EMC Scale I/O、RedHat Ceph、Microsoft Storage Spaces、Maxta、ZadaraStorage、SimpliVity、Scale Computing、Pivot3、DELL Fluid Cache 等，以及国内的达沃时代、大道运行 SSAN、XSKY（基于 Ceph）、BigTera（基于 Ceph）、志凌海纳 SmartX 等。另外还包括一些基于分布式文件系统衍生出来的存储，如 GPFS、GlusterFS 等。

超融合架构（HCI）是 Server SAN 的一个子集，超融合架构不仅提供存储资源还提供计算资源，多数是以软硬件一体机的形式出现的。超融合架构里有 VSAN Ready Nodes 或 EVO:RAIL、HP Converged System（内嵌 Store Virtual）、Nutanix、华为 FusionStorage、联想 ThinkCloud AIO、浪潮 HCI（基于 EVO:RAIL）、华云网际 HCI 等。

Server SAN 既然是 SAN 的一种，它还需要支持 Block（块）的访问方式，或者对外（如 iSCSI），或者对内。Server SAN 在它的原始定义里，应该是一个横向扩展的分布式存储，它需要支持 3 个及以上节点。这样，那些仅支持两个控制器作为集群的存储，就不在 Server SAN 这个分类里了。但它们依然属于软件定义存储这个大的分类，这类存储有 Nexenta、DataCore、InfoCore（信核），以及其他一些基于 Solaris ZFS 的存储。另外，还有一些存储虚拟化的专业产品，主要实现的是将异构存储统一管理起来，如 EMC VPlex、IBM SVC、飞康 Freestor。

2）传统的 SAN/NAS 存储

传统的 SAN/NAS 存储指的是传统的外置磁盘阵列，包括 SAN 存储或 NAS 存储。例如，国外的 EMC VNX、NetApp FAS 系列、HDS HUS、HP 3PAR、BMV 系列和 DS 系列；国内的华为 OceanStor 系列、宏杉存储等。

3）对象/云存储

它作为数据平面的组成部分，实际上是以后端存储的身份为 VM/App 提供存储资源。VM/App 可以通过 RESTful API 等接口与对象存储进行数据的输入输出，目前有三种 RESTful API，即亚马逊 S3、SNIA CDMI 和 OpenStack SWIFT。

从云存储来看，随着混合云的逐渐深入，用户对混合云与本地数据中心的同构有较高的期待，希望混合云能和本地数据中心一样备份、归档和容灾。运行在公有云之上的 VSA（虚拟存储控制器）即可与本地存储建立数据连接。

以 NetApp 的 Cloud ONTAP 为例。它是在 AWS EC2 的实例中运行 Data ONTAP（FAS 存储的操作系统）软件，充当虚拟存储控制器，对下接管 AWS EBS 作为自己的存储空间，对上给运行业务应用的 EC2 实例提供存储服务，包括块（iSCSI）和文件（NFS、CIFS）。

4）其他

软件定义存储（SDS）是一个不断发展的概念，其构成部分数据平面所涉及的存储也将不断发展。例如，前面曾提到基于商用的硬件，除了包括×86 服务器，还包括 ARM 等架构的服务器。北京优立方就推出了基于 ARM 的服务器，并基于 ARM 服务器研制出功耗低、灵活、高效的冷存储，OpenStack 的子项目之一 Swift（对象存储）就能运行在其冷存储之上，其在国内已经有些客户了。冷存储的出现，也是源于数据迅猛增长，据统计，冷数据一般占数据总量的 80%以上。冷存储适用于包含备份、存档、灾难恢复，以及图片、文档、音频、视频及社交媒体等，这些场景有着类似的特征：较低的数据访问频率，而且需要最大限度地降低每一 GB 存储数据的成本。

SDS 开源软件和商业系统众多，各具特色，目前这些 Server SAN 或 HCI 多面向 HDD 或 SSD 混合型容量存储。随着 SSD 技术不断成熟和成本不断降低，新一代性能型全闪 SDS 即将成为主流趋势，分布式存储将是主流的应用模式。

6.4.3 软件定义存储的实例——超融合

超融合基础架构（HCI）是指在同一套单元设备中不仅仅具备计算、网络、存储和服务器虚拟化等资源与技术，而且还包括备份软件、快照技术、重复数据删除、在线数据压缩等元素，而多套单元设备可以通过网络聚合起来，实现模块化的无缝横向扩展（Scale-Out），形成统一的资源池。超融合（甚至超超融合）在本地很容易实现：将计算、网络和存储都集成在一个设备内，供应商预先配置好，用户到手就可以使用。HCI 是实现“软件定义数据中心”（SDDC）的终极技术途径。HCI 类似 Google（谷歌）、Facebook（脸书）后台的大规模基础架构模式，可以为数据中心带来最优的效率、灵活性、规模、成本和数据保护。

超融合基础架构是一种软件定义的 IT 基础架构，它可虚拟化常见“硬件定义”系统的所有元素。超融合基础架构包含的最小集合是：虚拟化计算、虚拟存储和虚拟网络；超融合系统通常运行在标准商用服务器上。

超融合基础架构除对计算、存储、网络等基础元素进行虚拟化，通常还会包含诸多 IT 架构管理功能，多个单元设备可以通过网络聚合起来，实现模块的无缝横向扩展，形成统一的资源池。

超融合基础架构通过为企业客户提供一种基于通用硬件平台的计算存储融合解决方案，模糊了 SAN 和 NAS 之间的界限，为用户实现可扩展的 IT 基础架构，提供了高效、灵活、可靠的存储服务。

超融合基础架构继承了融合式架构的一些特性，同样都是以使用通用硬件服务器为基础，将多台服务器组成含有跨节点统一储存池的群集，来获得整个虚拟化环境需要的效能、容量扩展性与数据可用性，可通过增加群集中的节点数量，来扩充整个群集的运算效能与储存空间，并透过群集各节点间的彼此数据复制与备份，提供服务高可用性与数据保护能力。而为能灵活地调配资源，超融合架构也采用了虚拟机（VM）为核心，通过软件定义方式来规划与运用底层硬件资源，然后向终端用户交付需要的资源。

6.4.4 任务小结

软件定义存储产品在提供高可靠性和高可用服务能力的同时，也集成了数据智能处理和分析能力，简化了海量数据处理所需的基础设施，帮助客户实现数据互通、资源共享、弹性扩展、多云协作，有效降低了用户的使用成本。

开放化和水平扩展是软件定义存储的两大特点。开放化意味着接口标准化、服务原子化，保证客户的应用系统能够以最顺畅的方式对接基础存储设施，可微调解决方案细节，形成高质量的服务。水平扩展则是云计算弹性环境的必然要求，在移动互联网环境下，业务应用的负载量是突发式、潮汐式、难以精确预测的，应用要求存储的容量和性能都必须能够线性扩展，以满足上层应用需求。

项目小结

本项目共设置四个任务来介绍网络存储新技术，主要介绍了云存储、面向对象存储、软件定义存储和理解容灾系统四个任务，这四个任务都是当前存储技术的热点，都是大云技术体系的组成部分。

云存储是一种典型的分布式文件存储，它是将文件分散存储在多个计算机节点上的一种存储方式。它通过将文件分割成多个部分，然后将这些部分分别存储在网络中的不同节点上来实现高可用性、高可扩展性和高数据容错性。分布式块存储是一种数据存储方法，它先将数据分割成固定大小的块，然后将这些块存储在不同的节点上。这种存储方式可以提供高可用性和高可扩展性，因为它可以很容易地增加或删除存储节点。

对象存储是一种数据存储方法，它将数据存储为对象（或文件）而不是块。每个对象包含元数据和数据本身，可以轻松地在不同的节点上进行分发和存储。软件自定义存储是一种灵活的数据存储方法，它可以根据特定的应用程序需求进行定制。它可以是分布式文件存储、分布式块存储或对象存储的一种变体，也可以是完全不同的一种存储方式。软件自定义存储通常需要开发人员自己编写存储逻辑，并使用语言和工具来实现存储系统。这种存储方式可以提供高度的灵活性和可扩展性，但需要更多的开发和维护工作。

存储是为数据服务的，建设容灾系统、实施数据保护是数据系统必须考虑的技术手段。

本项目涉及的知识点多，技术复杂，有较高难度，希望读者在学习时多参考相关技术的专业资料，加深对这些技术的理解和掌握。本项目的内容组织框架如图 6-22 所示。

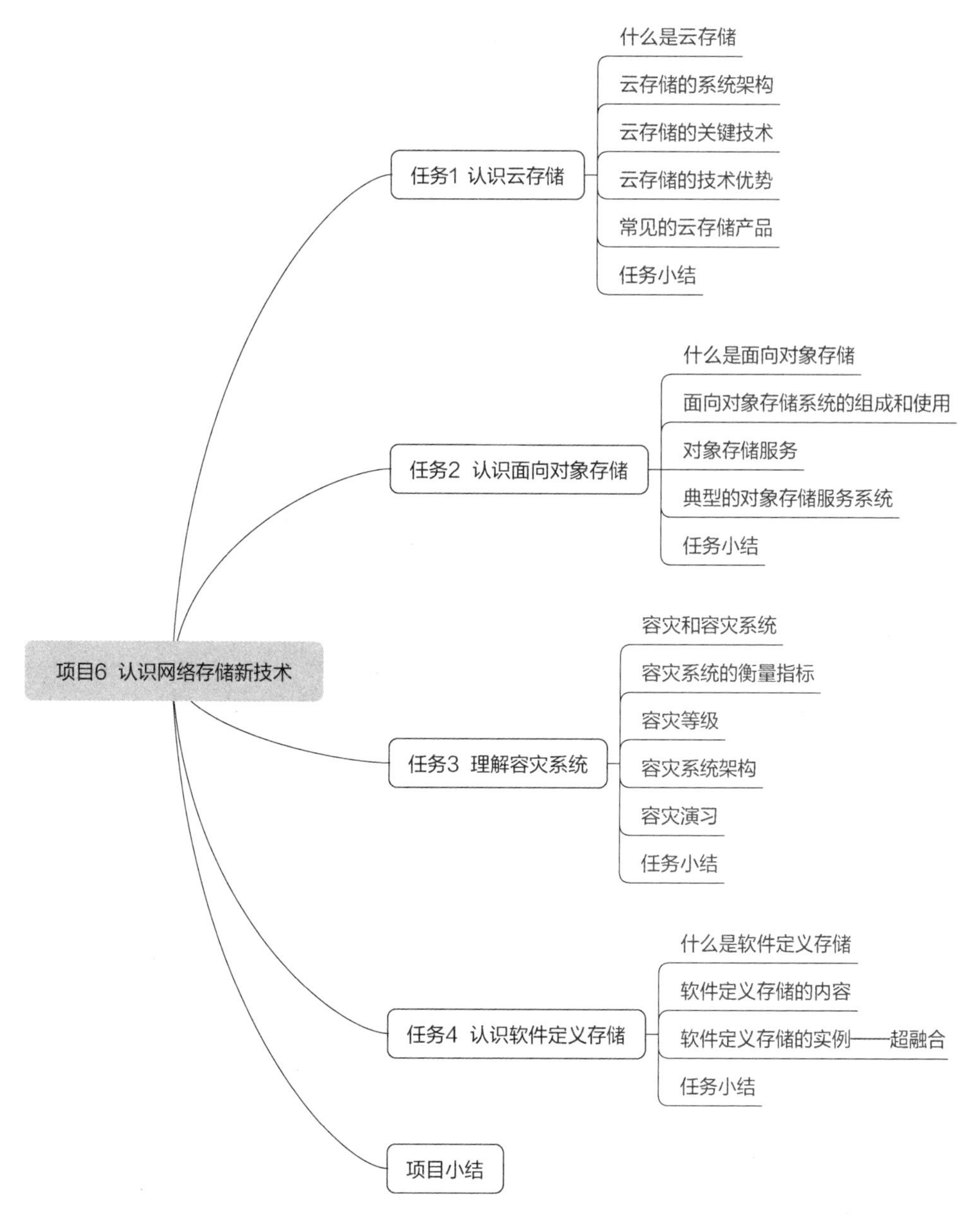

图 6-22 项目 6 的内容组织框架

习题

1. 选择题

（1）下列关于云存储的说法中，（　　）是错误的。

A．云存储属于云的 IaaS 服务大类

B．混合云存储兼具公有云存储和私有云存储的特点

C．面向对象的存储技术采用存储网络的虚拟化

D．云存储与云主机、云计算的内涵和技术领域大致相同，只是不同的叫法而已

（2）云计算的开发人员通过对（　　）的功能调用完成云应用的开发。

A．数据存储层　　B．数据管理层　　C．应用接口层　　D．用户访问层

（3）通过（　　）技术，可以把系统中各种异构的存储设备映射为一个统一的存储资源池。

A．数据缩减　　B．虚拟化　　C．数据备份　　D．数据容错

（4）下列关于桶和对象的说法中，（　　）是错误的。

A．属于同一地域（Region）的桶不能有相同的ID，但不同地域的ID可以相同

B．任意一个桶可以包含多个具有不同ID键值的对象，但不同的桶内对象键值可以相同

C．每一个对象必定属于一个确定的桶，从理论上讲，对象的数量没有限制

D．桶和对象的ID在定义后，可以通过控制台进行修改

（5）面向对象存储的Web控制台是云存储（　　）提供的服务。

A．应用接口层　　B．数据管理层　　C．用户访问层　　D．数据存储层

（6）下列关于对象存储服务的表述中，（　　）是错误的。

A．对象存储设备和资源是对象存储服务提供商通过不同类别的对象存储服务向用户提供的

B．对象存储服务提供商向用户提供的对象存储服务在区域内是免费的，在区域外是收费的

C．用户可以通过控制台、API调用等多种方式使用对象存储服务

D．不论是开源还是非开源的对象存储服务系统，其底层运行机制大致相同

（7）企业的ERP因服务器故障而停止服务，容灾恢复至少要做到（　　）。

A．数据级　　B．应用级　　C．业务级　　D．综合级

（8）在容灾方案中，总成本最高的是（　　）。

A．本地容灾　　B．同城容灾

C．两地三中心容灾　　D．云容灾

2．判断题

（1）云存储是云计算的延伸和发展，因此人们常说的云计算其实是包含云存储内容的。（　　）

（2）面向对象存储在海量存储应用领域比块存储和文件存储的优势明显，成本低廉。（　　）

（3）对象存储中的一个对象按照块可能存储在多个对象存储设备上。（　　）

（4）容灾是信息系统化解各类灾难的技术手段，建设成本高，实际使用也非常频繁，因此性价比较高。（　　）

（5）信息系统的灾备方案可以通过容灾演习进行有效性验证，演习要精密组织，目标明确，方案完备。尽管如此，演习常常也不是必需的。（　　）

附录A 中英文专业术语对照表

英文缩写	英文内容	中文解释
	A	
ABB	Active Backup for Business	群晖的业务活动备份套件
AD	Active Directory	活动目录
ADDS	Active Directory Domain Service	活动目录域服务
AHCI	Serial ATA Advanced Host Controller Interface	SATA 高级主机控制器接口
AIT	Advanced Intelligent Tape	先进智能型磁带格式
API	Application Programming Interface	应用程序接口
ATA	Advanced Technology Attachment	先进电子技术附加
	B	
BIOS	Basic I/O System	基本输入/输出系统
BOOTP	Bootstrap Protocol	引导程序协议
BOS	Baidu Object Storage	百度对象存储
Btrfs	B-tree file system	B-tree 文件系统
	C	
CAM	Common Access Model	公共存取模型
CAS	Content Addressed Storage	内容寻址存储
CD	Compact Disc	光盘
CDB	Command Descriptor Block	命令描述块
CDF	Content Descriptor File	内容描述符文件
CDFS	Compact Disc File System	光盘文件系统
CDMI	Cloud Data Management Interface	云数据管理接口
CDN	Content Delivery Network	内容分发网络
CDP	Continuous Data Protection	连续数据保护
CEE	Convergence Enhanced Ethernet	聚合增强以太网
CentOS	Community Enterprise Operating System	社区企业操作系统
CHAP	Challenge Handshake Authentication Protocol	握手认证协议
CHS	Cylinder-Head-Sector	柱面-磁头-扇区
CIFS	Common Internet File System	通用网际文件系统
COS	Cloud Object Storage	云对象存储
CQ	Command Queuing	命令队列

续表

英文缩写	英文内容	中文解释
	D	
DART	Data Access in Real Time	EMC 实时数据访问
DAS	Direct Attached Storage	直接连接存储
DBA	Database Administrator	数据库管理员
DC	Domain Controller	域控制器
DDR	Double Data Rate	双倍速存储器技术
DHCP	Dynamic Host Configuration Protocol	动态主机配置协议
DLT	Digital Linear Tape	数字线性磁带
DRAM	Dynamic Random Access Memory	随机存取存储器
DNS	Domain Name System	域名系统
DRaaS	DR as a Service	容灾即服务
DSM	Disk Station Manager	磁盘工作站管理器
DSS	Decision Support System	决策支持系统
DVD	Digital Video Disc	高密度数字视频光盘
	E	
EEPROM	Electrically Erasable Programmable Read-Only Memory	电可擦可编程只读存储器
EPROM	Erasable Programmable Read-Only Memory	可擦除可编程 ROM
EUI	Extended Unique Identifier	扩展的唯一标识符
Ext	Extended file system	扩展文件系统
	F	
FAS	Fabric-Attached Storage	网络化存储
FAT	File Allocation Table	文件分配表
FC	Fiber Channel	光纤通道
FC-AL	Fibre Channel Arbitrated Loop	光纤通道仲裁环
FC-SW	FC Switched Fabric	光纤通道交换结构
FCIP	Fiber Channel over IP	基于 IP 的光纤通道
FCoE	Fibre Channel over Ethernet	以太网光纤通道
	G	
GFS	Gluster File System	Gluster 文件系统
	H	
HBA	Host Bus Adapter	主机总线适配器
HCA	Host Channel Adapter	主机信道适配器
HCI	Hyper Converged Infrastructure	超融合架构
HDFS	Hadoop Distributed File System	Hadoop 分布式文件系统
HPC	High Performance Cluster	高性能集群
HDD	Hard Disk Drive	硬盘驱动器
HDDVD	High Definition Digital Video Disc	高清晰、高密度数字视频光盘
HHD	Hybrid Hard Disk	混合硬盘
HSM	Hierarchical Storage Model	分层存储模型

续表

英文缩写	英文内容	中文解释
	I	
IaaS	Infrastructure as a Service	基础设施即服务
IDE	Integrated Drive Electronics	电子集成驱动器
iFCP	Internet Fibre Channel Protocol	Internet 光纤信道协议
ILM	Information Life Management	信息生命周期
IOPS	Input/Output Operations Per Second	每秒的 I/O 数量
IQN	iSCSI Qualified Name	iSCSI 认证名称
iSCSI	Internet SCSI	互联网 SCSI
ISM	Integrated Storage Management System	集成存储管理系统
iSNS	Internet Simple Name Service	互联网简单名字服务
LU	Logical Unit	逻辑单元
LUN	Logical Unit Number	逻辑单元号
	J	
JBOD	Just a Bunch Of Disks	磁盘捆绑，或简单驱动捆绑
JFS	Journal File System	日志文件系统
	L	
LAN	Local Area Network	局域网
LBA	Local Block Address	逻辑块地址
LTO	Linear Tape Open	线性磁带开放协议
LUN	Logical Unit Number	逻辑单元号
	M	
MAN	Metropolitan Area Network	城域网
MDS	Metadata Server	元数据服务器
MLC	Multi-Level Cell	多层单元存储
MTBF	Mean Time Between Failure	平均无故障时间
	N	
NAA	Network Address Authority	网络地址授权
NAS	Network Attached Storage	网络连接存储
NAT	Network Address Translation	网络地址转换
NFS	Network File System	网络文件系统
NCQ	Native Command Queuing	原生命令队列
NTFS	New Technology File System	新技术文件系统
NVMe	Non-Volatile Memory express	非易失性存储器
	O	
OBS	Object Based Storage	面向对象存储
OSD	Object Storage Device	对象存储设备
OSS	Object-based Storage Service	对象存储服务
OSI	Open System Interconnet	开放系统互连

续表

英文缩写	英文内容	中文解释
	P	
PaaS	Platform as a Service	平台即服务
PCI	Peripheral Component Interconnect	外部设备互连
PCIe	PCI Express	高速串行计算机扩展总线标准
PCM	Phase Change Memory	相变存储器
PDU	Protocol Data Unit	协议数据单元
POSIX	Portable Operation System Interface of UNIX	可移植操作系统接口
PROM	Programmable Read-Only Memory	可编程只读存储器
	Q	
QDR	Quad Data Rate	4倍数据倍率技术
QIC	Quarter-Inch Cartridge	四分之一英寸匣
QLC	Quad-Level Cell	四层单元存储
	R	
RAB	RAID Advisory Board	独立（廉价）磁盘冗余阵列咨询委员会
RAS	Reliability-Availability-Serviceability	可靠-可用-服务
RAID	Redundant Arrays of Independent Disk	独立磁盘阵列
RAM	Random Access Memory	随机存储器
RESTful	Representational State Transfer	表述性状态转移
ROI	Return of Investment	容灾系统的投入产出比
ROM	Read-Only Memory	只读存储器的总称
RPC	Remote Procedure Call	远程过程调用
RPM	Revolutions Per Minute	每分钟多少转
RPO	Recovery Point Object	恢复点对象
RTO	Recovery Time Objective	恢复时间目标
	S	
SaaS	Software as a Service	软件即服务
SAN	Storage Area Network	存储区域网络
SAK	Server Appliance Kit	微软服务器开发工具
SAS	Serial Attached SCSI	串行 SCSI
SATA	Serial Advanced Technology Attachment	串行高级技术附件
SCSI	Small Computer System Interface	小型计算机系统接口
SDK	Software Development Kit	软件开发工具包
SDDC	Software Defined Data Center	软件定义数据中心
SDRAM	Synchronous Dynamic Random Access Memory	同步动态随机存储器
SDS	Software Defined Storage	软件定义存储
SHR	Synology Hybrid RAID	群晖混合 RAID
SLC	Single-Level Cell	单层单元闪存
SLR	Scale Linear Recording	比例线性记录
SMP	Serial Management Protocol	串行链路管理协议
SMB	Server Message Block	服务器消息块协议

续表

英文缩写	英文内容	中文解释
	S	
SMI-S	Storage Management Initiative specification	存储管理计划规范
SNIA	Storage Network Industry Association	存储网络工业协会
SNMP	Simple Network Management Protocol	简单网络管理协议
SPBM	Storage Policy Base Management	基于存储策略的管理系统
SRAM	Static Random Access Memory	静态随机存储器
SRM	Storage Resource Management	存储资源管理
SSD	Solid State Disk	固态盘
SSH	Secure Shell	安全 Shell
SSHD	Solid State Hybrid Disk	固态混合硬盘
SSP	Storage Service Provider	存储服务提供商
SSP	Serial SCSI Protocol	串行 SCSI 协议
STP	SATA Tunneled Protocol	SATA 隧道协议
	T	
TCA	Target Channel Adapter	目标信道适配器
TCO	Total Cost of Ownership	总拥有成本
TCQ	Tagged Command Queuing	标记命令队列
TLC	Triple-Level Cell	三层单元存储
TO	TCP Offload	TCP 下载
TOC	Total Cost of Ownership	总拥有成本
TOE	TCP Offload Engine	TCP 下载引擎
	U	
UEFI	Unified Extensible Firmware Interface	统一的可扩展固件接口
USB	Universal Serial Bus	通用串行总线
	V	
VLAN	Virtual LAN	虚拟局域网技术
VIA	Virtual Interface Adapter	虚拟接口适配器
VMFS	VMware Virtual Machine File System	VMware 虚拟机文件系统
VTL	Virtual Tape Library	虚拟磁带库
VXA	Exabyte	安佰特磁带标准
	W	
WAN	Wide Area Network	广域网
WINS	Windows Internet Name Service	Windows 网际名称服务
WSS	Windows Storage Server	Windows 存储服务器
WWN	World Wide Name	万维网名称
WWNN	World Wide Node Name	万维网节点名称
WWPN	World Wide Port Name	万维网端口名称
	X	
XDR	External Data Representation	外部数据表示
	Z	
ZFS	Zettabyte File System	动态文件系统

习题参考答案

项目 1　认识网络存储技术

1. 选择题										
题号	（1）	（2）	（3）	（4）	（5）	（6）	（7）	（8）	（9）	（10）
答案	D	C	B	B	B	B	D	B	D	C
题号	（11）	（12）	（13）	（14）	（15）	（16）	（17）	（18）	（19）	（20）
答案	B	D	A	C	A	A	B	A	C	B
2. 判断题										
题号	（1）	（2）	（3）	（4）	（5）	（6）	（7）	（8）	（9）	（10）
答案	×	√	√	√	√	√	×	×	×	√
题号	（11）	（12）	（13）	（14）	（15）	（16）				
答案	×	√	√	×	√	×				

项目 2　RAID 配置

1. 选择题						
题号	（1）	（2）	（3）	（4）	（5）	（6）
答案	B	B	C	D	B	D
2. 判断题						
题号	（1）	（2）	（3）	（4）	（5）	
答案	√	×	√	×	√	

项目 3　DAS 配置

1. 选择题								
题号	（1）	（2）	（3）	（4）	（5）	（6）	（7）	（8）
答案	D	B	C	B	A	D	B	D

续表

2. 判断题							
题号	（1）	（2）	（3）	（4）	（5）			
答案	√	×	√	√	×			

项目 4　SAN 配置

1. 选择题										
题号	（1）	（2）	（3）	（4）	（5）	（6）	（7）	（8）	（9）	（10）
答案	D	C	D	C	A	C	A	A	B	C
2. 判断题										
题号	（1）	（2）	（3）	（4）	（5）					
答案	√	×	×	√	×					

项目 5　NAS 配置

1. 选择题					
题号	（1）	（2）	（3）	（4）	（5）
答案	B	D	C	A	D
2. 判断题					
题号	（1）	（2）	（3）	（4）	（5）
答案	×	×	√	√	×

项目 6　认识网络存储新技术

1. 选择题								
题号	（1）	（2）	（3）	（4）	（5）	（6）	（7）	（8）
答案	D	C	B	D	C	C	B	C
2. 判断题								
题号	（1）	（2）	（3）	（4）	（5）			
答案	√	√	√	×	×			

参考文献

[1] 林康平，孙杨. 数据存储技术[M]. 北京：人民邮电出版社，2020.
[2] CSDN 软件开发网.
[3] 维基百科.
[4] 百度研程序笔记.
[5] 哔哩哔哩.
[6] 中国存储网.
[7] 百度百科.
[8] 通信词典.
[9] 知乎.
[10] CS Electronics 公司.
[11] 罗磊的博客.
[12] 微博.
[13] 群晖科技.
[14] 探索者个人主页.
[15] 日新网.
[16] 群晖公司. NAS DS920+硬件安装指南.
[17] 群晖公司. Synology RackStation RS3618xs 技术白皮书.
[18] 群晖公司. Synology RackStation RS3618xs 硬件安装指南.
[19] 群晖公司. DiskStation Manager 7.1 用户指南.
[20] 华为云.
[21] 阿里云帮助中心-对象存储 OSS.
[22] 华为企业互动社区.